"十三五"国家重点出版物出版规划项目

电子与信息工程系列

DIGITAL DESIGN USING Verilog HDL

Verilog HDL 数字系统设计

● 王建民　田晓华　江晓林　编著

哈尔滨工业大学出版社
HARBIN INSTITUTE OF TECHNOLOGY PRESS

内容简介

本书通过大量完整的实例介绍基于 Verilog HDL 进行数字系统设计的基本原理、概念和方法。全书重点关注基于 HDL 的寄存器传输级(Register Transfer Level,RTL)数字系统设计,主要内容包括数字电路基础回顾、组合逻辑电路设计、规则时序逻辑电路、有限状态机以及 FSMD 的设计。本书所有代码兼容 Verilog HDL IEEE 1364—2001标准。

尽管本书简单地回顾了数字电路的基本知识,但是如果读者能够掌握数字电路的基本原理和设计方法对于阅读本书将是十分有意义的。本书适合高年级的本科生、研究生以及从事数字电路设计的工程人员使用。

图书在版编目(CIP)数据

Verilog HDL 数字系统设计/王建民,田晓华,江晓林编著. —哈尔滨:哈尔滨工业大学出版社,2017.6(2024.1 重印)
ISBN 978-7-5603-6721-7

Ⅰ.①V… Ⅱ.①王… ②田… ③江… Ⅲ.①硬件描述语言-程序设计-高等学校-教材 Ⅳ.①TP312

中国版本图书馆 CIP 数据核字(2017)第 126531 号

电子与通信工程
图书工作室

责任编辑	许雅莹
封面设计	高永利
出版发行	哈尔滨工业大学出版社
社　　址	哈尔滨市南岗区复华四道街 10 号　邮编150006
传　　真	0451-86414749
网　　址	http://hitpress.hit.edu.cn
印　　刷	哈尔滨圣铂印刷有限公司
开　　本	787mm×1092mm　1/16　印张 24.25　字数 559 千字
版　　次	2017 年 6 月第 1 版　2024 年 1 月第 3 次印刷
书　　号	ISBN 978-7-5603-6721-7
定　　价	68.00 元

(如因印装质量问题影响阅读,我社负责调换)

前言

PREFACE

本书特色

随着微电子以及计算机技术的深入发展,传统的模拟电子电路的应用已经越来越少,数字电路(系统)逐渐显示出越来越多的优势。数字信息更容易传输、存储和处理;数字系统具有更强的抗干扰性;数字器件价格也更加低廉,因此,数字系统设计已经成为高等学校电子信息类专业学生必须掌握的基础能力。

目前,国内高等学校数字电路课程主要分为两个层次,一个层次是数字电路基础课程(几乎所有的电子信息类专业都会开设此类课程),这类课程的教材基本是 20 世纪 80 年代左右编写的,其内容除数字系统设计的基本概念外,主要介绍基于中小规模集成电路(如 74 系列)的数字系统的分析和设计。另一个层次是只在某些相关专业开设的数字系统设计课程,这一层次的课程并没有形成统一地授课内容,不同层次的高校和专业讲授的内容存在很大差异。但是,随着近二十年可编程逻辑器件(Programmalbe Logic Devices,PLDs)技术的快速发展,基于硬件描述语言(Hardware Description Language,HDL)的数字系统设计已经不再是集成电路设计的专利,越来越多的工程师采用 HDL 进行数字系统的设计,并将其应用到自己的产品中。采用硬件描述语言进行数字系统设计已经成为数字系统设计的主流。因此,越来越多的高等学校在电子信息类专业开设基于硬件描述语言或者可编程逻辑器件的高级数字系统设计课程。但是此类课程的教材建设相对滞后,国内关于 HDL 的著作绝大多数侧重于语法本身的介绍而对于数字系统(电路)设计原理及方法则涉及较少。

本书主要介绍 Verilog HDL 数字系统设计的基本原理和方法。内容主要涉及:基于 Verilog HDL 的数字系统设计的基本概念、原理和方法;基于 Verilog HDL 的组合逻辑、规则时序逻辑电路、有限状态机设计、带数据通道的有限状态机的设计。本书的主要特色如下:

① 全书以讲述数字系统设计的概念、原理和方法为主;

② 通过大量完整实例讲解数字系统设计的基本概念和设计方法;

③ 全书包括难易程度不同的各种类型的设计实例 146 个,所有的设计实例均给出完整的 Verilog HDL 代码。

读者对象

本书适合高年级的本科生、研究生以及从事数字电路设计的工程人员使用。尽管本书简单地回顾了数字电路的基本知识,但是如果读者能够掌握数字电路的基本原理和设计方法对于阅读本书将是十分有意义的。

组织结构

全书共分 3 个部分,第 1 部分(第 1 ~ 4 章)主要介绍数字电路的基础知识以及 Verilog HDL 的基本语法,是全书的基础。

第 2 部分(第 5 ~ 10 章)介绍基于 Verilog HDL 的数字电路设计方法。其中第 5、6 章介绍基本组合逻辑电路,规则时序逻辑电路的设计方法;第 7 ~ 10 章介绍较复杂的同步数字系统设计方法,包括同步有限状态机的设计、带数据通道的有限状态机结构的数字设计以及时序分析的基本原理等内容。

第 3 部分(第 11 章)给出了一个完整的 SPI 主机接口模块的设计实例作为从基本设计理论和方法到工程实践的过渡。

全书篇幅较大,有利于授课教师灵活选材,也为学生自学提供了较好的条件。推荐以下授课方案供参考:

第 1 种方案:1→2→3→4→5→6→8

适合于电气信息类专业以 Verilog HDL 硬件描述语言为授课目标的本科生或者研究生课程,建议上课学时在 40 学时;学习过数字电路基础的学生可以跳过第 2 ~ 3 章。

第 2 种方案:1→2→3→4→5→6→7→8→9→10

适合于以 Verilog HDL 为工具进行数字系统设计为授课目标的本科生或者研究生课程,建议学时在 48 ~ 56 学时。

本书包含大量的设计实例,教师可以根据课时以及专业特点选择适当难度的实例作为授课内容。本书配套课件和部分习题答案可以通过 email 向作者索取或者通过出版社网站下载。

本书由王建民、田晓华、江晓林编著,其中第 5、6、8、9、10 章由王建民编写,第 1、7、11 章由田晓华编写,第 2、3、4 章由江晓林编写,全书由王建民统稿。

本书编写过程参考了国内外同行的大量文献,研究生马宁为本书的代码录入和整理做了大量工作,作者借此机会,向他们表示衷心感谢。

限于水平和能力有限,书中疏漏之处在所难免,敬请读者批评指正。

作者
2017 年 1 月

目　录

CONTENTS

第1章　数字系统设计概述 ·· 1

1.1　引言 ·· 1

1.2　ASIC 和 FPGA ·· 2

1.3　数字设计的层次 ·· 4

1.4　硬件描述语言 ·· 5

1.5　典型设计流程 ·· 7

本章小结 ·· 8

习题与思考题 1 ··· 8

第2章　组合逻辑电路设计回顾 ··· 9

2.1　数字电路的基本概念 ·· 9

2.2　布尔代数和逻辑门 ·· 10

2.3　逻辑函数的化简 ·· 14

2.4　组合逻辑电路的设计方法 ·· 18

2.5　若干常用组合逻辑电路 ··· 19

本章小结 ·· 28

习题与思考题 2 ··· 28

第3章　时序逻辑设计回顾 ·· 29

3.1　时序逻辑电路 ·· 29

3.2　基本存储元件 ·· 30

3.3　时序逻辑电路的分析 ·· 36

3.4　时序逻辑电路的设计 ·· 38

3.5　若干常用的时序逻辑电路 ·· 42

本章小结 ·· 48

习题与思考题 3 ··· 48

第4章　Verilog 硬件描述语言 ·· 50

4.1　引言 ·· 50

4.2　第1个 Verilog HDL 实例 ··· 50

4.3　基本词法规定 ·· 52

4.4 数据类型 ··· 54

4.5 程序框架 ··· 56

4.6 结构级描述 ··· 59

4.7 门级描述 ··· 61

4.8 Testbench ·· 66

本章小结 ··· 68

习题与思考题 4 ··· 68

第 5 章 组合逻辑电路 ··· 70

5.1 引言 ··· 70

5.2 连续赋值语句 ··· 70

5.3 Verilog HDL 操作符 ··· 72

5.4 组合逻辑 always 块 ··· 75

5.5 If 语句 ··· 79

5.6 case 语句 ·· 85

5.7 条件语句的综合 ··· 89

5.8 可重用设计 ··· 92

5.9 组合逻辑电路设计实例 ··· 95

5.10 高效的 HDL 描述 ··· 112

5.11 组合逻辑电路设计要点 ·· 134

本章小结 ··· 138

习题与思考题 5 ··· 138

第 6 章 基本时序逻辑电路 ··· 140

6.1 引言 ··· 140

6.2 时序逻辑电路 ··· 140

6.3 同步时序逻辑电路 ··· 143

6.4 基于原语的时序电路设计 ··· 146

6.5 基本存储元件的 Verilog HDL 实现 ································· 147

6.6 设计实例 ··· 152

6.7 时序逻辑电路的 Testbench ·· 165

6.8 时序逻辑电路设计要点 ··· 169

本章小结 ··· 177

习题与思考题 6 ··· 178

第 7 章 同步时序逻辑电路的时序分析 ······························· 179

7.1 引言 ··· 179

7.2 Verilog HDL 的抽象层次 ··· 179

7.3 同步时序电路的时序分析方法 ····································· 181

7.4 组合逻辑的传播延迟 ··· 184

7.5 时序逻辑电路的传播延迟 ··· 187

7.6 提高电路的最高工作频率 ··· 192

7.7 提高电路的建立时间和保持时间 ·· 194

本章小结 ··· 196

习题与思考题 7 ··· 196

第 8 章　有限状态机 ··· 197

8.1 引言 ··· 197

8.2 有限状态机 ··· 197

8.3 米利状态机和摩尔状态机 ··· 198

8.4 状态转换图和算法状态机图 ··· 203

8.5 有限状态机的性能和时序 ··· 208

8.6 状态赋值 ··· 211

8.7 FSM 的 Verilog HDL 实现 ·· 216

8.8 输出缓冲器 ··· 231

8.9 设计实例 ··· 238

本章小结 ··· 247

习题与思考题 8 ··· 247

第 9 章　数据通道（FSMD） ·· 249

9.1 引言 ··· 249

9.2 寄存器传输级设计 ··· 250

9.3 FSMD 设计原理 ·· 253

9.4 FSMD 设计方法和步骤 ··· 256

9.5 流水线设计 ··· 270

9.6 FSMD 设计实例 ·· 285

本章小结 ··· 292

习题与思考题 9 ··· 292

第 10 章　FSMD 设计实践 ·· 294

10.1 引言 ·· 294

10.2 定点数的表示及饱和算术运算 ·· 294

10.3 混合方程 ·· 297

10.4 混合方程的直接实现 ·· 300

10.5 输入寄存器和输出寄存器 ··· 304

10.6 流水线设计和流水线执行单元 ··· 304

10.7 资源共享数据通道的设计 ··· 308

10.8 带有握手信号的数据通道 ··· 313

10.9 具有输入总线的数据通道 ··· 317

10.10 递归计算、初始化和计算 ··· 321

10.11 复杂数据通道的设计方法 ··· 326

10.12 寄存器的 Schedule ··· 329

10.13 数据流图的等价变形 ··· 337

本章小结 ··· 337

习题与思考题 10 ·· 338

第 11 章　SPI 主机接口设计 ····································· 339

11.1　引言 ··· 339

11.2　SPI 总线标准 ·· 339

11.3　SPI 主机功能描述 ·· 342

11.4　微控制器接口模块 ·· 344

11.5　SPI 主机接口模块 ·· 356

本章小结 ·· 379

习题与思考题 11 ·· 379

参考文献 ··· 380

第 1 章

数字系统设计概述

1.1 引 言

对数字信号进行算术运算和逻辑运算的电路称为数字电路(Digital Circuit),或数字系统(Digital System);由于其具有逻辑运算和处理功能,所以又称为数字逻辑电路(Digital Logic Circuit)。数字设计(Digital Design)[①]的目标是构建具有一定具体功能的实际物理电路,根据其实现平台的不同,其最终的实现可能是 ASIC(Application-Specific Integrated Circuit, ASIC)芯片,也可能是复用于大型数字设计项目中的 IP(Intellectual Property,IP)软核,也可能是基于某型号 FPGA(Field Programmable Gate Array)器件的应用系统。

过去 40 年,数字系统经历了巨大改进和提高,单个芯片中包含的晶体管的数目以指数规律增长。今天,在一块普通的芯片内可能包含成百上千,甚至上亿个晶体管。然而,随着芯片体积变得越来越小,速度变得越来越快,成本不断降低,功能越来越强大,许多电子系统、控制系统、通信系统甚至某些机械系统都被"数字化",都会使用数字器件存储、处理以及传输信息。

现实的需求促使数字系统的结构和功能变得越来越复杂,传统的基于中小规模集成电路(74 系列)的数字系统设计已经无法适应数字系统在功能、体积以及成本等方面的需要,同时也促使数字系统的设计方法发生了巨大改变。传统的基于原理图的设计方法已经无法适应现代数字系统设计的需求。因此,从 20 世纪 70 年代末期开始,在各大 EDA(Electronic Design Automation)公司和大学以及研究机构的共同努力下,出现了多种类型的硬件描述语言(Hardware Description Language, HDL),用来描述数字系统的结构和功能。在众多的 HDL 中,VHDL(Very High Speed Integrated Circuit HDL)和 Verilog HDL 凭借自身的优势,最终成为业界进行数字电路设计的标准硬件描述语言。两种语言都有着大量的使用者,其中 Verilog HDL 在美国、日本以及我国大陆和台湾地区比较受欢迎,VHDL 在欧洲更为普及。设计者采用 HDL 从更高的抽象层次对数字系统进行建模,使用 EDA 软件获得实际电路结构并对其功能和时序进行仿真和验证已经成为现代数字系统的最佳方式。这种设计方式的最大优势是使设计者不必过分关注电路实现的具体细节,而将主要精力集中到电路功能设计上。

这里需要强调的是,虽然各种数字系统设计工具发展迅速,可以自动执行某些设计任务

[①] 有时也被称为逻辑设计(Logic Design),指数字电路或者数字系统的设计。

（比如综合（synthesis）），但就目前的 EDA 软件而言，一般只能执行有限的转换[①]和局部优化，还无法将一个风格不良的 HDL 描述自动转换成高效的电路实现，最终实现还是要依靠设计者的智慧和经验。

1.2 ASIC 和 FPGA

数字设计有多种不同的实现方式，从简单的现场可编程逻辑器件到全定制集成电路都可以作为其实现平台。一般需要根据具体应用的特点，选择合适的实现方式。

在一块芯片上制造多个晶体管，并完成一定功能，称为集成电路（Integrated Circuit，IC）。现代大规模集成电路在一块芯片上可能包含上亿个晶体管。根据 IC 逻辑功能的定制（customization）方式不同，集成电路可以分为专用集成电路和可编程逻辑器件两类。专用集成电路的功能事先确定，终端用户在使用过程中不能改变其功能。可编程逻辑器件功能由终端用户根据应用要求自行设计，并可在"现场"改变。

在选择具体的实现方式时，主要考虑逻辑功能的定制方式。在某些实现方式中，器件的每一层[②]都事先确定，因此这类器件只适用于实现通用逻辑功能。与之相反，某些逻辑功能的定制"现场（in the field）"实现，在应用现场将编程文件下载（配置）到器件内部，使其实现需要的逻辑功能。逻辑的定制涉及掩模板（mask）的设计以及光刻等复杂加工过程，成本昂贵，一般只能在集成电路工厂（foundry or a fab）完成。因此逻辑功能是否需要在 fab 定制是器件的重要特征，本书称逻辑功能需要在 fab 中加工的器件为 ASIC。根据逻辑电路实现方式属于 ASIC 还是非 ASIC，本节介绍以下几种数字设计的实现方式。

（1）全定制 ASIC。

全定制 ASIC（Full-custom ASIC）中，电路的所有特征都针对一个具体应用。电路设计以及加工的所有方面，甚至包括晶体管的布局都需要根据电路的性能要求而专门设计。也就是说，全定制 ASIC 是针对具体应用充分优化的，因此具有最佳的性能。但是，晶体管级电路设计异常复杂，一般只适合于小规模电路的设计，采用这种方法设计大规模数字系统是不现实的。因此，全定制 ASIC 设计方法主要应用于中小规模的通用逻辑器件的设计。另外，全定制 ASIC 也用于设计某些 1 位的逻辑电路，比如 1 位加法器和 1 位存储器。通过级联这些 1 位的逻辑单元可以构造 N 位宽的逻辑单元。

（2）基于标准单元的 ASIC。

基于标准单元的 ASIC（Standard-cell ASIC）使用预先定义的标准逻辑单元（Standard cell）构造逻辑电路。标准逻辑单元是事先定义的，而且经过充分的验证和测试。由于使用标准逻辑单元设计电路从而简化了整个电路的设计过程。器件制造商通常提供标准单元库作为电路设计的基本单元。标准单元库通常包含基本逻辑门、简单的组合逻辑元件（比如与门、或门、非门、2 选 1 数据选择器以及 1 位全加器等）和基本的存储元件（比如 D 锁存器和触发器）。某些标准单元库可能包含更复杂的逻辑单元，比如加法器、筒式移位寄存器以及 RAM 等。

---

① 当前，综合软件一般能够将 RTL 级描述有效转换为电路网表，对更高抽象层次的描述会存在一定问题。

② ASIC 和 FPGA 器件的加工都是分层进行的。

标准单元 ASIC 设计的基础是标准逻辑单元,设计时根据电路功能不同选择合适的标准单元以及连接模式。标准单元电路的设计是事先完成的,但是整个 ASIC 电路的布局需要根据具体应用进行设计和优化。因此,标准单元 ASIC 的加工与全定制 ASIC 相同,需要在 fab 中进行。

(3)复杂的现场可编程逻辑器件。

最典型的非 ASIC 器件称为复杂的现场可编程逻辑器件(Complex field-Programmable Logic Device, CPLD)。CPLD 由通用的逻辑单元阵列(Generic logic cell)和互联结构(interconnect structure)组成。通用逻辑单元和互联结构事先已经确定,但两者都是现场可编程的。器件的编程通过半导体"熔丝(fuses)"或者"开关(switches)"技术实现。具体应用中,逻辑功能的实现通过采用特定的编程文件对器件进行配置实现。通常情况下,主机和可编程逻辑器件之间需要连接 1 个下载器,用于将主机上生成的编程文件下载到可编程逻辑器件。因为逻辑功能的定制是"现场"实现的,因此这类器件被称为现场可编程逻辑器件。

CPLD 中的基本逻辑单元也称为宏单元(macrocell)。通常,宏单元由一维或者二维的与或阵列加触发器构成,其中与或阵列实现组合逻辑,触发器用于实现记忆功能。现场可编程逻辑器件内部互联结构也是事先确定的。为了降低宏单元之间连接的复杂性,通常使用逻辑功能更加强大的宏单元。根据宏单元逻辑功能的复杂程度不同,复杂的现场可编程逻辑器件分为两大类:复杂的可编程逻辑器件(Complex Programmable Logic Device, CPLD)和现场可编程门阵列(Field Programmable Gate Array, FPGA)。

CPLD 的宏单元的逻辑功能更为复杂,通常由 D 触发器和 PAL[①] 组成。CPLD 器件的内部互联结构一般比较集中。FPGA 内部的标准逻辑单元的规模较小,典型情况下,由 D 触发器和查找表(LookUp Table, LUT)以及多个数据选择器实现。FPGA 的内部互联结构则分布到器件各处,而且更加灵活。因为内部互联结构分布到器件的各处,因此,FPGA 适合大规模、高复杂性的数字系统设计问题。

(4)简单的现场可编程逻辑器件。

简单的现场可编程逻辑器件(Simple field-Programmabe Logic Device, SPLD)的内部结构更为简单,有些情况下这类器件也称为可编程逻辑器件(Programmable Logic Device, PLD)。为了与 CPLD 和 FPGA 区别,本书称这类器件为 SPLD。SPLD 通常由两级逻辑构成,即 1 级与平面和 1 级或平面。两级与或平面或者只有与平面可以编程,以积之和形式实现特定的逻辑功能。这类器件包含许多种类,包括 PROM(Programmable Read Only Memory)、PAL(Programmable Array Logic)、PLA(Programmable Logic Array)等。

与以上介绍的 FPGA 和 CPLD 不同,SPLD 器件不包含通用的互联结构,因此 SPLD 能够实现的逻辑功能有限,目前这类器件已经很少使用。

随着 FPGA 技术不断成熟,FPGA 器件的性能也不断提高。目前 FPGA 技术已经能够和 ASIC技术相媲美,FPGA 器件不但可以直接用于实现应用系统,而且可以作为 ASIC 的验证平台,因此采用 FPGA 实现数字系统已经成为数字系统设计的重要方向。本书的重点在于介绍

---

① PAL(Programmable Array Logic)由两级可编程的与或阵列组成的一种数字器件。

数字逻辑的设计,所介绍的内容与数字逻辑的实现方式无关。学习本书的内容一般不需要理解具体实现方式,但是具备相关的知识对读者更好理解本书的内容大有裨益。

1.3 数字设计的层次

现代数字设计异常复杂,一个完整的数字系统设计往往被划分为不同的设计层次。设计人员通常只在某一个具体的层次上从事设计工作,而不能兼顾整个完整的设计过程。掌握其他设计层次的知识,从整体上把握自己从事的设计工作在整个设计流程中的地位和作用,是成为优秀的数字设计人员的必要基础。

数字设计的最底层是器件物理以及 IC 工艺设计。这一层次的设计人员主要从事基础理论、新材料、新器件以及新工艺的研究,目的是提高 IC 的工作速度、集成度。这一层次的进展对整个数字系统设计和应用的影响可能是革命性的。过去二十年,IC 技术的发展可以用摩尔定律描述:一块 IC 芯片上可以集成的晶体管的数目,每年都会翻一番。当然,最近几年,IC 集成度的增长速度已经有所下降,约每 18 个月会翻一番。IC 技术的这些进展都得益于基础理论的发展以及新工艺进步。本书不涉及器件物理以及 IC 制造工艺方面的内容。

(1)晶体管级设计。

晶体管级设计的基本单元是晶体管,设计者采用晶体管作为设计起点,设计不同功能的逻辑电路。例如,图 1.1 给出了一个由 CMOS 传输门和晶体管构成的数据选择器。注意:这里只是给出简介,关于电路的具体实现可以参考本书第 2 章或者其他数字电路基础教材。通常而言,逻辑功能复杂的数字系统,一般需要上百万甚至上千万的晶体管,以晶体管为起点进行设计并不现实。因此,晶体管级设计一般只用于设计基本的逻辑单元(逻辑门以及基本存储元件,比如触发器),通常情况下,IC 制造厂商会在晶体管级设计自己的标准单元库(stand cell library)。

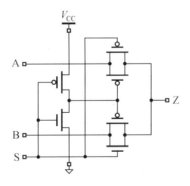

图 1.1　数据选择器的晶体管级原理图

(2)门级设计。

门级设计采用基本门电路作为基本单元进行数字系统的设计。设计者首先对设计问题进行抽象,采用布尔代数表示。还是以上面介绍的数据选择器为例,介绍门级设计基本过程。2 选 1 数据选择器的逻辑真值表如表 1.1 所示。通常情况下,采用真值表表示输入和输出之间的逻辑关系,并对依据真值表获得的逻辑表达式进行化简。对于表 1.1 所示的 2 选 1 数据选

择器,其化简结果为

$$Z = \bar{S} \cdot A + S \cdot B$$

其门级实现方式如图 1.2 所示。

　　与晶体管级设计相比,门级设计的起点已经有了很大的提高,对于某些设计任务而言,其设计难度显著下降,正因如此,门级设计一度成为数字设计的主要方式,设计人员采用商业化的中小规模的集成电路(74 系列的逻辑门)设计各种不同的逻辑电路。但是随着设计任务变得越来越复杂,门级设计正在被基于硬件描述语言的数字设计方法所取代。

表 1.1　数据选择器的真值表

S A B	Z
000	0
001	0
010	1
011	1
100	0
101	1
110	0
111	1

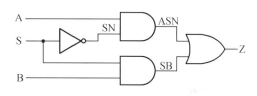

图 1.2　数据选择器的门级实现

　　采用硬件描述语言进行数字设计使设计者将更多精力集中于系统功能的设计,不必花更多精力在具体的实现方式上。采用 HDL 也可以在晶体管级、门级进行数字系统的设计,但更多情况下,会在更高的抽象层次(比如寄存器传输级)上进行设计,这也是采用 HDL 进行数字设计的优势所在。本书重点关注基于 HDL 的寄存器传输级设计,寄存器传输级设计的最基本单元是中等规模的电路单元,比如加法器、数据选择器等。

1.4　硬件描述语言

　　目前,采用 HDL 进行数字系统设计已经成为设计方法的主流。数字系统设计流程的各个关键步骤都会使用 HDL。首先基于 HDL 建立电路模型,其次采用综合软件将 RLT 级或者更高抽象级别的 HDL 模型综合成实际的物理电路,以及之后电路的功能验证、时序分析以及故障覆盖率的测试过程都会采用 HDL。

1.4.1　基于 HDL 的数字系统设计

　　与传统的基于原理图设计方式相比,基于 HDL 的数字系统设计的最大好处在于设计者可以将主要精力集中于电路功能的实现上,而不必关心如何采用晶体管实现具体电路。因此,大大提高了设计效率,这在如此激烈的市场竞争中是有优势的。其次,HDL 描述是基于文本的描述方式,这对于以团队协作为基础的大规模现代电路设计具有重要意义,基于文本的描述方式便于设计的管理、维护以及存档;而且,由于 HDL 是业界普遍接受的标准描述方法,方便移植以及交流。第三,采用 HDL 进行数字系统设计,与具体的实现工艺无关,大大提高了数字系统设计的效率。最后,基于 HDL 进行数字系统设计,设计者在可以设计的早期对电路的功能进行验证,并能在设计的初期发现和排除设计中的大多数错误。

1.4.2 Verilog HDL 和 VHDL

1. Verilog HDL

Verilog HDL 是一种业界普遍采用的硬件描述语言,用于从算法级、门级到开关级等多种抽象设计层次的数字系统建模。

Verilog HDL 从 C 语言中继承了多种操作符和语法结构,尽管二者有着本质上的区别,但其语法规则与 C 语言非常相似。考虑到绝大多数的数字设计工程师都熟悉 C 语言,因此 Verilog HDL 语言的入门相比较 VHDL 语言更为简单。

Verilog HDL 语言不仅定义了语法结构,而且对每个语法结构都定义了清晰的模拟、仿真语义。因此,用 Verilog HDL 描述的数字系统模型能够使用 Verilog HDL 仿真器进行验证。Verilog HDL 提供了扩展的建模能力,其中许多扩展对于初学者都很难理解;但是,Verilog HDL 语言的核心子集非常易于学习和使用,这对大多数建模应用来说已经足够。当然,完整的硬件描述语言足以对从最复杂的芯片到完整的电子系统进行描述。

Verilog HDL 语言最初是 1983 年由 Gateway Design Automation 公司(后来被 Cadence Design Systems 公司收购)为其仿真器产品开发的硬件建模语言,其设计初衷只是用于该公司开发的仿真器产品,是一种专用语言。Verilog HDL 作为一种便于使用且实用的语言逐渐为众多设计者所接受。Verilog HDL 于 1990 年被推向公众领域,目前由 OVI(Open Verilog International)组织负责升级和维护。1995 年,Verilog HDL 正式成为 IEEE 标准,称为 IEEE Std 1364—1995。IEEE Std 1364—1995 标准存在一些问题,2001 年,IEEE 发布了 IEEE Std 1364—2001 标准,对 Std 1364—1995 标准中存在的问题进行了改进并增加了一些新的特性[①]。目前绝大多数的主流 EDA 软件都支持 Std 1364—2001 标准。2005 年,IEEE 发布了 IEEE Std 1364—2005 标准,对原标准出现的一些问题做了更正并加入了一些新的语言特征,同时增加了一个独立标准 Verilog-AMS,尝试对模拟电路以及混合信号电路的支持。

2. VHDL

VHDL 是另外一种成为 IEEE 标准的硬件描述语言,最初由美国国防部(Departmnt of Defense)组织开发,旨在提高设计的可靠性和缩减开发周期。起初 VHDL 是一种小范围使用的设计语言,1987 年底,VHDL 成为 IEEE 标准。自 IEEE 公布了 VHDL 的标准版本 IEEE Std 1076—1987(简称 87 版)之后,各 EDA 公司相继推出了自己的 VHDL 设计环境,或宣布自己的设计工具可以和 VHDL 接口。此后,VHDL 在电子设计领域得到了广泛的支持,并逐步取代了原有的非标准硬件描述语言。1993 年,IEEE 对 VHDL 标准进行了修订,从更高的抽象层次和系统描述能力上扩展 VHDL 的描述能力,公布了新版本的 VHDL 标准,即 IEEE Std 1076—1993 版本(简称 93 版)。

目前,VHDL 和 Verilog HDL 作为 IEEE 的标准硬件描述语言,得到众多 EDA 公司的支持,已成为事实上的通用硬件描述语言。有专家认为,VHDL 与 Verilog 语言将承担起大部分的数

---

① 本书的代码完全符合 IEEE Std 1364—2001 标准。

字系统设计任务。

需要指出,采用 Verilog HDL 还是 VHDL 作为设计语言并不重要[①],本书选择 Verilog HDL 只是考虑其入门简单、容易上手的特点。作为一个成熟的数字设计工程师,Verilog HDL 和 VHDL 都应该熟悉。最低的要求应该是能够读懂一种,熟练掌握另一种进行设计。HDL 只是数字系统的设计工具,虽然对工具的掌握对于高效进行数字系统设计至关重要,但是更为重要的是对于数字设计的基本原理和理论的学习,只有深入掌握了数字系统设计的基本原理和理论,才能设计出符合实际需求的数字系统,这样的前提下学习设计工具才是有意义的。

1.5 典型设计流程

图 1.3 给出了数字系统设计的典型流程。根据设计实现目标和实现平台的不同,设计流程可能会稍有不同。

任何设计都必须以编写详细的设计说明(Specifications)开始。设计说明必须详细说明设计需要满足的性能指标和以及实现的功能,一般需要说明电路功能、输入输出信号(接口)以及总体结构。某些详细的设计说明还会详细说明电路的时序、逻辑资源、功耗、可测性(Testability)以及故障覆盖率(Fault Coverage)等方面的内容。

一般讲,设计会根据设计说明的要求对于系统进行模块划分,将大规模系统划分为规模不同的子系统,模块划分需要遵循的一些设计原则将在后续章节介绍。

为了验证设计的可行性一般首先设计系统的行为级描述。行为级描述分析电路的功能、性能以及其他兼容性等问题,主要用于验证电路的功能是否正确,以确定后续的开发和设计过程。Verilog HDL 和 VHDL 两种硬件描述语言都支持对系统进行行为级描述,在行为级描述中可以使用硬件描述语言的一些高级语法结构(可以使用不可综合的语法结构)。目前主流的 EDA 软件都支持行为级的仿真(某些软件还支持行为级的综合)。行为级仿真只验证设计功能是否正确,仿真过程不考虑设计的任何时序信息。通过行为级仿真初步验证电路功能正确后,就要设计电路的 RTL 级描述,RTL 级设计对语法要求比较严格,只能使用可综合语法结构。完成电路 RTL 级描述后,再次进行功能仿真,确保电路功能正确。

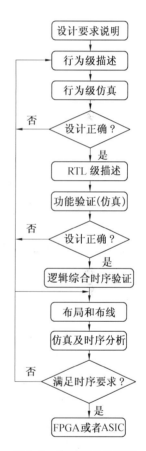

图 1.3 典型的设计流程

逻辑综合是将高抽象层次的描述转换为低抽象描述层次的过程。RTL 级综合就是将 RTL 级描述转换为门级电路网表的过程。综合过程需要指定 ASIC 工艺库或者具体的 FPGA 器件,

---

① 在国外的某些数字设计论坛中,讨论采用 Verilog HDL 还是 VHDL 作为数字设计的入门语言是被禁止的。

综合软件采用器件库提供的标准单元将 RTL 级描述转换为门级网表。综合过程可以分为 3 个步骤：

①翻译(Translation)：综合软件读取 RTL 代码并将其转换成门级网表；翻译过程要确保门级网表的输入输出关系与 RTL 级描述的输入输出关系保持一致。

②优化(Optimization)：对门级网表进行优化，优化是个迭代搜索过程，并不是求解过程，因此综合软件的优化只是局部优化。

③映射(maping)：采用器件库内的标准元件或者 FPGA 内部的逻辑单元实现优化后的门级网表。

如果数字系统实现的平台是 FPGA，设计者一般需要采用 FPGA 厂家提供的软件，进行布局(Layout)和布线(Routing)以及适配(Fitter)过程。经过以上过程设计者获得更详细的时序信息，并进一步进行时序仿真(Timing simulation)以及时序分析。通过时序仿真，验证综合前后电路功能是否一致，从而确定综合结果是否正确。综合之后的仿真一般称为后仿真，综合之前进行的仿真称为前仿真。

如果采用 ASIC 实现，则需要进行掩模板的设计以及布局过程，根据布局布线后得到的实际延迟信息再进行时序分析过程。

本章小结

传统的基于原理图的设计方法，已经无法适应数字系统的规模和复杂性。采用 HDL 语言进行数字系统设计已经成为数字系统设计的主流。采用 HDL 进行数字系统设计与具体的实现工艺无关，增加设计重用机会；同时 Verilog HDL 和 VHDL 是 IEEE 的标准，得到几乎所有 EDA 厂商以及研究人员的支持，另外数字系统设计的整个流程(主要指前端设计)都是用 HDL 语言完成的，大大增加了设计的可维护性。

数字系统的实现方式主要有 ASIC 和 FPGA 两种①。应该说两者特点不同，应用场合也不同。但是随着 FPGA 技术的不断成熟，越来越多的设计者开始基于 FPGA 进行数字系统设计。本书的主要目的在于关注数字电路前端逻辑设计，对于实现方式关注不多。但是如果读者具备 FPGA 和 ASIC 的相关知识对于理解本书的内容会有很大帮助。

习题与思考题 1

1.1 什么是硬件描述语言？

1.2 简述基于 FPGA 的数字系统设计的基本流程。

1.3 简单说明全定制 ASIC、基于标准单元的 ASIC、FPGA 以及 CPLD 的各自特点。

1.4 说明 Verilog HDL 和 VHDL 的各自特点以及区别。

---

① 有时也将基于 FPGA 的数字电路设计称为 IC 设计。

第 2 章

组合逻辑电路设计回顾

　　数字电路可分为两类：组合逻辑电路（Combinational Logic Circuits）和时序逻辑电路（Sequential Logic Circuits）。组合逻辑电路的输出只依赖于当前输入，与输入的历史值无关。时序逻辑电路的输出不仅依赖于当前输入，而且还依赖于输入的历史值。因此，时序逻辑电路中必须包含存储元件（memory element），时序逻辑电路使用存储元件"记忆"输入的历史值。组合逻辑电路不需要"记忆"输入的历史值，因此，组合电路内部也不需要任何的存储元件。无论是组合逻辑电路，还是时序逻辑电路，都由基本逻辑元件（与门、或门以及非门等）组成，不同的是基本逻辑元件的连接方式。

　　本章介绍组合逻辑电路的基本的分析和设计方法，第 3 章介绍时序电路的分析和设计方法。注意：虽然本章以及第 3 章介绍的数字电路的分析和设计方法，在现代数字电路的设计中已经很少用到（现代数字电路设计强烈依赖于各种 CAD 工具），但其中包含的一些基本概念和方法对于数字设计人员来说依然重要，甚至是必不可少的。

2.1　数字电路的基本概念

1. 模拟信号和数字信号

　　电子电路中的信号可分为两大类：模拟信号和数字信号。模拟信号是指时间和幅值都连续的信号，如图 2.1（a）所示。数字信号是指时间和幅值均取离散值的信号，如图 2.1（b）所示。

　　数字信号只有两个离散值，通常用 0 和 1 表示。数字信号的二进制码 0 和 1 不仅可以表示数量的大小，例如，可以用"010"表示 2，用"111.11"表示 7.75 等；还可以表示两种不同的逻辑状态，例如，可以用 1 和 0 分别表示事情的好与坏、开关的开与关、温度的高与低、电灯的亮与暗等。这种只有两种对立逻辑状态的逻辑关系称为二值逻辑系统。

　　在电子电路中，用高、低电平分别表示二值逻辑的 1 和 0 两种逻辑状态。高低电平具体对应的电压值与系统采用具体器件工艺有关。例如，有些情况用 5～3.5 V 电压表示高电平，有些情况用 1.7 V 即为高电平。

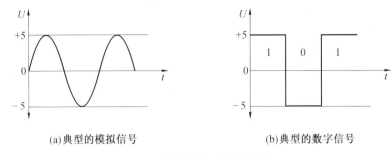

(a)典型的模拟信号   (b)典型的数字信号

图2.1　模拟信号和数字信号

2. 数字电路

对数字信号进行算术运算和逻辑运算的电路称为数字电路,一般采用布尔代数描述。现代数字电路由采用半导体工艺制成的若干数字集成器件构成,其基本单元为逻辑门。数字电路与模拟电路相比有以下优点:

① 数字电路是以二值数字逻辑为基础的,只有 0 和 1 两个基本逻辑状态,易于实现;

② 系统工作可靠、精度高、抗干扰能力强;

③ 不仅能执行数值运算,还能进行逻辑运算;

④ 数字信息便于长期保存。

2.2　布尔代数和逻辑门

数字电路不但可以执行数值计算还可以执行逻辑运算,逻辑运算是指输入和输出之间的条件和结果之间的关系。实现逻辑运算的基本单元称为逻辑门。通常采用布尔代数描述输入和输出之间的逻辑关系。

2.2.1　基本逻辑门电路

逻辑电路的表示方法很多。很多情况下并不需要知道电路内部的实现细节,因此可以采用"黑盒(black box)",说明电路输入和输出信号。图2.2 给出了一个具有 3 个输入和 1 个输出的逻辑电路的"黑盒"表示方法。

如果逻辑电路的输出只与当前输入有关,则称其为组合逻辑电路。组合逻辑电路的行为可以采用真值表描述。针对电路的所有输入组合以表格形式列出其对应的输出值,称为电路的逻辑真值表。表2.1 给出了一个具有 3 个输入 1 个输出的逻辑电路的真值表。真值表中每一行对应一种输入组合,其后列出对应的输出值。例如,对于具有 3 个输入的组合逻辑电路,一共需要 2^3 行。因为真值表要列出所有输入组合对应的输出值,所以当输入变量较多时真值表会变得繁杂而且难于处理。

表 2.1　逻辑电路的真值表

X	Y	Z	F
0	0	0	0
0	0	1	1
0	1	0	0
0	1	1	0
1	0	0	0
1	0	1	0
1	1	0	1
1	1	1	1

图 2.2　具有 3 输入 1 输出的逻辑电路"黑盒"表示方法

布尔代数是描述客观事物逻辑关系的数学方法,由于其被广泛应用于解决数字逻辑电路的分析与设计,所以也称为逻辑代数。

逻辑代数用字母表示变量,称为逻辑变量。在二值逻辑中,每个逻辑变量的取值只有 0 和 1 两种可能。

注意:这里的 0 和 1 已不再表示数值的大小,只代表两种不同的逻辑状态。

逻辑代数中逻辑函数的概念与普通函数的概念类似,其特点如下:

①逻辑变量和逻辑函数的取值只有 0 和 1 两种可能;

②函数和变量之间的关系是由与、或、非三种基本运算决定的;

③逻辑电路和逻辑函数之间存在着严格的对应关系,任何一个逻辑电路的全部属性和功能都可由相应的逻辑函数完全描述,也就是说,由与、或、非运算组成的任何逻辑函数都可以由逻辑电路实现。

实现与、或、非基本逻辑关系的电路元件分别称为与门、或门和非门。逻辑门是数字电路的基本组成单元。门电路有多种类型,最基本的只有与、或、非三种,如图 2.3 所示。

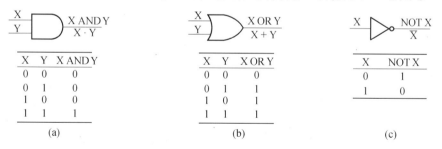

图 2.3　与、或、非门的电路符号和真值表

与逻辑关系和或门:当且仅当决定一个事件的全部条件都具备时,这个事件才会发生的因果关系称为与逻辑关系。与逻辑关系由与门实现,其电路符号和真值表如图 2.3(a)所示。

或逻辑关系和或门:只要满足几个条件中的一个,就能得到某种结果,这种条件和结果的关系就是"或"逻辑关系。或逻辑关系由或门实现,其电路符号和真值表如图 2.3(b)所示。

非逻辑关系和非门:"非"逻辑关系的条件和结果是一种相反的关系。非逻辑关系由非门实现,非门的电路符号和真值表如图2.3(c)所示。

除了以上介绍的三种基本逻辑门,通过将与门与非门组合、或门与非门组合还可以得到两个常用的逻辑门:与非门和或非门,其电路符号和真值表如图2.4所示。

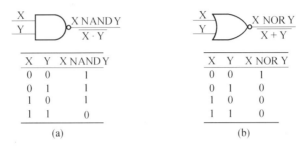

图2.4　与非门和或非门的电路符号和真值表

2.2.2　逻辑函数的表示方法

1. 真值表表示方法

真值表适合表示输入变量不是特别多的逻辑函数,假设逻辑函数有 n 个输入变量,那么真值表将包括 2^n 行,因此如果输入变量比较多,将会导致真值表非常庞大,从而导致手工无法处理。一般情况下,如果输入变量数目小于6,可以用真值表表示。

2. 逻辑表达式表示方法

把输入和输出变量之间的逻辑关系写成与、或、非等运算的组合(逻辑表达式),得到输入和输出满足的逻辑函数式。逻辑代数中,与逻辑关系采用"·"表示,在不至于发生混淆的情况下,该符号可以省略,例如,图2.3(a)中的 $X \cdot Y$;或逻辑关系用"+"表示,例如,图2.3(b)中的 $X+Y$;变量 X 的非用 $\overline{X}$ 表示。对于表2.1给出的逻辑关系,可以用逻辑函数式

$$F = \overline{X}\,\overline{Y}Z + XY\,\overline{Z} + XYZ \tag{2.1}$$

表示,其中省略了与操作符"·"。

3. 逻辑图表示方法

用与门、或门、非门等的电路符号表示逻辑函数中各变量之间的逻辑关系所得到的图形称为逻辑图。逻辑关系式(2.1)对应的逻辑图如图2.5所示。逻辑图有时被称为原理图。

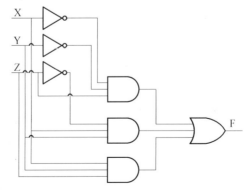

图2.5　逻辑关系式(2.1)对应的逻辑图(未化简)

4. 时序图表示方法

用输入变量在不同逻辑电平作用下所对应的输出信号的波形图表示电路的逻辑关系,称为时序图。如图 2.6 所示的时序图中,横轴表示时间 t,纵轴表示输入和输出信号的取值。在 t_1 时间段,输入 X,Y 和 Z 的值分别为 0,0,1,此时对应的输出为 1。

综上,同一逻辑关系可以使用不同的方法表示,每种表示方法具有各自特点,实际应用中应该按照需求选择合适的表示方法。

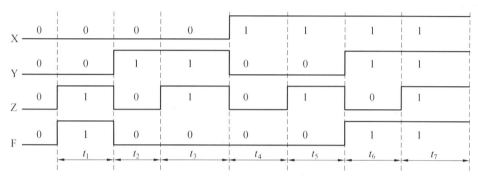

图 2.6　逻辑关系的时序图表示

2.2.3　布尔代数的基本定理

逻辑代数通过其特有的基本公式(或称基本定律)实现各种逻辑函数的化简,常用基本公式如表 2.2 所示。

表 2.2　逻辑代数常用的基本公式

公式名称	公　　式	
0-1 律	$A \cdot 0 = 0$	$A + 1 = 1$
自等律	$A \cdot 1 = A$	$A + 0 = A$
等幂律	$A \cdot A = A$	$A + A = A$
互补律		$A + \overline{A} = 1$
交换律	$A \cdot B = B \cdot A$	$A + B = B + A$
结合律	$A \cdot (B \cdot C) = (A \cdot B) \cdot C$	$A + (B + C) = (A + B) + C$
分配律	$A(B + C) = AB + AC$	$A + BC = (A + B)(A + C)$
吸收律 1	$(A + B)(A + \overline{B}) = A$	$AB + A\overline{B} = A$
吸收律 2	$A(A + B) = A$	$A + AB = A$
吸收律 3	$A(\overline{A} + B) = AB$	$A + \overline{A}B = A + B$
多余项定律	$(A + B)(\overline{A} + C)(B + C) = (A + B)(\overline{A} + C)$	$AB + \overline{A}C + BC = AB + \overline{A}C$
求反律	$\overline{AB} = \overline{A} + \overline{B}$	$\overline{A + B} = \overline{A} \cdot \overline{B}$
否否律	$\overline{\overline{A}} = A$	

逻辑代数中还有三个基本规则:代入规则、反演规则和对偶规则,它们和基本定律一起构成了完整的逻辑代数系统,可以用来对逻辑函数进行描述、推导和变换。

1. 代入规则

在任何一个含变量 A 的等式中,将其中所有的变量 A 均用逻辑函数 F 来取代,则等式仍然成立,这个规则称为代入规则。因为任何一个逻辑函数 F 的取值也只有 0 和 1 两种可能,所以代入规则是正确的。利用代入规则可扩大等式的应用范围。

2. 反演规则

已知函数 F,要求其反函数 $\overline{F}$ 时,只要将 F 中所有原变量变为反变量、反变量变为原变量、与运算变成或运算(乘变加)、或运算变成与运算(加变乘)、0 变为 1、1 变为 0、两个或两个以上变量公用的长"非"号保持不变,便得到 $\overline{F}$,这就是反演规则。

3. 对偶规则

函数中各变量保持不变,而所有的与运算变为或运算(乘变加)、所有的或运算变为与运算(加变乘)、0 变为 1、1 变为 0、两个或两个以上变量所公用的长"非"号保持不变,则得到一个新函数 G,G 就是 F 的对偶函数,这就是对偶规则。

2.3 逻辑函数的化简

2.3.1 最小项的定义及其性质

1. 最小项的定义

n 个逻辑变量 $X_1, X_2, \cdots, X_n$ 的最小项是 n 个因子的乘积,该乘积项中每个变量都以原变量或反变量的形式仅出现一次。例如,3 个逻辑变量 A, B, C 的乘积项共有 $2^3 = 8$ 个,分别表示为 $ABC, AB\overline{C}, A\overline{B}C, A\overline{B}\,\overline{C}, \overline{A}BC, \overline{A}B\overline{C}, \overline{A}\,\overline{B}C, \overline{A}\,\overline{B}\,\overline{C}$。

2. 最小项的性质

变量 A、B 和 C 对应的全部最小项的真值表如表 2.3 所示,不难发现最小项具有如下性质:

① 任意一个最小项有且仅有一组变量的取值使它等于 1;

② 全部最小项之和为 1,即 $\sum\limits_{i=0}^{2^n-1} m_i = 1$;

③ 两个不同最小项之积为 0,即 $m_i \cdot m_j = 0 (i \neq j)$;

④ n 变量有 2^n 项最小项,且对每一最小项而言,有 n 个最小项与之相邻(参看第 2.3.2 节)。

表 2.3 三变量最小项标号及真值表

A B C	m_0 ABC	m_1 $\overline{A}\,\overline{B}\,\overline{C}$	m_2 $\overline{A}\,B\overline{C}$	m_3 $\overline{A}B\,\overline{C}$	m_4 $\overline{A}BC$	m_5 $A\,\overline{B}\,\overline{C}$	m_6 $A\,\overline{B}C$	m_7 $AB\,\overline{C}$	对应的十进制数 i
0 0 0	1	0	0	0	0	0	0	0	0
0 0 1	0	1	0	0	0	0	0	0	1
0 1 0	0	0	1	0	0	0	0	0	2
0 1 1	0	0	0	1	0	0	0	0	3
1 0 0	0	0	0	0	1	0	0	0	4
1 0 1	0	0	0	0	0	1	0	0	5
1 1 0	0	0	0	0	0	0	1	0	6
1 1 1	0	0	0	0	0	0	0	1	7

3. 最小项的编号

最小项通常用 m_i 表示,下标 i 即最小项的编号,用十进制数表示。将最小项中的原变量用 1 表示,反变量用 0 表示,可以得到最小项的编号。例如,对于最小项 $\overline{A}\overline{B}C$,因为它和 011 对应,所以 $\overline{A}\overline{B}C$ 标记为 m_3。

2.3.2　卡诺图法化简逻辑函数

逻辑运算中,同一个逻辑函数可以写成不同形式的逻辑式,而这些逻辑式的繁简程度又往往相差甚远。逻辑式越是简单,它所表示的逻辑关系越明显,同时也利于用最少的电子器件实现这个逻辑函数,因此,经常需要通过化简的手段找出逻辑函数的最简单形式。化简方法有代数法和卡诺图法两种。

1. 卡诺图化简的基本原理

两个乘积项中,如果除了其中一个变量分别是原变量和反变量之外,其他变量都相同,称这两个乘积项在逻辑上具有相邻性,或称为相邻项。两个相邻项可以利用吸收法进行合并,合并时可消去此相异的变量。例如,对于包含三个变量 A,B,C 的逻辑系统,$AB\overline{C}$ 和 ABC 就是相邻的最小项,其合并的结果为 AB。

对 1 个包含 n 个变量的乘积项,可找到 n 个可与之合并化简的相邻项。为了方便找出这种对应关系,研究人员提出了逻辑函数的标准式及一种比较直观的图形表示法,这种方法就是卡诺图法。

一个全部以最小项组成的"与或"式逻辑函数称为逻辑函数的最小项表达式。任何一个逻辑函数都能展开成最小项表达式,其变换方法有两种:真值表法和代数法。

真值表法将原逻辑函数 A,B,C 不同取值组合起来,得其真值表,而该逻辑函数是将 $F=1$ 那些输入变量相或而成的,如表 2.3 所示,即:逻辑函数→真值表→最小项表达式。

代数法对逻辑函数的一般式采用添项法,例如,$F=\overline{A}\overline{B}\overline{C}+BC+A\overline{C}$,第二项缺少变量 A,第三项缺少变量 B,可以分别用 $(A+\overline{A})$ 和 $(B+\overline{B})$ 乘第二项和第三项,其逻辑功能不变。

2. 卡诺图的结构

将 n 变量的全部最小项各用一个小方块表示,并使具有逻辑相邻性的最小项在几何位置上也相邻地排列,所得的图形称为 n 变量的卡诺图。此规则就是使逻辑相邻的关系表现在几何位置上的相邻,使得寻找"可以合并化简"的最小项工作变得很直观。由于卡诺图中"每一小方块"都表示了一个"最小项 m_i",所以也可以说"卡诺图就是最小项方块图"。

①二变量卡诺图:设输入变量为 A、B(高位→低位)。最小项个数为 $2^2=4$ 个,因此用 4 个小方块分别表示 4 个最小项 m_i,如图 2.7 所示。

左边一半区域标记为"0",用来表示反变量 $\overline{B}$。右边一半区域标记为"1",用来表示原变量 B。上边一半区域标记为"0",用来表示反变量 $\overline{A}$。下边一半区域标记为"1",用来表示原变量 A。

②三变量卡诺图:设输入变量为 A,B,C(高位→低位)。最小项个数为 $2^3=8$ 个,因此用 8

个小方块分别表示 m_i，如图 2.8 所示。

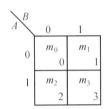

图 2.7　二变量卡诺图

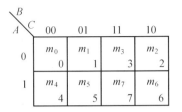

图 2.8　三变量卡诺图

③四变量卡诺图：设输入变量为 A、B、C、D（高位→低位）。最小项个数为 $2^4 = 16$ 个，因此用 16 个小方块分别表示 m_i，如图 2.9 所示。

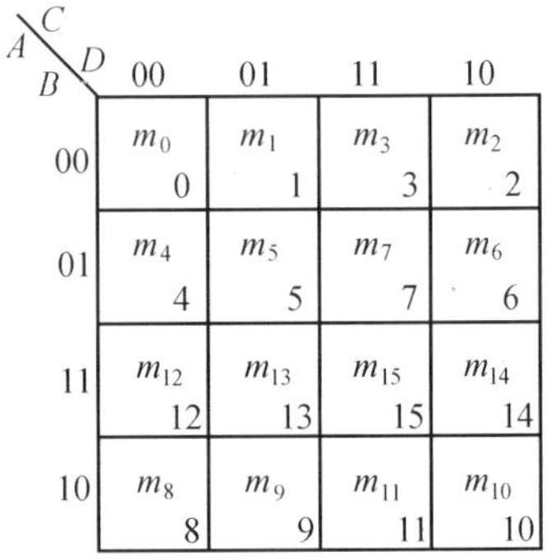

为了进一步掌握卡诺图的构图思想，下面将一些共性及应该注意的地方再说明一下：

① n 个变量的卡诺图有 2^n 个小方块，分别表示 2^n 个最小项。每个原变量及其反变量总是各占整个卡诺图区域的一半。

② 在卡诺图中，任意相邻的两格所表示的最小项都仅有一个因子不同，即这两个最小项具有"相邻性"。

图 2.9　四变量卡诺图

③ 与每一格"相邻"的格数是随着变量的增加而增加的，"相邻格数"等于"变量数 n"。例如，对三变量卡诺图来说，每一格总有三格与之相邻，也即每个最小项总有三个最小项能与之合并。

④ 在寻找"相邻性"时要注意上、下、左、右的邻格，因为卡诺图可以卷起来看，也可以折叠起来看。例如，四变量卡诺图，当左、右卷起来时，左边第一列还与右边第四列相邻。当上、下卷起来时，上边第一行还与下边第四行相邻。

如果一个逻辑函数 F 已经以最小项之和的形式给出，则只要根据变量数画出对应的卡诺图，然后按最小项标号在相应的方格中填写"1"，其余的方格填写"0"，也即按真值表来填写卡诺图。

3. 卡诺图化简逻辑函数

（1）相邻最小项合并规律。

① 两相邻项可合并为一项，消去一个取值不同的变量，保留相同变量，标注为 1→原变量，0→反变量；

② 四相邻项可合并为一项，消去两个取值不同的变量，保留相同变量，标注与变量关系同上；

③ 八相邻项可合并为一项，消去三个取值不同的变量，保留相同变量，标注与变量关系同上。

按上述规律，不难得到 16 个相邻项合并的规律。这里需要指出的是：合并的规律是 2^n 个最小项的相邻项可合并，不满足 2^n 关系的最小项不可合并。如 2、4、8、16 个相邻项可合并，其他的均不能合并,而且相邻关系应是封闭的,如 m_0、m_1、m_3、m_2 四个最小项,m_0 与 m_1,m_1 与 m_3,m_3 与 m_2 均相邻,且 m_2 和 m_0 还相邻。这样的 2^n 个相邻的最小项可合并。而 m_0、m_1、m_3、m_7,由于 m_0 与 m_7 不相邻,因而这四个最小项不可合并为一项,如图 2.10 所示。

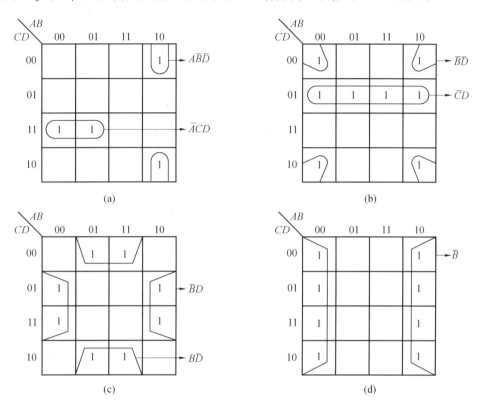

图 2.10　相邻最小项合并规律

(2)与或逻辑化简。

运用最小项标准式,在卡诺图上进行逻辑函数化简,得到的基本形式是与或表达式。其步骤如下:

①将原始函数用卡诺图表示;

②根据最小项合并规律画卡诺圈,圈住全部"1"方格;

③将上述全部卡诺圈的结果,"或"起来即得化简后的新函数。

【例 2.1】　化简 $F = \sum(0,1,2,5,6,7,12,13,15)$。

解　其卡诺图及化简过程如图 2.11 所示。如果卡诺圈有多种圈法,要注意如何使卡诺圈数目最少,同时又要尽可能地使卡诺圈大。比较图 2.11(a)和图 2.11(b)两种圈法,显然图 2.11(b)圈法优于图 2.11(a)圈法,因为它少一个卡诺圈,其实现电路就少用一个与门。其化简后的逻辑函数为:$F = \overline{A}\,\overline{B}\,\overline{C} + AB\overline{C} + BD + \overline{A}\,C\overline{D}$。

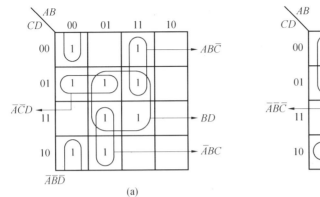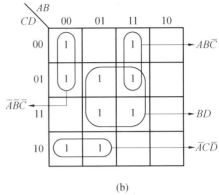

图 2.11　例 2.1 逻辑函数的卡诺图

2.4　组合逻辑电路的设计方法

组合逻辑电路的设计是从设计要求出发,最终获得满足要求的逻辑电路的过程。完成同一设计要求的逻辑电路可能有多种,在实际设计过程中,需要从多方面考虑,对电路结构加以衡量,最终选出最恰当的电路。在理论设计中,一般只考虑门电路的类型和使用逻辑门的数量。

组合逻辑电路设计是组合逻辑电路分析的逆过程,一般步骤如下:

①根据对电路的逻辑功能,列出真值表;

②根据真值表写出逻辑表达式或者采用卡诺图进行逻辑化简;

③根据简化和变换逻辑表达式,画出逻辑图。

【例 2.2】　设计举重裁判表决电路。

举重比赛设有 3 个裁判,一个主裁判和两个副裁判。运动员每次试举是否成功,由每位裁判按一下自己面前的按钮来确定。只有两个或两个以上裁判判决成功,并且其中有一个为主裁判时,表示试举成功的灯才被点亮。本例要求设计裁判表决电路。

分析:假定主裁判判定试举是否成功用变量 A 表示,两个副裁判判决试举是否成功用变量 B 和 C 表示,其中 1 表示试举成功,0 表示试举不成功;表示试举成功与否的灯是否被点亮用 Y 表示,1 表示点亮,0 表示不亮。根据逻辑要求列出真值表,如表 2.4 所示。裁判表决电路卡诺图化简过程如图 2.12 所示。

表 2.4　举重裁判表决电路的真值表

A	B	C	Y	A	B	C	Y
0	0	0	0	1	0	0	0
0	0	1	0	1	0	1	1
0	1	0	0	1	1	0	1
0	1	1	0	1	1	1	1

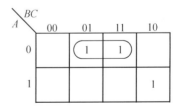

图 2.12　裁判表决电路卡诺图化简

由表 2.4 写出输出 Y 逻辑表达式为

$$Y = m_5 + m_6 + m_7 = A\,\overline{B}C + AB\,\overline{C} + ABC$$

最简与或表达式为

$$Y = BC + AB\,\overline{C}$$

对应的逻辑图如图 2.13 所示。

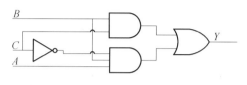

图 2.13　裁判表决电路的逻辑图

2.5　若干常用组合逻辑电路

在实际应用中,有些基本逻辑电路经常反复出现在各种数字系统中。这些电路包括编码器、译码器、数据选择器、数值比较器、加法器、函数发生器、奇偶校验器等。为了使用方便,这些逻辑电路已被制成了中、小规模的标准化集成电路产品。本节对这些常用电路进行分析,以便掌握它们的工作原理和使用方法。

2.5.1　译码器

译码器(Decoder)是一种多输入多输出电路,其作用是把一种格式的编码转换为另一种格式编码。通常情况下,译码器的输入信号位宽小于输出信号的位宽。译码器的输入编码和输出编码之间存在一一映射关系,也就是说不同的输入编码一定对应不同的输出编码。

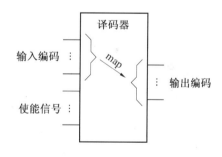

图 2.14　译码器的典型结构

译码器电路的典型结构如图 2.14 所示。译码器通常会包含使能信号 enable, 当使能信号 enable 有效时,输入数据信号被映射成输出信号;如果 enable 信号无效,译码器输出保持某个预先设定的值不变。

1. 二进制译码器

二进制译码器的输入端为 n 位宽,输出端为 2^n 位宽,对应于输入的每一种状态,2^n 个输出中只有一位为 1(或为 0),其余全为 0(或为 1)。二进制译码器可以译出输入变量的全部状态,故又称为变量译码器。典型 2 位二进制译码器的真值表如表 2.5 所示,输入信号 EN 为使能信号,I1,I0 为 2 位二进制代码,输出 Y3 ~ Y0 为 4 个互斥的输出信号,4 个信号中同时只有 1 个信号有效,这种类型的译码器通常称为 2 线–4 线译码器。

表 2.5　2 线–4 线译码器真值表

Inputs			Outputs			
EN	I1	I0	Y3	Y2	Y1	Y0
0	x	x	0	0	0	0
1	0	0	0	0	0	1
1	0	1	0	0	1	0
1	1	0	0	1	0	0
1	1	1	1	0	0	0

真值表 2.5 中使用了符号"x",在数字逻辑中用"x"表示"don't care"条件,表示信号无论取何值对电路的输出没有影响。2 线–4 线译码器的逻辑符号和原理图如图 2.15 所示。输入数据信号为 I0 和 I1,表示 0~3 之间的整数。输出编码为 Y0~Y3。当信号 EN 为 1,I1、I0 对应整数 i 时,信号 Yi 等于 1;如果 EN 等于 0,则输出全部为 0。

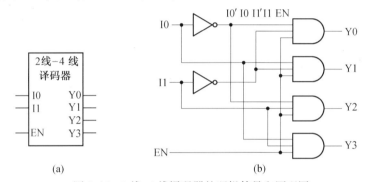

图 2.15　2 线–4 线译码器的逻辑符号和原理图

2. 中规模集成译码器

典型的中规模集成译码器 74x138 是一个 3 线–8 线译码器,其逻辑符号如图 2.16 所示。其门级实现原理如图 2.17 所示,真值表如表 2.6 所示。74x138 的输出信号为低电平有效,同时具有 3 个控制信号(G1、G2A 和 G2B),控制信号有效时 74x138 工作在正常模式。

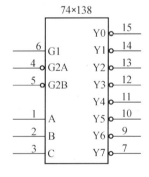

图 2.16　3 线–8 线译码器 74x138

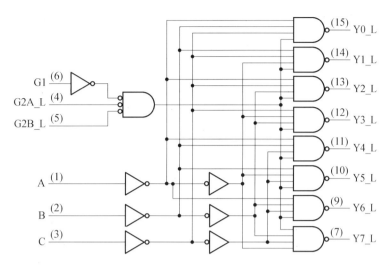

图 2.17　74x138 译码器的门级原理图

表 2.6　74x138 译码器的真值表

Inputs						Outputs							
G1	G2A_L	G2B_L	C	B	A	Y7_L	Y6_L	Y5_L	Y4_L	Y3_L	Y2_L	Y1_L	Y0_L
0	x	x	x	x	x	1	1	1	1	1	1	1	1
x	1	x	x	x	x	1	1	1	1	1	1	1	1
x	x	1	x	x	x	1	1	1	1	1	1	1	1
1	0	0	0	0	0	1	1	1	1	1	1	1	0
1	0	0	0	0	1	1	1	1	1	1	1	0	1
1	0	0	0	1	0	1	1	1	1	1	0	1	1
1	0	0	0	1	1	1	1	1	1	0	1	1	1
1	0	0	1	0	0	1	1	1	0	1	1	1	1
1	0	0	1	0	1	1	1	0	1	1	1	1	1
1	0	0	1	1	0	1	0	1	1	1	1	1	1
1	0	0	1	1	1	0	1	1	1	1	1	1	1

这里只简单介绍了译码器的工作原理以及简单的 n 线-2^n 线译码器,其实译码器的种类还有很多,比如 7 段显示译码器、二–十进制译码器等。更多其他类型译码器,请参考文献[1]。

2.5.2　编码器

同译码器一样,编码器(Encoder)也是将某种格式的编码转换成另一种格式编码的数字器件。编码器电路的数据输入信号的位宽要大于输出信号的位宽。例如,电路具有 8 个输入,分别表示 0~7 八个无符号二进制数,两个输出表示该数是否为素数,实现该功能的器件一般称为素数编码器。

2^n–n 二进制编码器是一种最简单的编码器,其电路符号如图 2.18(a)所示,2^n–n 编码器的功能恰好与 n–2^n 译码器相反,编码器的 2^n 个输入中只有一个处于有效电平,输出是一个 n 位二进制数。考虑一个 8–3 编码器,如果输入用 I0~I7 表示,输出用 Y0~Y2 表示,则输出信号的逻辑函数式为

$$Y0 = I1 + I3 + I5 + I7$$

$$Y1 = I2 + I3 + I6 + I7$$

$$Y2 = I4 + I5 + I6 + I7$$

8-3 编码器的门级实现原理图如图 2.18(b) 所示。

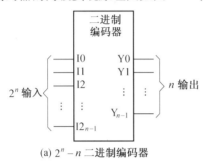

(a) $2^n - n$ 二进制编码器

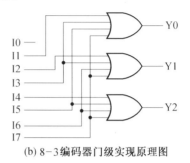

(b) 8-3 编码器门级实现原理图

图 2.18　普通编码器

同一时刻 n-2^n 译码器的 2^n 个输出只有 1 个有效,由于译码器的输出通常被用于控制多个器件,也就是说这 2^n 个器件至多有一个工作。与之相反,考虑一个具有 2^n 个输入的系统,这 2^n 个输入表示外界对系统发出的 2^n 个请求。这一类问题在实际应用中非常普遍,比如可能有多个外设,同时向 CPU 发出中断请求。在这一类的应用中使用图 2.18 所示的普通编码器就会出现问题,如果使用普通编码器,那么要求在同一时刻只能有 1 个外设发出中断请求,否则如果有多个请求同时发出,普通编码器将会产生错误的编码。例如,对于普通 8-3 编码器,如果 I2 和 I4 同时发出请求,那么输出的编码为 110,对应的输出编码既不是 I2,也不是 I4,而是 I6 对应的编码。这种情况下必须使用优先编码器(Priority Encoder)。

8 输入优先编码器的逻辑符号如图 2.19 所示。输入 I7 具有最高的优先级,如果有多个输入信号置位,输出 A2 ～ A0 将只对最高优先级别的有效输入位译码,即如果 I7 和 I5 同时置位,优先编码器输出 I7 对应的编码。如果没有输入信号有效,输出 IDLE 置位。

为了获得优先编码器输出信号的逻辑表达式,首先定义 8 个中间变量 H0 ～ H7,即

$$H7 = I7$$

$$H6 = I6 \cdot \overline{I7}$$

$$\vdots$$

$$H0 = I0 \cdot \overline{I1} \cdot \overline{I2} \cdot \overline{I3} \cdot \overline{I4} \cdot \overline{I5} \cdot \overline{I6} \cdot \overline{I7}$$

使用这些中间变量可以得到 A2 ～ A0 的表达式为

$$A2 = H4 + H5 + H6 + H7$$

$$A1 = H4 + H5 + H6 + H7$$

$$A0 = H1 + H3 + H5 + H7$$

输出信号 IDLE 的表达式为

$$IDLE = \overline{I0 + I1 + I2 + I3 + I4 + I5 + I6 + I7} =$$

$$\overline{I0} \cdot \overline{I1} \cdot \overline{I2} \cdot \overline{I3} \cdot \overline{I4} \cdot \overline{I5} \cdot \overline{I6} \cdot \overline{I7}$$

图 2.20 给出 8 输入优先编码器 74x148 的逻辑符号,其门级实现原理图如图 2.21 所示。

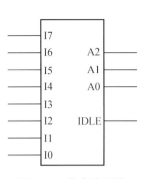

图 2.19　优先编码器

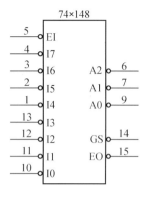

图 2.20　优先编码器 74x148

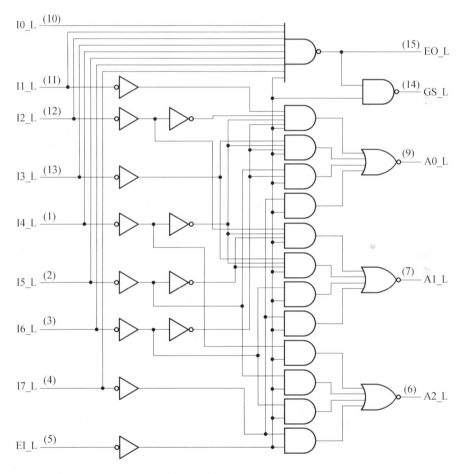

图 2.21　74x148 门级实现原理图

　　除了低电平有效的数据输入信号和输出编码,74x148 额外增加了使能信号 EI 和低电平有效的输出信号GS_L,当器件使能信号 EI 置位,同时有 1 个或者多于 1 个输入信号有效,GS_L信号有效,表示当前输出信号有效。当信号 EI 有效,同时没有有效的数据输入,则信号EO_L有效。优先编码器 74x148 的功能表如表 2.7 所示。

表 2.7 **74x148 的功能表**

Inputs									Outputs				
$\overline{E1}$	$\overline{I0}$	$\overline{I1}$	$\overline{I2}$	$\overline{I3}$	$\overline{I4}$	$\overline{I5}$	$\overline{I6}$	$\overline{I7}$	$\overline{A2}$	$\overline{A1}$	$\overline{A0}$	$\overline{GS}$	$\overline{EO}$
1	x	x	x	x	x	x	x	x	1	1	1	1	1
0	x	x	x	x	x	x	x	0	0	0	0	0	1
0	x	x	x	x	x	x	0	1	0	0	1	0	1
0	x	x	x	x	x	0	1	1	0	1	0	0	1
0	x	x	x	x	0	1	1	1	0	1	1	0	1
0	x	x	x	0	1	1	1	1	1	0	0	0	1
0	x	x	0	1	1	1	1	1	1	0	1	0	1
0	x	0	1	1	1	1	1	1	1	1	0	0	1
0	0	1	1	1	1	1	1	1	1	1	1	0	1
0	1	1	1	1	1	1	1	1	1	1	1	1	0

2.5.3 数据选择器

数据选择器(Multiplexer)相当于一个数字开关,在选择信号的控制下,数据选择器选择多个输入中的一个,并将其连接到输出端。数据选择器的 n 个数据输入的位宽相同(比如为 b),输出与输入数据信号的位宽相同,也是 b 位宽。数据选择器还应该具有选择输入端用于指定 n 个输入数据中的哪一个被选中,选择输入端应该具有 s 个,$s=\log_2 n$。与译码器、编码器一样,数据选择器一般也会包含一个使能输入 EN。图 2.22 给出了一个典型的数据选择器示意图。

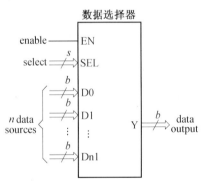

图 2.22 典型的数据选择器

数据选择器的产品很多,其中 74x151 是一个典型的 1 位宽的 8 选 1 数据选择器,其门级原理图和逻辑符号如图 2.23 所示。其中选择输入端为 A、B 和 C,其中 C 为最高有效位,使能信号 EN_L 低电平有效。为了方便应用,74x151 除了提供被选择信号作为输出外,还额外提供被选择变量的反变量作为输出。表 2.8 给出了 74x151 的功能表。

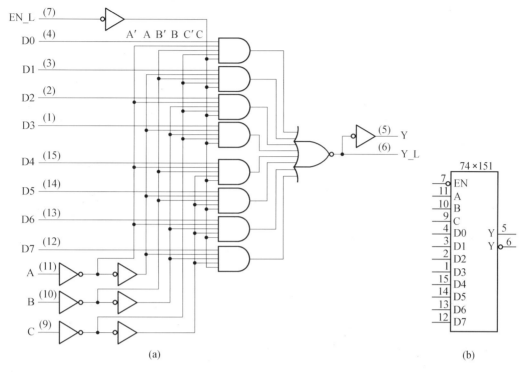

(a)

(b)

图 2.23　74x151 的门级原理图以及逻辑符号

表 2.8　74x151 的功能表

Inputs				Outputs	
EN_L	C	B	A	Y	Y_L
1	x	x	x	0	1
0	0	0	0	D0	$\overline{D0}$
0	0	0	1	D1	$\overline{D1}$
0	0	1	0	D2	$\overline{D2}$
0	0	1	1	D3	$\overline{D3}$
0	1	0	0	D4	$\overline{D4}$
0	1	0	1	D5	$\overline{D5}$
0	1	1	0	D6	$\overline{D6}$
0	1	1	1	D7	$\overline{D7}$

74x157 是一款 4 位宽的 2 选 1 数据选择器,其原理图以及逻辑符号如图 2.24 所示。选择信号为 1 位宽的 S,低电平有效的输入信号 G_L 可以理解为使能信号。数据输入信号有 2 个,分别是 A($4A3A2A1A$) 和 B($4B3B2B1B$),它们都是 4 位宽的,输出 Y 也是 4 位宽的。在使能信号 G_L 有效的情况下(G_L=0),如果 S=0,则 Y=A,否则 Y=B;74x157 功能表如表 2.9 所示。

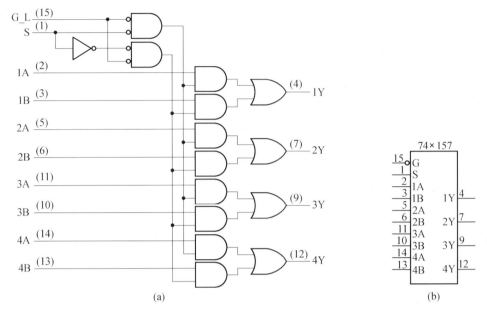

图 2.24   数据选择器 74x157

表 2.9   数据选择器 74x157 的功能表

Inputs				Outputs	
EN_L	C	B	A	Y	Y_L
1	x	x	x	0	1
0	0	0	0	D0	$\overline{D0}$
0	0	0	1	D1	$\overline{D1}$
0	0	1	0	D2	$\overline{D2}$
0	0	1	1	D3	$\overline{D3}$
0	1	0	0	D4	$\overline{D4}$
0	1	0	1	D5	$\overline{D5}$
0	1	1	0	D6	$\overline{D6}$
0	1	1	1	D7	$\overline{D7}$

虽然数据选择器产品种类众多,但是由于应用场合各不相同,有时仍然需要使用现有产品实现更为复杂的数据选择器,通过现有数据选择器的级联以及并联可以对数据选择器的位宽以及参数 n 进行扩展,具体请参考文献[1]。

2.5.4   数值比较器

实际应用中,要求比较两个二进制数是否相等的情况非常常见。比较两个输入是否相等的电路称为比较器(comparator)。有些比较器还可以将输入二进制数解释为有符号数或者无符号数,除了比较二者是否相等,还可以比较二者的大小关系,这一类的电路统称为比较器。

一般情况下,异或门或者同或门可以理解为 1 位比较器,图 2.25(a)解释异或门 74x86 是如何作为比较器使用的。如果两个输入信号不同,则输出 DIFF 置位。在图 2.25(b)实现一个 4 位比较器,4 个异或门的输出通过或门连接,这样只要输入信号任何 1 位不同,那么输出 DIFF 都会置位。

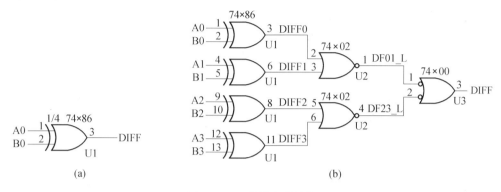

图 2.25　比较器电路结构

在继续介绍比较器电路结构之前,首先介绍一种特殊类型的组合电路,即迭代电路(iterative circuit),其基本的电路结构如图 2.26 所示。迭代电路由 n 个具有相同结构的子模块构成,每个子模块具有两种类型的输入和输出:primary 输入输出和级联输入输出(Cascading inputs and outputs)。最左侧的级联输入也称为 boundary input,最右侧的级联输出也称为 boundary output。行波加法器以及下面要介绍的 4 位比较器 74x85 都是典型的迭代结构的电路。

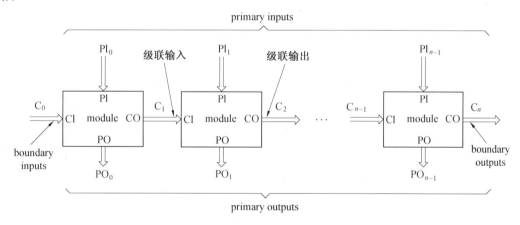

图 2.26　迭代电路的基本结构

迭代结构的电路非常适合构造多位的比较电路。图 2.27(a)给出一个迭代结构的 N 位比较器电路,其中每个子电路实现如图 2.27(b)所示。

注意:迭代结构电路是数字系统设计中的常用方法,这里只给出了迭代结构的比较器的实现方式,具体请参考文献[1]。

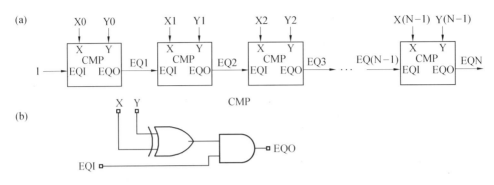

图 2.27　多位比较器实现原理

本章小结

数字电路可以分为组合逻辑电路和时序逻辑电路两类。组合逻辑电路的输出只与同一时刻的输入有关，与输入历史值无关。数字电路用来处理数字信号的算术和逻辑运算，一般用布尔代数描述。在实际应用中，根据问题的复杂性以及应用场合不同，可以选择真值表、逻辑表达式、逻辑图以及时序图等方法表示逻辑电路。

数字逻辑电路的分析和设计过程中，对于逻辑函数的化简至关重要，通常可以采用代数法和卡诺图法。传统的数字电路设计中，卡诺图化简至关重要，是逻辑设计的关键。组合逻辑电路是数字系统设计的基础，其一般步骤：设计要求→逻辑抽象→逻辑真值表→逻辑表达式化简（卡努图）→电路实现逻辑图。

常用的组合逻辑电路，即译码器、编码器、数据选择器、比较器等是设计复杂数字电路的基础。采用中小规模的集成电路设计较复杂的数字电路是数字设计的基础。

习题与思考题 2

2.1　设计 7 段显示译码器。(1)采用卡诺图化简逻辑表达式；(2)画出最简的逻辑图。

2.2　设计 3 位译码器。(1)采用卡诺图化简逻辑函数；(2)画出最简的逻辑图。

2.3　设计 1 位全加器。

2.4　基于题 2.3 设计的 1 位全加器，设计 4 位全加器。

2.5　使用 3 个 4 位比较器 74x85 设计 12 位比较器。

2.6　试述组合逻辑电路设计的一般步骤。

2.7　采用 4 个 8 选 1 数据选择器，设计 32 选 1 数据选择器。

第3章

时序逻辑设计回顾

3.1 时序逻辑电路

与组合逻辑电路不同,时序逻辑电路[①]的输出不但依赖于当前输入,而且还与输入的历史值有关。时序电路输入的历史值由电路的状态"记忆",电路状态由电路内部的存储元件实现,即时序电路的输出由电路的状态和输入共同决定,时序电路包含的存储元件数目有限,故电路的状态也是有限的。

时序逻辑电路的典型结构如图3.1所示,其中状态寄存器(state registers)由存储元件实现(一般为 D 触发器),电路中所有存储元件在同一个时钟信号控制下工作。状态寄存器的输出就是电路的当前状态(current state)。时序电路的输入(inputs)和电路的当前状态共同决定电路的"次态(next state)",决定次态的逻辑电路是一段纯组合逻辑,称为次态逻辑。电路的输出由电路的当前状态和输入共同决定。输出逻辑也是一段组合逻辑电路。

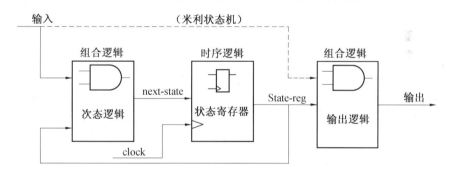

图3.1 时序逻辑电路的典型结构

时序逻辑电路输出依赖于它的状态,所以时序电路也称为有限状态机。有限状态机分为两类:摩尔状态机和米利状态机。摩尔状态机的输出只由电路的状态决定,与电路的输入无关(输入决定电路状态)。米利状态机至少有 1 个输出由输入和状态共同决定。

时序逻辑电路可分为异步时序电路和同步时序电路两大类。异步时序逻辑电路的存储元件不是在统一的时钟信号控制下工作,电路中存储元件的状态的更新不是同时发生的,异步时序电路的状态转换难以预知,这给电路的设计和调试带来很大困难。

---

① 时序逻辑电路有时也称为时序机(Sequential Machine)。

若电路中所有的存储元件都在统一的时钟信号控制下,电路中各存储单元的状态更新是同时发生,这种电路称为同步时序逻辑电路。由于电路存储元件状态更新可以预知,极大方便了电路分析和设计。

注意:本书只讨论同步时序逻辑电路的设计。

3.2　基本存储元件

典型的数字系统使用预先设计好的锁存器和触发器作为电路的存储元件。ASIC 设计中,ASIC 厂家在自己的工艺库中也会提供标准的锁存器和触发器。在 FPGA 内部,其基本的逻辑单元也都会包含触发器。

3.2.1　S-R 锁存器

采用或非门实现的 S-R 锁存器如图 3.2(a)所示。S-R 锁存器具有两个输入信号:S 和 R;两个输出信号:Q 和 QN,其中 QN 是 Q 的反变量,信号 QN 有时用 Q_L 表示。

如果 S 和 R 都是 0,S-R 锁存器类似一个双稳态器件,输出保持其前一次值不变,Q=0 或者 Q=1。如图 3.2(b)所示,要么使 S 等于 1,要么使 R 等于 1 以使锁存器进入一个确定的状态。S=1 会使输出 Q=1,称为置位;R=1 会使输出 Q=0,称为复位或者清零。如果 S 或者 R 无效(变为 0),锁存器将保持原来状态不变。图 3.3 给出了 S-R 锁存器的时序。时序图中采用箭头表示因果关系,即输入信号的改变引起输出信号的变化。

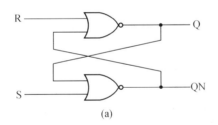

S	R	Q	QN
0	0	last Q	last QN
0	1	0	1
1	0	1	0
1	1	0	0

(a)　　　　　　　　　　　　　　　　　(b)

图 3.2　S-R 锁存器

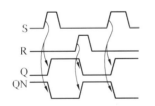
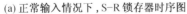
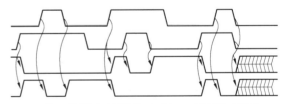

(a) 正常输入情况下,S-R 锁存器时序图　　　(b) 输入信号同时置位情况下,S-R 锁存器时序图

图 3.3　S-R 锁存器时序图

图 3.4 给出了 S-R 锁存器两种形式的电路符号,应该说这两种电路符号都是正确的,但本书倾向于用图 3.4(b)所示的符号。

从输入信号发生改变开始到输出信号响应此变化为止所需的时间称为器件的传播延迟(propagation delay)。根据传播延迟的定义,无论是锁存器,还是后续介绍的寄存器都可以定义几种不同类型的传播延迟,每一种类型的传播延迟又都可以针对每个输入输出对进行定义。

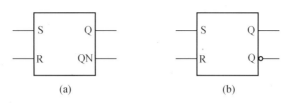

图 3.4　S-R 锁存器的电路符号

而且,当输出信号从低电平变为高电平,或者从高电平变为低电平时,传播延迟也可能不同。具体到 S-R 锁存器,输入信号 S 从低电平变为高电平,使得输出 Q 从低电平变为高电平,如图 3.5 中(1)所示,其中的传播延迟为 $T_{pLH(SQ)}$。类似的,输入信号 R 从低电平变为高电平,引起输出信号 Q 从高电平变为低电平,其传播延迟用 $T_{pHL(RQ)}$ 表示(图 3.5 中(2))。

对于输入信号 S 和 R,通常需要指定其最小脉冲宽度,如图 3.5 所示。如果输入信号的脉冲宽度小于最小脉冲宽度 $T_{pw(min)}$,可能导致锁存器进入亚稳态,关于亚稳态的详细讨论请参考文献[7]。只有输入信号 S 或者 R 的脉冲宽度满足或者超过触发器的最小脉冲宽度要求,数据才能被正确的锁存。

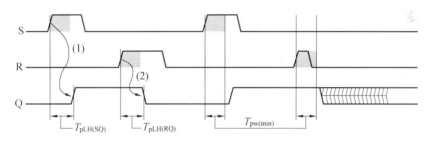

图 3.5　S-R 锁存器的时序参数

3.2.2　$\overline{\text{S}}$-$\overline{\text{R}}$ 锁存器

$\overline{\text{S}}$-$\overline{\text{R}}$ 锁存器具有低电平有效的复位和置位端,采用与非门实现的 $\overline{\text{S}}$-$\overline{\text{R}}$ 锁存器如图3.6(a)所示。无论 TTL 工艺和 COMS 工艺,$\overline{\text{S}}$-$\overline{\text{R}}$ 锁存器都比 S-R 锁存器更常用。对比图3.6(b)和图3.2(b)发现,$\overline{\text{S}}$-$\overline{\text{R}}$ 锁存器和 S-R 锁存器主要有两个差别:首先,置位和复位输入信号低电平有效,所以当 S=R=1 时,锁存器保持其前次值不变;其次,如果 S 和 R 同时有效(低电平),两个输出信号同时为 1,而不是 0。除了这两点,两种类型的锁存器操作没有区别。

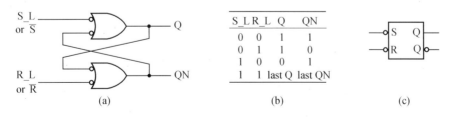

图 3.6　$\overline{\text{S}}$-$\overline{\text{R}}$ 锁存器

3.2.3 D 锁存器

D 锁存器是电平敏感的存储元件,当使能信号处于有效电平时,输入数据被保存到锁存器中,锁存器的输出等于输入,也就是说,输入信号的任何改变都会反映到输出。D 锁存器(D-latch)也称为透明锁存器或者数据锁存器(Data latch)。在具体介绍 D 锁存器之前,首先介绍带使能端的 $\overline{S}$–$\overline{R}$ 锁存器,因为带使能端的 $\overline{S}$–$\overline{R}$ 锁存器与 D 锁存器在结构上很相似。

在基本 $\overline{S}$–$\overline{R}$ 锁存器基础上额外增加 2 个与非门和一个控制信号对输入信号进行控制,可以得到带使能端的 $\overline{S}$–$\overline{R}$ 锁存器,如图 3.7(a)所示。也就是说,使能信号 C 决定输入 S 和 R 是否可以影响电路输出。如果 C 信号等于 0,则输入信号 S 和 R 对电路没有任何影响。带有门控输入的 $\overline{S}$–$\overline{R}$ 锁存器也称为门控锁存器。

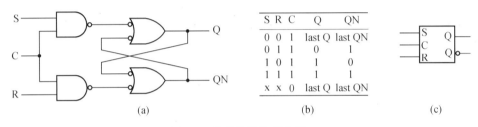

图 3.7 带使能端的锁存器

图 3.8 给出带使能端 $\overline{S}$–$\overline{R}$ 锁存器的时序图,如果使能信号 C 从 1 变为 0,输入 S 和 R 同时为 1,锁存器的次态将是不确定的,这与基本 $\overline{S}$–$\overline{R}$ 锁存器中,输入信号同时变为无效电平时,锁存器状态不确定是一致的。

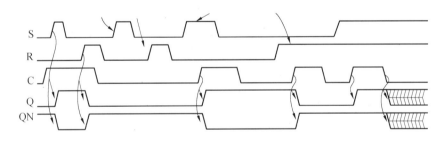

图 3.8 带使能端的 $\overline{S}$–$\overline{R}$ 锁存器的时序图

图 3.9 给出了 D 锁存器门级实现,该实现是在门控锁存器的基础得到的。保留门控锁存器的使能端,将 S 信号的反变量连接到 R 输入端,并将其命名为 D。当使能信号 C 有效,输出 Q 值与输入 D 保持一致。如果使能信号等于 0,Q 保持不变,其值等于上一次保存到锁存器中的值。D 锁存器避免了 $\overline{S}$–$\overline{R}$ 锁存器中 S 和 R 同时从有效状态转变为无效时,锁存器状态无法确定的缺点,图 3.8 中 D 锁存器的使能端标注为 C,有些情况下,也可以使用 Enable。

图 3.10 给出了 D 锁存器的简单时序,图中并未考虑传播延迟等时序参数。当输入 C 有效时,输出 Q 与输入 D 保持一致,此时称锁存器处于 Open 状态,或者说从输入 D 到输出 Q 是透明的,因此 D 锁存器也称为透明锁存器(Transparent latch)。如果 C 无效,则锁存器处于关闭状态(close),输出 Q 保持其前一次值不变,此时输入 D 的任何变化都不会对输出产生影响。

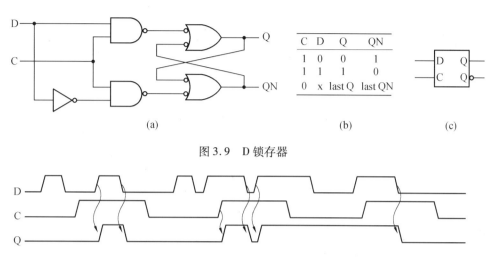

图 3.9　D 锁存器

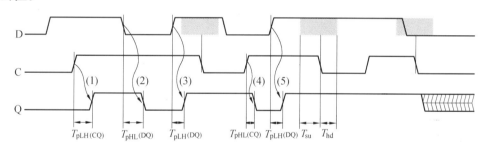

图 3.10　D 锁存器简单时序图

图 3.11 给出了 D 锁存器更为详细的时序图,图中定义了四种不同的传播延迟参数。例如,对于图中所示的(1)和(4),开始时锁存器关闭,锁存器的输出 Q 与输入 D 处于不同电平,当控制信号 C 变为高电平,锁存器 Open,经过延迟 $T_{\text{pLH(CQ)}}$ 或者 $T_{\text{pHL(CQ)}}$,输出 Q 变为与输入 D 相同的值。

图 3.11　D 锁存器的时序参数

尽管 D 锁存器消除输入信号从同时有效变为同时无效时,S-R 锁存器存在的一些问题,但还是无法避免亚稳态问题。图 3.11 中,在控制信号 C 的下降沿附件的阴影部分所示的时间窗口内,输入 D 必须保持不变,否则可能会导致锁存器进入亚稳态。该窗口内,下降沿之前输入 D 必须保持稳定的时间称为建立时间(setup time),下降沿之后必须保持稳定的时间称为保持时间(hold time)。如果在建立时间和保持时间窗口内,输入数据信号 D 发生变化,锁存器可能进入亚稳态,其输出无法预知。

3.2.4　D 触发器

触发器是边沿触发的存储元件。数据存储(采样)只发生在控制信号的上升沿或者下降沿,该控制信号通常被称为时钟信号或者同步信号。存储到触发器的数据由时钟信号有效沿(上升沿或者下降沿)时触发器数据输入端的值决定。其他任何时刻,数据输入端信号的变化都会被忽略。触发器种类很多,比如 D 触发器、JK 触发器、主从触发器等,具体请参考文献[7],这里只介绍实际应用最多的 D 触发器。

D 触发器是一种最简单的触发器,在时钟有效沿数据输入 D 被采样,并被保存到触发器。上升沿触发的 D 触发器由两个 D 锁存器级联而成,如图 3.12(a)所示,图 3.12(b)、(c)分别给出了上升沿触发的 D 触发器的功能表和电路符号。D 触发器在时钟信号 CLK 的上升沿对输入 D 进行采样,并用采样到的值更新输出 Q。第 1 个锁存器称为主锁存器,当 CLK=0 时,主锁存器工作。当 CLK 由 0 变为 1 时,主锁存器关闭,主锁存器的输出将会传递给第 2 个锁存器,称为从锁存器。当 CLK=1,从锁存器一直处于打开状态,但是从锁存器的输出只在 CLK=1 开始时被更新,因为 CLK=1 时,主锁存器已经被关闭。

注意:主锁存器的输出 QM 只在 CLK=0 时才会发生改变,当 CLK 变为 1,QM 的当前值会被传递给触发器的输出 Q,在 CLK=1 期间,主锁存器关闭,QM 的值不会发生变化。

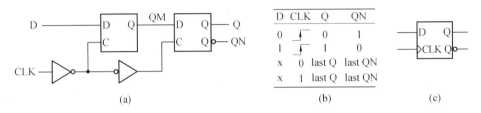

图 3.12　D 触发器原理图、功能表以及电路符号

D 触发器的电路符号的输入 CLK 端标有一个小的三角符号,表示该信号是 D 触发器的时钟信号。D 触发器的时序图如图 3.13 所示。

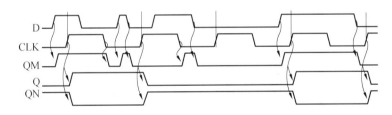

图 3.13　D 触发器的时序图

与 D 锁存器类似,边沿触发的 D 触发器也有建立时间和保持时间的概念,在建立时间和保持时间窗口内,输入信号 D 必须保持稳定。该窗口位于 CLK 信号的触发边沿附近,如图 3.14 所示。如果 D 触发器的建立时间和保持时间不满足,D 触发器的输出通常是不稳定,即进入亚稳态。

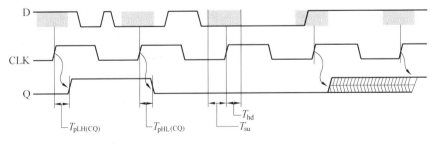

图 3.14　D 触发器的时序参数

在某些应用中可能会用到下降沿触发的 D 触发器，下降沿触发的 D 触发器实现比较容易，只需对时钟信号取反就可以了。下降沿触发的 D 触发器的原理图、功能表以及电路符号如图 3.15 所示。

D 触发器一般具有异步的输入端口，这些输入端口独立于 CLK 和 D 输入信号，一旦这些信号有效，会使触发器进入某个特定的状态。异步复位和异步置位信号是典型的异步输入信号。尽管某些情况下，巧妙运用异步输入可以实现高效的设计，但是采用异步信号可能会给电路的时序分析带来麻烦。因此，异步输入一般只用在电路的初始化阶段，或者只作为测试信号使用。图 3.16 给出了一个具有异步置位（PR_L）和异步清零（CLR_L）端的 D 触发器门级实现的原理图。

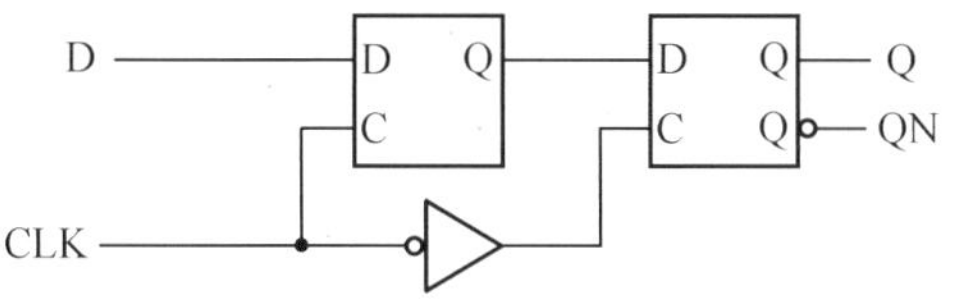

(a)

D	CLK	Q	QN
0	↓	0	1
1	↓	1	0
x	0	last Q	last QN
x	1	last Q	last QN

(b)

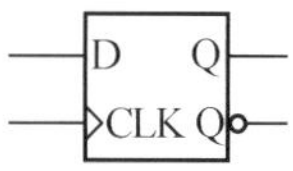

(c)

图 3.15　下降沿触发器的 D 触发器

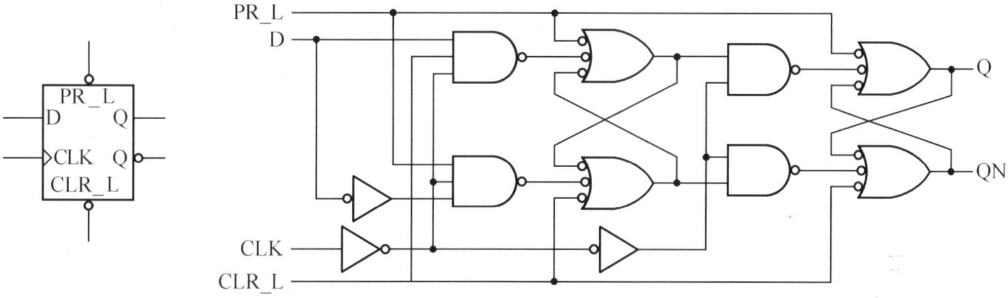

(a)　(b)

图 3.16　具有异步复位和置位信号的 D 触发器

3.2.5　具有使能端的 D 触发器

某些应用中，并不总是希望 D 触发器在每个时钟上升沿都采样新的数据，可能要求 D 触发器继续保持前一次的值不变。这可以通过为 D 触发器增加 1 个使能输入实现，使能输入通常标记为 EN 或者 CE。图 3.17 给出具有使能端的 D 触发器的原理图、功能表和逻辑符号。

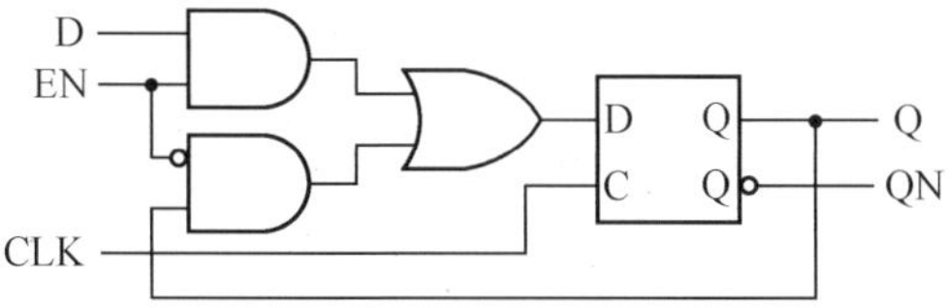

(a)

D	EN	CLK	Q	QN
0	1	↑	0	1
1	1	↑	1	0
x	0	↑	last Q	last QN
x	x	0	last Q	last QN
x	x	1	last Q	last QN

(b)

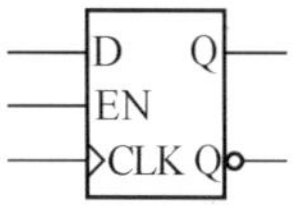

(c)

图 3.17　具有使能端的 D 触发器的原理图、功能表和逻辑符号

3.3　时序逻辑电路的分析

时序电路的分析就是根据已知的时序逻辑电路图,从中找出状态转换以及输出变化规律,从而说明电路的功能的过程,其一般步骤如下:

① 确定电路的次态逻辑 F 和输出逻辑 G[①];

② 使用次态逻辑和输出逻辑构造状态转换表(state table)和输出表(output table),针对所有的状态和输入组合,给出电路的次态和输出;

③ 画出电路的状态转换图。

本节以一个由两个 D 触发器构成简单的时序逻辑电路(图 3.18)为例介绍时序电路分析的一般方法和步骤。

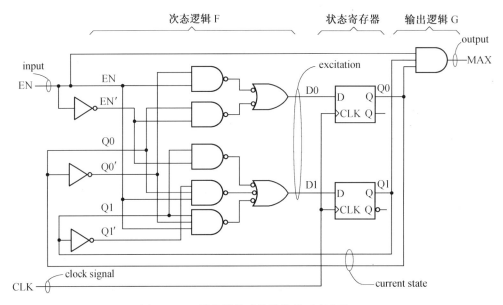

图 3.18　D 触发器构成的简单的时序电路

时钟信号的上升沿,D 触发器采样其输入信号 D,并将采样结果输出。D 触发器的特征方程为[②] $Q^* = D$。因此,如果希望确定电路的次态 Q^*,必须首先确定电路的当前状态 D。

图 3.18 中包含两个上升沿触发的 D 触发器,其输出分别用 Q0 和 Q1 表示。D 触发器的输出就是电路的状态变量,它们的取值与电路的当前状态相同。图 3.18 中两个 D 触发器的输入信号分别用 D0 和 D1 表示。触发器的数据输入也称为电路的激励(excitation),激励是当前状态和输入的函数,表示该关系的逻辑表达式称为激励方程(excitation equation)。对于图 3.18 有

$$D0 = Q0 \cdot \overline{EN} + \overline{Q0} \cdot EN$$

---

① 次态逻辑和输出逻辑都是组合逻辑,组合逻辑可以理解成从输入到输出的一个映射。

② 锁存器和触发器的功能可以由特征方程(characteristic equation)描述,特征方程将次态写成当前状态和输入的函数,请参考相关数字电路基础相关书籍,比如文献[7]。

$$D1 = Q1 \cdot \overline{EN} + \overline{Q1} \cdot Q0 \cdot EN + Q1 \cdot \overline{Q0} \cdot EN$$

通常情况下,采用符号(*)表示电路的次态,例如,电路的状态变量为 Q0 和 Q1 表示电路的当前状态,电路的次态用 Q0* 和 Q1* 表示。D 触发器的特征方程 Q* = D,因此

$$Q0^* = D0$$

$$Q1^* = D1$$

将激励方程带入特征方程,有

$$Q0^* = Q0 \cdot \overline{EN} + \overline{Q0} \cdot EN$$

$$Q1^* = Q1 \cdot \overline{EN} + \overline{Q1} \cdot Q0 \cdot EN + Q1 \cdot \overline{Q0} \cdot EN$$

以上两个方程给出了电路的次态与电路当前状态和输入之间的关系,称为状态转换方程(state transition equations)。

对每一种输入和当前状态组合,根据状态转换方程都可以确定电路的次态。每个状态使用 2 位二进制数表示,电路的当前状态{Q1,Q0}共有四种取值 00,01,10,11。对于每个状态,输入 EN 有两种可能 EN = 0 或者 EN = 1,所以当前状态和输入共有 8 种组合。

表 3.1(a)给出了电路的状态转换表(state Transition Table),将每一个当前状态和输入组合带入状态转换方程,即可以获得状态转换表。

表 3.1　状态转换、输出表

(a)			(b)			(c)		
	EN			EN			EN	
Q1Q0	0	1	S	0	1	S	0	1
00	00	01	A	A	B	A	A,0	B,0
01	01	10	B	B	C	B	B,0	C,0
10	10	11	C	C	D	C	C,0	D,0
11	11	00	D	D	A	D	D,0	A,0
	Q1*Q0*			S*			S*,MAX	

图 3.18 所示的电路的功能相对简单,它是一个带有使能端 EN 的 2 位的二进制计数器。如果 EN = 0,计数器保持当前状态不变;如果 EN = 1,加法计数,即每个时钟周期计数值加 1。如果达到了计数的最大值 11,计数器从 00 开始重新计数。

有时为了描述问题方便,可以为每个电路状态赋予一个符号常量,例如,本例可以采用如下的状态名 00 = A,01 = B,10 = C 和 11 = D。在表 3.1(a)所示的状态转换表中采用状态名替换状态的具体取值,得到表 3.1(b)所示的状态转换表。其中 S、S* 分别表示电路的当前状态和次态。通常情况下,采用状态名的状态转换表更容易理解,尤其是对较复杂的时序电路。

一旦获得了状态转换表,接下来要做的是确定电路的输出逻辑。本例中只有一个输出信号,该信号由输入和当前状态共同决定,其输出方程(output equation)为

$$MAX = Q1 \cdot Q0 \cdot EN$$

根据输出方程,可以得到电路的状态/输出表(state/output table),如表 3.1(c)所示。

摩尔类型的有限状态机的状态输出表会简单一些。例如,在图 3.18 中,如果从产生输出 MAX 的与门中去掉输入 EN,就会产生一个摩尔输出 MAXS,MAXS 只由电路状态决定,因此在

状态转换表中,输出 MAXS 可以单独列在 1 列,如表 3.2 所示。

　　状态转换图(State Transition Graph)提供的信息与状态转换表一致,由于用可视化的方式表示信息,因而显得更直观。状态转换图中采用圆圈(circle)表示电路状态,采用箭头(有向弧线)表示状态转换。关于状态转换图的详细介绍参考第 8.4.1 节。图 3.19 给出本例对应的状态转换图。

表 3.2　摩尔状态机状态转换表

	EN		
S	0	1	MAXS
A	A	B	0
B	B	C	0
C	C	D	0
D	D	A	1
	S*		

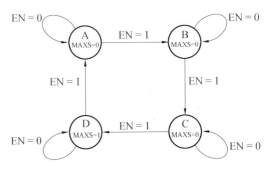

图 3.19　图 3.18 对应的状态转换图

3.4　时序逻辑电路的设计

　　本节通过设计一个 BCD 码-余 3 码转换电路,介绍时序逻辑电路的设计过程。本节要求设计一个串行的 BCD 码-余 3 码转换电路。表 3.3 给出了 BCD 码和余 3 码之间的对应关系,实际上,只要将 BCD 码与十进制 3 相加,就可以得到相应的余 3 码。

表 3.3　BCD 码和余 3 码转换关系

十进制	BCD(8421)码	余 3 码
0	0000	0011
1	0001	0100
2	0010	0101
3	0011	0110
4	0100	0111
5	0101	1000
6	0110	1001
7	0111	1010
8	1000	1011
9	1001	1100

图 3.20 给出 BCD 码–余 3 码转换器的工作原理,其中输入 B_{in} 为连续二进制位流,经过转换器得到相应余 3 码输出 B_{out}。注意:输入 B_{in} 是一个连续的位流,依次发送给转换器,最低有效位在先。分析输入 B_{in} 以及输出 B_{out} 的波形要特别注意:波形图中位流的顺序是从右到左,最高有效位在左,最低有效位在右。因此在表示输入 B_{in} 和输出 B_{out} 的波形图时必须首先将信号的顺序翻转过来,如图 3.20 所示。

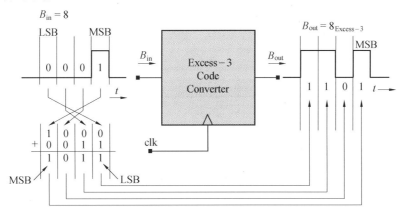

图 3.20　串行 BCD 码–余 3 码转换器编码转换过程

图 3.21 给出了 BCD 码–余 3 码转换器的状态转换图,状态机使用异步复位信号 reset,当 reset 置位状态机进入 S_0 状态,系统复位进入 S_0 状态后,每个时钟信号上升沿采样输入位流 B_{in},对连续的 4 个输入信号加 0011 即得到相应的余 3 码。

注意:输入位流中最低有效位在先。

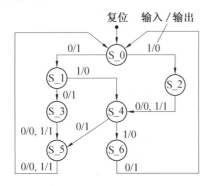

图 3.21　BCD 码–余 3 码转换电路的状态转换图

表 3.4(b)给出图 3.21 对应的状态转换表,其中每个状态对应的取值如表 3.4(a)所示。

注意:状态转换表中对于未用的状态处理成 don't care,don't care 是指并不关心其值为 0 还是为 1。

表 3.4　BCD 码–余 3 码转换电路的状态转换表

(b)

次态/输出表					
	当前状态	次态		输出	
	$q_2q_1q_0$	$q_2^* q_1^* q_0^*$		—	
		输入		输入	
		0	1	0	1
S_0	000	001	101	1	0
S_1	001	111	011	1	0
S_2	101	011	011	0	1
S_3	111	110	110	0	1
S_4	011	110	010	1	0
S_5	110	000	000	0	1
S_6	010	000	x	1	x
x	100	x	x	x	x

(a)

状态赋值	
$q_2q_1q_0$	状态名
000	S_0
001	S_1
010	S_6
011	S_4
100	x
101	S_2
110	S_5
111	S_3

根据状态转换表可以得出电路次态方程，q_2 的表达式为

$$q_2^* = \overline{q_1}\,\overline{q_0}B_{in} + \overline{q_2}q_0\overline{B_{in}} + q_2q_1q_0$$

$$\overline{q_2^*} = \overline{\overline{q_1}\,\overline{q_0}B_{in} + \overline{q_2}q_0\,\overline{B_{in}} + q_2q_1q_0}$$

$$\overline{q_2^*} = \overline{\overline{q_1}\,\overline{q_0}B_{in}} \cdot \overline{\overline{q_2}q_0\overline{B_{in}}} \cdot \overline{q_2q_1q_0}$$

$$q_2^* = \overline{\overline{\overline{q_1}\,\overline{q_0}B_{in}} \cdot \overline{\overline{q_2}q_0\,\overline{B_{in}}} \cdot \overline{q_2q_1q_0}}$$

输出的 B_{out} 的布尔表达式为

$$B_{out} = \overline{q_2}\overline{B_{in}} + q_2B_{in}$$

$$\overline{B_{out}} = \overline{\overline{q_2}\overline{B_{in}} + q_2B_{in}}$$

$$\overline{B_{out}} = \overline{\overline{q_2}\overline{B_{in}}} \cdot \overline{q_2B_{in}}$$

$$B_{out} = \overline{\overline{\overline{q_2}\overline{B_{in}}} \cdot \overline{q_2B_{in}}}$$

采用卡诺图化简次态方程和输出方程的过程如图 3.22 所示。

最后根据化简结果，得出 BCD 码–余 3 码转换器电路原理图，如图 3.23 所示。

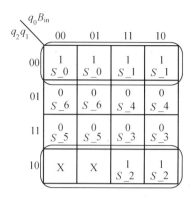

$$q_0^* = \bar{q}_1$$

$$q_1^* = q_0$$

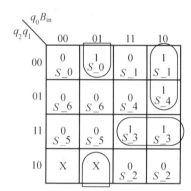

$$q_2^* = \bar{q}_1\,\bar{q}_0\,B_{in} + \bar{q}_2\,\bar{q}_0\,B_{in} + q_2 q_1 q_0$$

$$B_{out} = \bar{q}_2\,\bar{B}_{in} + q_2 B_{in}$$

图 3.22　卡诺图化简次态方程和输出方程的过程

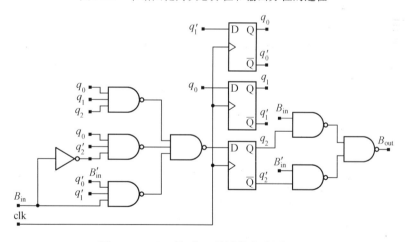

图 3.23　BCD 码-余 3 码转换电路原理图

3.5　若干常用的时序逻辑电路

3.5.1　计数器

计数器是用来累计和寄存输入脉冲个数的时序逻辑部件,是数字系统中用途最广泛的基本部件之一,几乎在各种数字系统中都有计数器。计数器不仅可以计数,还可以对某个频率的时钟脉冲进行分频,以及构成时间分配器或时序发生器对数字系统进行定时、程序控制操作,此外还能用它执行数字运算。

1.计数器的分类

按进位模数来分可以分为模 2 计数器和非模 2 计数器。进位模就是计数器所经历的独立状态总数。进位模为 2^n 的计数器称为模 2 计数器,其中 n 为触发器级数;非模 2 计数器:进位模非 2^n 的计数器称为非模 2 计数器,用得较多的如十进制计数器。

按计数脉冲输入方式可以分为同步计数器和异步计数器。同步计数器是指计数脉冲引至所有触发器的时钟端,使应翻转的触发器同时翻转;异步计数器是指计数脉冲并不引至所有触发器的时钟端,有些触发器的时钟由其他信号控制,因此触发器不是同时动作。

按计数增减趋势分为递增计数器、递减计数器和双向计数器。递增计数器又称加法计数器,是指每个计数脉冲,触发器组成的状态就按二进制代码规律增加。递减计数器又称减法计数器,是指每个计数脉冲,触发器组成的状态,按二进制代码规律减少。双向计数器又称可逆计数器,计数规律可按递增规律,也可按递减规律,由控制端决定。

2. 2^n 进制计数器

(1) 2^n 进制同步加法计数器。

同步计数器其时钟端均接至同一个时钟源 CP,每一触发器在 CP 作用下同时翻转。最低位每来一个时钟脉冲就翻转一次,其他各位在其全部低位均为"1"时,低位向高位进位,在 CP 的作用下才翻转。用 JK 触发器实现,其各级 J、K 关系如下:

$$J_0 = K_0 = 1$$

$$J_1 = K_1 = Q_0^n$$

$$J_2 = K_2 = Q_0^n Q_1^n$$

$$J_3 = K_3 = Q_0^n Q_1^n Q_2^n = J_2 Q_2^n$$

$$J_4 = K_4 = Q_0^n Q_1^n Q_2^n Q_3^n = J_3 Q_3^n$$

$$\vdots$$

$$J_m = K_m = Q_0^n Q_1^n \cdots Q_{m-2}^n Q_{m-1}^n = J_{m-1} Q_{m-1}^n$$

以 4 位为例,其逻辑图如图 3.24 所示。

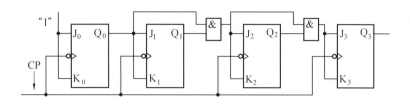

图 3.24　同步 4 位二进制加法计数器

（2）2^n 进制同步减法计数器。

最低位触发器每个时钟脉冲翻转一次,而高位触发器只有在全部低位为 0 时,低位需向高位借位时,在时钟脉冲的作用下才产生翻转。用 JK 触发器实现时,其各级 J、K 关系如下:

$$J_0 = K_0 = 1$$

$$J_1 = K_1 = \overline{Q_0^n}$$

$$J_2 = K_2 = \overline{Q_0^n}\ \overline{Q_1^n}$$

$$J_3 = K_3 = \overline{Q_0^n}\ \overline{Q_1^n}\ \overline{Q_2^n} = J_2\ \overline{Q_2^n}$$

$$J_4 = K_4 = \overline{Q_0^n}\ \overline{Q_1^n}\ \overline{Q_2^n}\ \overline{Q_3^n} = J_3\ \overline{Q_3^n}$$

$$\vdots$$

$$J_m = K_m = \overline{Q_0^n}\ \overline{Q_1^n}\cdots\overline{Q_{m-2}^n}\ \overline{Q_{m-1}^n} = J_{m-1}\ \overline{Q_{m-1}^n}$$

（3）2^n 进制异步加法计数器。

每一级触发器均组成 T′触发器,即 $Q^{n+1} = \overline{Q^n}$,故 JK 触发器 J = K = 1;D 触发器 D = $\overline{Q^n}$。最低位触发器每来一个时钟脉冲翻转一次,低位由 1→0 时向高位产生进位,高位翻转。对下降沿触发的触发器,其高位的 CP 端应与其邻近低位的原码输出 Q 端相连,即 $CP_m = Q_{m-1}$;对上升沿触发的触发器,其高位的 CP 端应与其邻近低位的反码输出 $\overline{Q}$ 端相连,即 $CP_m = \overline{Q_{m-1}}$。以 3 位为例,其逻辑图和波形图如图 3.25 和图 3.26 所示。

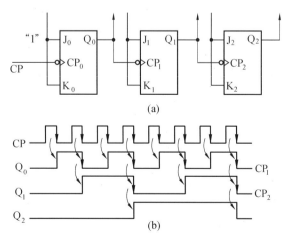

图 3.25　3 位二进制异步加法计数器的逻辑图和波形图(下降沿)

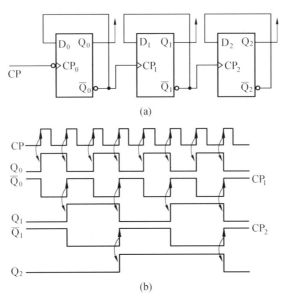

(a)

(b)

图 3.26　3 位二进制异步加法计数器的逻辑图和波形图(上升沿)

（4）2^n 进制异步减法计数器。

每一级触发器仍组成 T' 触发器。最低位触发器每个时钟脉冲翻转一次,低位由 $1 \rightarrow 0$ 时向高位产生借位,高位翻转。对下降沿触发的触发器,其高位 CP 端应与其邻近低位的反码端 $\overline{Q}$ 相连,即 $CP_m = \overline{Q}_{m-1}$;对上升沿触发的触发器,其高位 CP 端应与其邻近低位的原码端 Q 相连,即 $CP_m = Q_{m-1}$。以 3 位为例,其逻辑图和波形图如图 3.27 和图 3.28 所示。

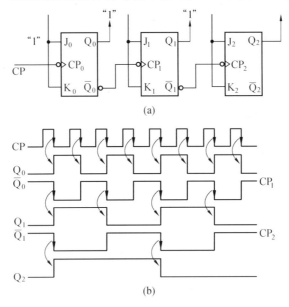

(a)

(b)

图 3.27　3 位二进制异步减法计数器逻辑图和波形图(下降沿)

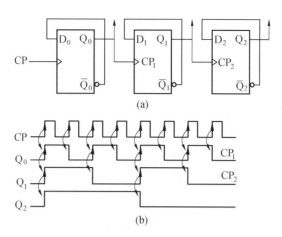

(a)

(b)

图 3.28　3 位二进制异步减法计数器逻辑图和波形图(上升沿)

3.5.2　寄存器与移位寄存器

1. 寄存器

寄存器是存储二进制数码的时序电路部件,它具有接收和寄存二进制数码的功能。前面介绍的各种集成触发器,就是一种可以存储一位二进制数的寄存器,用 n 个触发器就可以存储 n 位二进制数。

图 3.29 所示是由 D 触发器组成的 4 位集成寄存器 74x75 的逻辑图,其中,R_D 是异步清零控制端。$D_0 \sim D_3$ 是并行数据输入端;CP 为时钟脉冲端,$Q_0 \sim Q_3$ 是并行数据输出端,$\overline{Q_0} \sim \overline{Q_3}$ 是反变量数据输出端。

该电路的接收过程为:将需要存储的四位二进制数码送到数据输入端 $D_0 \sim D_3$,在 CP 端送一个时钟脉冲,脉冲上升沿作用后,四位数码并行地出现在四个触发器 Q 端。

74x175 的功能如表 3.5 所示。

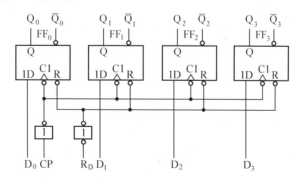

图 3.29　4 位集成寄存器 74x175

表 3.5   74x175 的功能表

清零	时钟	输入				输出				工作模式
R_D	CP	D_0	D_1	D_2	D_3	Q_0	Q_1	Q_2	Q_3	
0	x	x	x	x	x	0	0	0	0	异步清零
1	↑	D_0	D_1	D_2	D_3	D_0	D_1	D_2	D_3	数码寄存
1	1	x	x	x	x	保　持				数据保持
1	0	x	x	x	x	保　持				数据保持

2. 移位寄存器

移位寄存器具有寄存和移位两个功能,在移位脉冲作用下,寄存器可根据需要向左或向右移动 1 位。移位寄存器具有单向移位功能的称为单向移位寄存器,既可左移又可右移的称为双向移位寄存器。移位寄存器也是数字系统和计算机中应用很广泛的基本逻辑部件。

(1)4 位右移寄存器。

如图 3.30 所示,设移位寄存器的初始状态为 0000,串行输入 $D_1 = 1101$,从高位到低位依次输入。在 4 个移位脉冲作用后,输入的 4 位串行数码 1101 全部存入到寄存器中。电路的状态转换过程如表 3.6 所示,该移位寄存器的时序如图 3.31 所示。

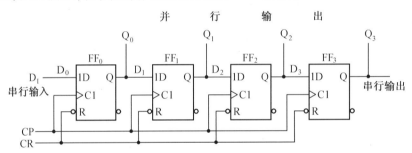

图 3.30   D 触发器组成的 4 位右移寄存器

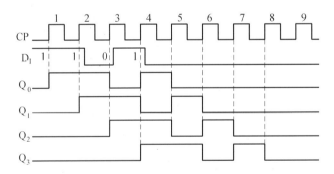

图 3.31   图 3.30 电路的时序图

表 3.6 右移寄存器的状态表

移位脉冲	输入数码	输 出			
CP	D_I	Q_0	Q_1	Q_2	Q_3
0		0	0	0	0
1	1	1	0	0	0
2	1	1	1	0	0
3	0	0	1	1	0
4	1	1	0	1	1

移位寄存器中的数码可由 Q_3、Q_2、Q_1 和 Q_0 并行输出,也可从 Q_3 串行输出。串行输出时,要继续输入 4 个移位脉冲,才能将寄存器中存放的 4 位数码 1101 依次输出。图 3.31 中第 5～8 个 CP 脉冲及所对应的 Q_3、Q_2、Q_1、Q_0 波形,就是将 4 位数码 1101 串行输出的过程。所以,移位寄存器具有串行输入–并行输出和串行输入–串行输出两种工作方式。

(2)左移寄存器。

左移寄存器的功能和结构都与右移寄存器类似,只不过是移位的方向不同,如图 3.32 所示。

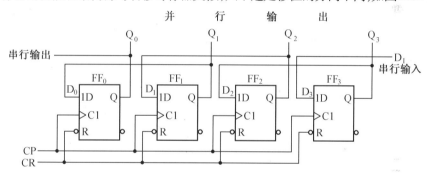

图 3.32 D 触发器组成的 4 位左移寄存器

3.移位寄存器构成的移位型计数器

(1)环形计数器。

图 3.33 是用 74x194 构成的环形计数器的逻辑图和状态图。当正脉冲起动信号 START 到来时,使 $S_1S_0 = 11$,从而不论移位寄存器 74194 的原状态如何,在 CP 作用下总是执行置数操作使 $Q_0Q_1Q_2Q_3 = 1000$。当 START 由 1 变 0 之后,$S_1S_0 = 01$,在 CP 作用下移位寄存器进行右移操作。在第四个 CP 到来之前 $Q_0Q_1Q_2Q_3 = 0001$。这样在第四个 CP 到来时,由于 $D_{SR} = Q_3 = 1$,故在此 CP 作用下 $Q_0Q_1Q_2Q_3 = 1000$。可见该计数器共 4 个状态,为模 4 计数器。

环形计数器的电路十分简单,N 位移位寄存器可以计 N 个数,实现模 N 计数器,且状态为 1 的输出端的序号即代表收到的计数脉冲的个数,通常不需要任何译码电路。

(2)扭环形计数器。

为了增加有效计数范围,扩大计数器的模,将上述接成右移寄存器的 74194 的末级输出 Q_3 反相后,接到串行输入端 D_{SR},就构成了扭环形计数器,如图 3.34(a)所示,图 3.34(b)为其状态图。可见该电路有 8 个计数状态,为模 8 计数器。一般来说,N 位移位寄存器可以组成模 $2 \times N$ 的扭环形计数器,只需将末级输出反相后,接到串行输入端。

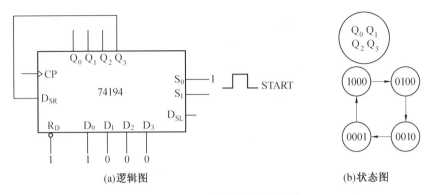

(a)逻辑图　　　　　　　　　(b)状态图

图 3.33　用 74194 构成的环形计数器

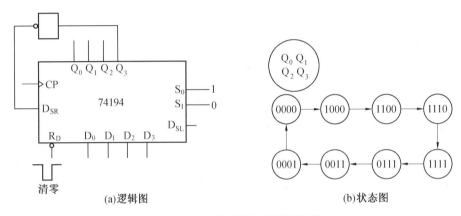

(a)逻辑图　　　　　　　　　(b)状态图

图 3.34　用 74194 构成的扭环形计数器

本章小结

时序电路按输出变量的依从关系来分,可分为米利(Mealy)型和摩尔(Moore)型两类。米利型电路的输出是输入变量及当前状态的函数,即

$$F(t) = f[x(t), Qn(t)]$$

摩尔型电路的输出仅与电路的当前状态有关,具有如下关系:

$$F(t) = f[Qn(t)]$$

对于组合逻辑电路,真值表是最能详尽地描述其逻辑功能的工具,而最能详尽描述时序逻辑功能的是状态转移表和状态转移图,简称状态表和状态图,它们不但能说明输出与输入之间的关系,同时还表明了状态的转换规律。两种方式相辅相成,经常配合使用。从状态表容易得到状态函数关系,有了函数关系才能设计出正确的时序逻辑电路。而状态图的优点是直观、形象,使人们对研究的对象一目了然。

本章介绍了常用的基本存储元件,包括基本 S-R 锁存器、D 锁存器以及 D 触发器,虽然在现代数字设计很少有机会从门级开始设计这些存储元件,但是这些基本存储元件的实现都非常巧妙,读者应该细心体会。

传统的时序逻辑电路的分析和设计方法不是本书关注的重点,但是这些内容是基于 HDL 数字设计的基础,读者应该仔细掌握。

习题与思考题 3

3.1　试述时序逻辑分析的一般步骤。

3.2　试述时序逻辑设计的一般步骤。

3.3 采用 D 触发器和门电路设计一个 4 位循环码计数器,其状态转换过程如表 3.7 所示。

表 3.7 4 位循环码计数器的状态转换表

计数顺序	电路状态 Q3 Q2 Q1 Q0	进位输出	计数顺序	电路状态 Q3 Q2 Q1 Q0	进位输出
0	0000	0	9	1101	0
1	0001	0	10	1111	0
2	0011	0	11	1110	0
3	0010	0	12	1010	0
4	0110	0	13	1011	0
5	0111	0	14	1001	0
6	0101	0	15	1000	1
7	0100	0	16	0000	0
8	1100	0			

3.4 设计一个光控逻辑电路。要求:红、绿、黄三种颜色的灯在时钟信号作用下按表 3.8 规定的顺序转换状态,表中 1 表示"亮",0 表示"灭"。

表 3.8 光控逻辑电路的状态转换表

计数 顺序	红	黄	绿
0	0	0	0
1	1	0	0
2	0	1	0
3	0	0	1
4	1	1	1
5	0	0	1
6	0	1	0
7	1	0	0
8	0	0	0

3.5 简述驱动方程、状态转换方程和输出方程的概念。

第4章

Verilog 硬件描述语言

4.1 引 言

Verilog HDL 本身是一门复杂的语言,语法结构丰富。本书的目的是介绍基于 Verilog HDL 的数字设计的基本原理和方法,重点是电路设计,不会像 Verilog HDL 语法手册那样,详细介绍 Verilog HDL 所有的语法结构。关于 Verilog HDL 语法的详细介绍可以参考文献[1]、[2]。

本章通过 1 个简单实例介绍 Verilog HDL 的一些基本概念。通过本章的学习读者可以掌握:Verilog HDL 模块(module)的概念以及一般结构;Verilog HDL 门级描述和结构建模;使用简单的连续赋值语句设计组合逻辑电路;Verilog HDL 仿真环境的搭建等。

4.2 第 1 个 Verilog HDL 实例

本节不会深入介绍 Verilog HDL 语法,只是通过一个半加器(Half Adder)电路的设计过程介绍 Verilog HDL 代码一般框架(frame)和基本概念。半加器具有 2 个输入 a、b 以及 2 个输出 sum 和 c_out,其中 a 和 b 代表加数,sum 和 c_out 分别代表和以及向高位的进位,表 4.1 给出了半加器电路的真值表(True Table)。

表 4.1　半加器电路的真值表

输入		输出	
a	b	sum	c_out
0	0	0	0
0	1	1	0
1	0	1	0
1	1	0	1

由真值表 4.1 得到输出 sum 和 c_out 的逻辑表达式为

$$sum = \bar{a} \cdot b + a \cdot \bar{b}$$

$$c\_out = a \cdot b$$

例 4.1 给出半加器电路的一种 Verilog HDL 描述①。本节结合例 4.1 介绍 Verilog HDL 的基本概念并分析 Verilog HDL 程序框架结构。

【例 4.1】 半加器电路的 Verilog HDL 描述。

```
module   half_adder_beh1(a, b, sum, c_out); //模块及端口定义
    input    a, b; //端口模式声明部分,声明信号 a,b 为输入
    output   sum, c_out; //端口模式声明部分,声明信号 sum, c_out 为输出
    wire    a, b; //信号类型声明,声明信号 a,b 为寄存器类型
    wire    sum, c_out;
    wire temp0, temp1; //内部信号声明
    //程序主体
    assign temp0 = ( ~a)&b; //连续赋值语句
    assign temp1 = a&( ~b);
    assign sum = temp0|temp1;
    assign c_out = a&b;
endmodule
```

从语法规则角度看,Verilog HDL 与 C 语言非常接近②,但二者描述的对象却完全不同(甚至有人反对将 HDL 代码称为程序)。C 语言(包括其他一些高级程序设计语言)用于描述顺序执行的算法(Alogrithm),C 语言程序会被编译成机器指令,最终在处理器上运行;HDL 用来描述数字电路,数字电路本质上是并行(concurrent)的。

电子信息类专业的学生一般都学习过 C 语言,会习惯性地采用 C 语言的思维去理解和分析 Verilog HDL 代码,这对于学习 Verilog HDL 非常不利,尤其是 Verilog HDL 的初学者。这里着重指出:从硬件电路角度理解、分析 Verilog HDL 程序是最好的方式。

Verilog HDL 最基本的设计单元是模块(module),无论是简单的逻辑门,还是复杂的数字系统,在 Verilog HDL 中都是模块。例 4.1 给出的半加器电路的 Verilog HDL 描述首先将半加器电路定义为一个模块(half_adder_beh1),该模块包含 4 个 I/O 端口。模块端口定义部分声明模块的输入/输出端口,对于例 4.1,输入为 a,b 和输出为 sum,c_out。内部信号声明部分定义电路内部使用的内部连接信号,例 4.1 定义了两个中间信号 temp0 和 temp1。一个可综合 Verilog HDL 程序的主体只能包含 3 种语法结构:连续赋值语句(continuous assignment)、模块实例和 always 块(结构化过程语句),这些语法结构可以重复出现多次。例 4.1 中只使用了 4 个连续赋值语句。从电路结构角度讲,每个连续赋值语句对应一个子模块。连续赋值语句中被赋值变量(等号左侧变量)表示电路的输出,右侧的逻辑表达式表示电路需要执行的逻辑操作。

---

① 半加器电路的描述方式有多种,这里只给出了相对比较简单的一种。

② 某些情况下称 Verilog HDL 是一种类 C 语言。

4.3 基本词法规定

本节介绍 Verilog HDL 的基本词法规定,包括标识符、关键字、注释、数值表示等。

1. 标识符

标识符(identifier)由字母(a ~ z,A ~ Z)、数字(0 ~ 9)、下划线(_)和美元($)符号组成,用于唯一地标识 Verilog HDL 对象(object),即标识符也就是对象名。对象可以是模块、输入输出信号、模块实例等。

标识符的首字母必须是字母或者下划线。对象名对于理解代码功能、提高程序的可读性和可维护性非常重要,一般要求标识符是描述性的,尽量能够做到"见名知意"。一般情况下,采用 Verilog HDL 进行数字设计的公司、研究结构都会制定属于自己的编程规范,其中会规定标识符命名必须遵循的原则,要求代码的编写者严格遵守。前后统一的命名规则除了可以提高代码的可读性,也有助于代码的调试、检查、维护和修改。例如,有些公司规定变量名、模块名、参数和端口名使用小写字母,对复位信号使用一致的命名方式,如 rst。如果复位信号低电平有效,则可以使用诸如 rst_n 的名称等。

Verilog HDL 大小写敏感(case sensitive),因此,标识符 data_bus、Data_bus 以及 DATA_BUS 是 3 个不同的标识符。设计过程中,应该避免使用这种标识符。

2. 关键字

关键字(key word)有时也被称为保留字(reserversed word),是 Verilog HDL 标准定义的标识符,如 module、endmodule 等。Verilog HDL 中的关键字全部小写。(注意:不要使用 HDL 关键字命名任何信号或变量)

3. 空白符

空白符包括空格符(\b)、制表符(\Tab)和换行符三种,在 Verilog HDL 中可以自由使用,用于分割代码中的标识符。合理使用空白符,对代码进行合理排版,可以显著提高程序的可读性。(注意:在代码编写过程中,尽量避免使用 Tab 键,不同编辑器中对 Tab 的设置不一致,可能会引起代码的某种混乱)

4. 注释

Verilog HDL 支持两种形式的注释(comments):单行注释和多行注释。单行注释以//作为开始标识,一直到该行末尾结束。多行注释也称为块注释(Block comments),以两个字符/ *开始,以 */结束,其中的多行内容都会被认为是注释内容,在仿真或者综合时会被忽略。(注意:多行注释不允许嵌套)

除了写在程序中间的注释,一般在每个文件的开始给出一个文件头作为注释,一般情况下,文件头注释可能会包括法律声明(包括机密性、版权、复制时的限制)、文件名、作者、模块功能和主要特征描述、文件创建日期、修改历史记录(包括日期、修改者姓名)等信息。

【例 4.2】 一个 Verilog HDL 源文件头。

// This confidential and proprietary software may be used only as

// authorized by a licensing agreement from Synopsys Inc.

// In the event of publication, the following notice is applicable.

// © COPYRIGHT 1996 SYNOPSYS INC. ALL RIGHTS RESERVED

// The entire notice above must be reproduced on all authorized copies.

// Filename　　　　: DWpci_core. v

// Author　　　　 : Wang Jianmin

// Date　　　　　: 09/17/10

// Version　　　　 : 0. 1

// Abstract :

// Modification History：

// Date By Version Change Description

//

建议:尽量使用英文注释,因为目前有个别的编译器并不支持中文注释。

5. 数值表示

Verilog HDL 支持两种格式的数值表示方法:指明位宽的数字(sized number)和不指明位宽的数字(unsized number)。

(1)指明位宽的数字。

指明位宽的数字的表示形式为:<size>'<base format><number>;

<size>用于指明数字的位宽,只能用十进制数表示。<base format>表示基数,合法的基数包括 d 或者 D(十进制)、b 或者 B(二进制)、o 或者 O(八进制)、h 或者 H(十六进制);<number>用连续的阿拉伯数字 0、1、2、3、4、5、6、7、8、9、a、b、c、d、e、f,具体可以采用哪些与基数有关。举例如下：

4′b1001; //4 位宽的二进制数 1001

12′habc; // 12 位的十六进制数 abc

16′d255; //16 位十六进制数

(2)不指明位宽的数字。

如果在数字说明中没有指定基数,默认为十进制数;如果没有指定位宽,则默认的位宽与仿真器、综合器使用的计算机有关(最小为 32 位)。举例如下：

23456; //32 位宽的十进制数 23456

′habc; // 32 位的十六进制数 abc

′d255; //32 位十进制数

6. 字符串

字符串是由双引号括起来的一个字符序列。字符串必须在一行中书写完,不能书写在多行中,即不能包含回车符。例如：

"Hello Verilog HDL"

"a/b"

7. 转义标识符

转义标识符以反斜线("\")开始,以空白符结束。Verilog HDL 将反斜线和空白符之间的字符逐个处理,所有的可打印字符可以出现在转义字符中,反斜线和表示结束的空白符不作为标识符处理。关于转义标识符的相关内容可以参考 C 语言的相关书籍。

4.4 数据类型

Verilog HDL 支持两种类型的变量(variable):线网(net)和寄存器(register)。

注意:在高级程序设计语言中,变量指在程序运行过程中其值可以改变的量。在 Verilog HDL 中虽然沿用了 variable 这个名称,但其含义与传统编程语言中变量的含义有很大不同。在后续的 Verilog HDL 实践中,读者会逐渐体会到二者的差别。

4.4.1 四值逻辑系统

Verilog HDL 支持四值逻辑系统,也就是说 Verilog HDL 变量可以取 4 种基本值:0、1、x 和 z,其各自表示意义如下:

① 0:表示逻辑 0,或者 False。

② 1:表示逻辑 1,或者 True。

③ z:表示高阻(high-impedance),z 值对应三态缓冲器的高阻输出。

④ x:表示未知。一般只能用在建模和仿真过程,表示不确定值为 0、1 或者 z。

关于四值逻辑系统的逻辑运算规则将会在第 4.7 节介绍。

4.4.2 线网

线网(net)类型变量对应于实际物理器件之间的连接线。在 Verilog HDL 代码中,线网类型的变量可以作为连续赋值语句的输出,也可以作为不同模块之间的连接信号。线网类型的变量不能存储值,因此它必须由驱动器驱动。线网类型的变量如果没有驱动信号连接,仿真时变量值会显示为高阻(z),而在综合过程中则会被综合软件优化掉,不会出现在实际电路中。最常用的线网类型变量使用关键字 wire 进行声明。例如:

wire temp0, temp1; // 声明 temp0 和 temp1 为 1 位宽 wire(线网)类型的信号

其中 wire 为关键字,用于确定信号为线网类型,其后为信号名,对于信号命名没有特殊要求,只要符合标识符的命名规则即可。声明类型相同的多个变量时,可以只采用 1 个关键字,关键字之后的多个信号名采用逗号分割。

4.4.3 寄存器

寄存器类型变量与高级程序设计语言(比如 C 语言)中的变量相似,通过赋值语句可以改变寄存器类型变量的值。相对于线网类型的变量,寄存器类型变量更加复杂。寄存器类型变量的作用与 Verilog HDL 语法环境有关。从综合的角度讲,线网类型的变量对应于实际物理元件(模块)之间的连接线,但寄存器类型的变量不一定会对应实际的物理元件。

寄存器类型的变量采用关键字 reg 声明,多数情况下,寄存器类型变量对应于实际物理电路中的存储元件(锁存器或者触发器)。寄存器类型的变量可以用于驱动子模块(寄存器类型的变量可以连接子系统的输入端),也可以在 always 块中作为被赋值对象。从综合角度讲,在

always 块中被赋值的寄存器类型变量不一定对应于存储元件,也可能对应于某组合逻辑电路的输出端。

寄存器类型变量的声明与线网类型变量的声明类似,例如:

reg　temp0, temp1; // 声明 temp0 和 temp1 为 1 位宽 reg 类型的变量

4.4.4　向量

线网和寄存器类型的变量可以声明为向量(位宽大于 1),如果声明中没有指定位宽,则默认为标量(位宽为 1)。举例如下:

wire a; //标量线网变量

reg　[n-1:0]busA,busB; //声明 busA 和 busB 为 n 位宽寄存器变量

reg　[0:n-1]busC;　//声明 busC 为 n 位宽的寄存器变量

wire　[n-1:0]busA,busB; //声明 busA 和 busB 为 n 位宽的线网

wire　[0:n-1]busC;　//声明 busC 为 n 位宽的线网

向量位宽通过[high#:low#]或者[low#:high#]说明,方括号中左边数总是代表向量的最高有效位(Most Significant Bit, MSB)。在上面的例子中,向量 busA 的最高有效位为第 n-1 位,向量 busC 的最高有效位为第 0 位。

1. 向量域选择

对于上面例子中声明的向量,可以引用它的某一位或若干个相邻位。举例如下:

busA[0]　//向量 busA 的第 0 位

busA[2:0] //向量低 3 位;如果写成 busA[0:2]非法,高位应该写在范围说明的左侧

busC[0:1] //向量 busC 的高 2 位

2. 可变的向量域选择

除了使用常量指定向量域外,Verilog HDL 还允许指定可变的向量域。这样使设计者可以通过 for 循环动态地选取向量的各个域,下面是动态域选择的两个专用操作符。

[<starting_bit>+: width]:从起始位 starting_bit 开始递增,位宽为 width

[<starting_bit>-: width]:从起始位 starting_bit 开始递增,位宽为 width

起始位可以是一个变量,但是位宽必须是一个常量。下面的例子说明了可变的向量域选择的使用方法:

reg [255:0]data1; //data1[255]是最高有效位

reg [0:255]data2; //data2[0]是最高有效位

//用可变向量域方法选择向量的一部分

byte=data1[31-:8]; //从第 31 位算起,位宽为 8 位,相当于 data1[31:24]

byte=data1[24+:8]; //从第 31 位算起,位宽为 8 位,相当于 data1[31:24]

byte=data2[31-:8]; //从第 31 位算起,位宽为 8 位,相当于 data1[24:31]

4.4.5　数组

在 Verilog HDL 中允许声明 reg 或者 wire 类型向量以及标量数组,对数组的维数没有限

制。数组中的每个元素可以是标量或者向量,举例如下:

　　reg count[0:7]; //由 8 个 1 bit 变量组成的数组

　　reg bool[31:0]; //由 32 个寄存器标量组成的数组,数组的每个元素为 1 位宽的寄存器类
　　　　　　　　　　//型的变量

　　reg [4:0]port_id[0:7] //由 8 个 5 位宽的向量组成的数组,数组的每个元素为 5 位宽向量

　　wire [7:0]w_array[5:0] //由 8 位寄存器向量组成数组,数组共有 6 个元素

　　注意:不要混淆数组和向量两个概念。

　　下面的例子显示如何访问数组元素:

　　count[5]=0 //把 count 数组的第 5 个元素清零

　　w_array[2]=8′h01;

4.5　程序框架

　　与传统的编程语言(比如 C 语言)不同,HDL 描述的是电路,因此,不能按照传统编程语言的思路和方法去理解和分析 HDL 代码。相反,必须从电路结构的角度,去分析、理解和设计 HDL 代码。本节结合例 4.1,介绍典型 Verilog HDL 模块结构。

4.5.1　模块

　　Verilog HDL 的基本设计单元是模块(module)。无论是基本逻辑元件(components),比如加法器、数据选择器等,还是由基本逻辑元件组成的复杂的数字系统(Digital system),在 Verilog HDL 中都使用模块(module)进行描述。例 4.3 给出了一个典型的 Verilog HDL 模块的基本结构。Verilog HDL 模块以关键字 module 开始,以关键字 endmodule 结束。关键字 module 其后的括号被称为端口列表(port list),端口列表给出模块与外界相互联系的 I/O 接口信号。模块名的定义需符合 Verilog HDL 关于标识符命名的规定。Verilog HDL 模块如果包含输入输出端口,那么必须在端口列表中列出该模块全部的 I/O 信号,I/O 信号之间采用逗号分隔,在其后的端口声明(port declaration)部分使用关键字 input、output 以及 inout 说明端口是输入、输出,还是双向信号。端口声明部分之后一般还会包括内部信号的声明,声明模块中使用的线网(wire)或者寄存器(reg)类型的变量。Verilog HDL 模块的主体部分(body)只能包含三种类型的语法结构:连续赋值语句(assign)、模块实例(instaniation)以及过程赋值语句(always 块)。

　　【例 4.3】　Verilog HDL 模块的基本结构。

```
module　port_name(in1,in2,out1,out2);//　module 是关键字,其后是模块名和端口列表
　intput　a,b;　　　　　　　　　//端口声明
　output　sum,co;
　wire x,y;
　reg a_x,a_y;　　　　　　　　　//中间变量声明
　assign　x=a_x&a_y;　　　　　　//连续赋值语句
```

```
module_name  u1(.a(a),.b(b));  //模块实例
always@(signal) begin              //过程赋值语句
//过程赋值语句
  end
endmodule
```

注意:模块声明时的端口列表不是必须的。实际的物理电路一定包含 I/O 信号,而对于某些用于仿真的测试模块(比如 Testbench)有时并不需要 I/O 信号。关于 Testbench 的相关内容将在 4.8 节详细介绍。

4.5.2　端口声明

模块定义的第 2 部分是端口声明(port declaration),端口声明包括有端口信号的模式声明(mode declaration)和数据类型声明(data type declaration)。端口模式声明说明端口信号的信息流动方向是:输入(input)、输出(output)、双向(inout)。数据类型声明则要指明端口信号是寄存器类型,还是线网类型。在例 4.1 描述的半加器电路中

```
input    a, b; //端口模式声明
output   sum, c_out; // 以分号结束,采用逗号分隔
wire    a, b; //端口数据类型声明
wire    sum, c_out;
```

在 Verilog—2001 标准中,允许采用新的模块定义和端口声明方式,具体语法结构如下:

```
module    module_name (
    [mode]   [data-type] [port-names],
    [mode]   [data-type] [port-names],
     ⋮
    [mode] [data-type] [port-names]
);
```

按照这种定义方式,例 4.1 所示的半加器电路的模块声明部分可以改写为

```
module add_2(
    input   wire   a,b, //采用逗号分隔
    output wire   sum, c_out //注意此处无任何符号
);//此处分号不可省略
```

4.5.3　程序主体

Verilog HDL 模块主体部分可以使用三种语法结构(连续赋值语句、always 块以及模块实例),每种结构可以理解为一个子电路,恰好符合硬件电路并行本质。

1. 连续赋值语句

连续赋值语句主要用来实现简单的组合逻辑电路[①]，语法如下

$$\text{assign} \quad \text{signal\_name} = \text{expression};$$

连续赋值语句采用关键字 assign 作为开始。赋值操作符（=）左侧信号表示组合逻辑的输出，出现在赋值操作符右侧表达式中的信号表示组合逻辑电路的输入。组合逻辑具体完成的逻辑功能由赋值表达式决定。例如，考虑例 4.1 中的连续赋值语句

$$\text{assign temp0} = (\sim a) \& b;$$

表示整个电路的一个部分（子电路 1），其中 temp0 表示输出，信号 a 和 b 是该子电路的输入，电路执行与逻辑功能（与操作符 & 对应），如图 4.1 所示。从仿真角度讲，连续赋值语句并行执行，只要赋值表达式中的某个变量发生变化，该表达式就会被重新计算，并将计算结果赋值给赋值符号的左侧变量。对于前面例子，如果信号 a 或者 b 的值发生变化时，该语句被激活，并按表达式指定的逻辑操作重新计算表达式的值，并将计算结果赋予左侧变量。

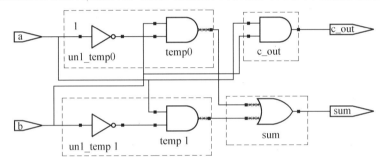

图 4.1　例 4.1 对应的半加器电路结构

例 4.1 包含了 4 四个连续赋值语句，其对应的电路结构如图 4.1 所示。注意：由于语句并行执行，所以语句顺序不会影响仿真以及综合结果。

2. always 块

模块主体部分使用的第 2 种语法结构是 always 块，always 块中除了使用抽象的过程赋值语句（procedural assignments），还可以使用 if 语句、case 语句等顺序执行语句。always 块是 Verilog HDL 中最灵活的语法结构，也是最常用的语法结构。采用 always 块可以描述复杂的电路结构。后面章节将对 always 块进行详细讨论。

3. 模块实例

模块主体部分使用的第 3 种语法结构是模块实例。通过在高层次模块中实例化预先定义的低层次（子电路或者子模块）模块，可以非常容易地实现层次化设计思想。后面章节将对模块实例进行详细讨论。

---

① 在某些情况下，如果被赋值的变量同时出现在连续赋值语句的右侧赋值表达式，即在电路结构上形成反馈结构，连续赋值语句也可以描述时序逻辑电路。

4.5.4 内部信号声明

程序主体包括可选的内部信号声明部分,内部信号声明部分声明 Verilog HDL 模块内部可能会用到的内部信号,这些内部信号通常作为不同子模块之间连接线。内部信号声明语句的语法如下:

$$data\_type\ signal\_name1,signal\_name2;$$

例 4.1 中使用了两个内部信号,即

$$wire\ temp0,temp1;//内部信号声明$$

4.6 结构级描述

从设计方法学的角度看,数字电路设计有两种基本的设计方法:自底向上和自顶向下。在自顶向下的设计方法中,系统架构师根据设计说明(specifications)将整个设计划分为接口清晰、相互关系明确的子系统,子系统在规模和复杂性上比原系统都会有所下降,不同的子系统由不同的设计团队完成,如果某些子系统仍然比较复杂,那么还需要对其进行划分,将子系统划分为更简单的子系统。这样的划分会一直进行下去,直到划分的子系统足够简单。例如,在一个 RISC 微处理器设计中,首先根据系统功能将整个设计划分为控制器(controller)和数据通道(datapath)两部分,控制器和数据通道模块仍然比较复杂,需要对其进行进一步的划分。数据通道子系统还可以继续划分为算术逻辑单元(ALU)、数据选择器以及寄存器文件等不同子系统,图 4.2 给出自顶向下设计思想的具体实现过程。在自底向上的设计方法中,首先对现有的功能进行分析,然后使用这些模块来搭建规模较大的功能块,如此继续直到顶层模块。无论自顶向下还是自底向上的设计方法,其思想都是对复杂的问题进行划分,将其转换为多个简单的问题进行处理,都属于层次化的设计思想。

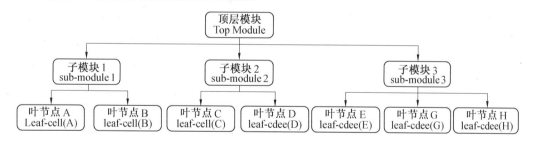

图 4.2 自顶向下的设计思想

复杂的数字系统通常由简单的子系统组成,因此,数字系统的设计者可以通过简单的或者预先定义的模块构建复杂的数字系统。Verilog HDL 通过模块实例语句支持层次化设计思想。从本质上讲,模块实例语句描述的是电路的结构,因此这种风格的代码被称为结构级描述(structural description)。

本节通过设计一个全加器电路,介绍 Verilog HDL 如何支持层次化设计思想,实现结构级描述。表 4.2 给出了全加器电路的真值表。通过两个半加器和 1 个或门可以实现全加器电路,如图 4.3 所示。例 4.4 给出图 4.3 所示的全加器电路的 Verilog HDL 描述,其中使用了 2

个例 4.1 设计的半加器模块 half_adder_beh1 和 1 个 my_or 模块,共使用了 3 个模块实例语句。

表 4.2　全加器的真值表

input			output	
a	b	c_in	sum	c_out
0	0	0	0	0
0	0	1	1	0
0	1	0	1	0
0	1	1	0	1
1	0	0	1	0
1	0	1	0	1
1	1	0	0	1
1	1	1	1	1

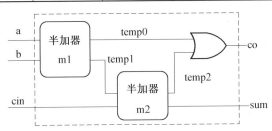

图 4.3　全加器电路结构

【例 4.4】　图 4.3 所示的全加器电路 Verilog HDL 实现。

```
module full_adder_str(
    intput wire    a, b,cin,
    output wire    sum, co
);
    wire tem0, temp1, temp2;
    half_adder_beh1    m1(.a(a),.b(b),.sum(temp0),.c_out(temp1));//模块实例语句
    half_adder_beh1    m2(.a(cin),.b(temp0),.sum(sum),.c_out(temp2));
    my_or m3(co, temp2,temp1);

endmodule
```

例 4.4 包含了 3 个模块实例语句,其语法如下:

```
module_name    instance_name(
                    .formal_signal1(actual_name1),
                    .formal_signal2(actual_name2),
                    …
                    .formal_signaln(actual_namen)
                );
```

module_name 表示被实例的模块的名字,instance_name 称为实例名,用于唯一地标识该实例,其定义只要符合标识符定义的一般规则即可。模块实例语句的第 2 部分用于指明实例模

块端口连接方式,端口连接方式用于说明实例模块的端口与当前模块(高层次模块)中的信号的连接关系。例 4.4 所示的端口连接方式称为命名端口连接(connection by name),第 1 个模块实例语句

半加器 half_adder_beh1　m1(.a(a),.b(b),.sum(temp0),.c_out(temp1));

中,half_adder_beh1 表示模块名,是例 4.1 定义的半加器模块,m1 表示实例名,端口连接关系与图 4.3 一致。在模块 full_adder_str 中,被实例模块 half_adder_beh1 相当于"黑盒",其功能不在 full_adder_str 中定义。(注意:命名端口连接并不关注信号的连接顺序,即端口连接顺序可与端口定义时不一致)

Verilog HDL 支持另一种端口连接方式——顺序端口连接(connection by order),即

module_name　instance_name(actual_name1,actual_name2,…,actual_namen);

例 4.4 中的两个模块实例语句可以等价地修改为

half_adder_beh1　m1(a,b,temp0,temp1);

half_adder_beh1　m2(cin,temp0,sum,temp2);

顺序端口连接方式中,被实例模块(底层模块)的端口名并不出现在实例语句中,只是将高层次模块中的实际信号按照相对应的顺序列于端口连接列表。这种连接方式看上去更简洁,但更容易犯错误,尤其是当模块包含的端口信号数目较多时。例如,由于某种原因,需要对模块进行改进时,修改了端口顺序,那么所有的被实例语句都需要改正,这极大地增加了出错的机会。

例 4.4 中还包含另一个模块实例语句,前两个模块实例语句中的模块是例 4.1 中定义的半加器模块 half_adder_beh1,其功能已经在例 4.1 中定义。但模块 my_or 并未定义,其定义如例 4.5 所示。

【例 4.5】　my_or 模块的 Verilog HDL 描述。

```
module my_or(
        output wrie y,
        input wire a,b);
    assign y=a|b;
endmodule
```

4.7　门级描述

数字电路中最基本的逻辑元件称为逻辑门(gate)。传统的数字设计中,设计者使用逻辑门构造数字系统。Verilog HDL 预先定义了基本逻辑门,称为逻辑门原语(primitives)。通过逻辑门原语设计者可以按照传统的设计方法设计数字系统。门级原语的实例过程与模块实例过程几乎完全一样,区别在于门级原语的逻辑功能预先定义,用户无需自己定义。

Verilog HDL 共支持 14 个逻辑原语,可以分为四类:多输入门(multiple-input gates)、多输出门(multiple-output gates)、三态门以及 pull gates。前三类逻辑门原语在数字系统设计中经常使用,关于 pull gate 的详细信息请参考文献[2]。

4.7.1 多输入逻辑门

Verilog HDL 支持的多输入逻辑门共有 6 个：与门(and)、与非门(nand)、或门(or)、或非门(nor)、异或门(xor)以及同或门(xnor)，这些逻辑门对应的逻辑符号如图 4.4 所示。表 4.3 给出了多输入逻辑门真值表(2 输入)。

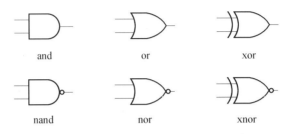

图 4.4 多输入逻辑门

表 4.3 多输入逻辑门真值表

and	i1				nand	i1			
	0	1	x	z		0	1	x	z
i2 0	0	0	0	0	i2 0	1	1	1	1
1	0	1	x	x	1	1	0	x	x
x	0	x	x	x	x	1	x	x	x
z	0	x	x	x	z	1	x	x	x

or	i1				nor	i1			
	0	1	x	z		0	1	x	z
i2 0	0	1	x	x	i2 0	1	0	x	x
1	1	1	1	1	1	0	0	0	0
x	x	1	x	x	x	x	0	x	x
z	x	1	x	x	z	x	0	x	x

xor	i1				xnor	i1			
	0	1	x	z		0	1	x	z
i2 0	0	1	x	x	i2 0	1	0	x	x
1	1	0	x	x	1	0	1	x	x
x	x	x	x	x	x	x	x	x	x
z	x	x	x	x	z	x	x	x	x

通过实例化这些逻辑门可以构造复杂的逻辑电路，例 4.6 说明如何实例门级原语。门级原语的实例只支持顺序端口连接。对于多输入逻辑门，端口列表的第 1 个信号被识别为输出，其余信号被识别为输入。

【例 4.6】 多输入逻辑门实例。

wire out, in1, in2, in3;

//注意:逻辑门实例只支持顺序端口连接

and a1(out, in1, in2);

nand u1(out, in1,in2);

or u2(out, in1,in2);

nor u3(out, in1,in2);

xor u4(out, in1,in2);

xnor u5(out, in1,in2);

//输入超过2个,三输入与非门

nand u6 (out, in1,in2,in3);

//逻辑门实例时,实例名可以省略,本书不建议这种原语实例方式

and (out, in1, in2);

4.7.2 多输出逻辑门

Verilog HDL 支持两个多输出逻辑门:缓冲器(buf)和非门(not),其电路符号如图4.5 所示,真值表如表4.4 所示。多输出逻辑门也只支持顺序端口连接,端口列表的最后一个信号被识别为输入,其余被识别为输出。

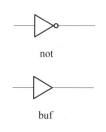

not

buf

图4.5 非门和缓冲器

表4.4 多输出逻辑门真值表

buf	in	out		not	in	out
	0	0			0	1
	1	1			1	0
	x	x			x	x
	z	x			z	x

【例4.7】 多输出逻辑门。

//多输出逻辑门实例

buf b1(OUT1, IN);

not n1(OUT1, IN);

//输出可以多于一个

buf b1_2out(OUT1, OUT2, IN);

//省略实例名的情形;注意:模块实例时不能省略实例名

not (OUT1, IN);

4.7.3 三态门

Verilog HDL 支持4个三态门:bufif1、bufif0、notif1、notif0。控制信号有效,三态门才能传递数据;如果控制信号无效,输出为高阻。三态门的逻辑符号如图4.6 所示,真值表如表4.5 所示。

例4.8给出了三态门实例方法。三态门只支持顺序端口连接,端口列表中的最后一个信号被识别为控制信号,倒数第2个被识别为输入,其余为输出信号。

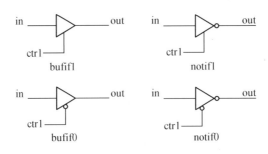

图 4.6　三态门的电路符号

表 4.5　三态门逻辑真值表

bufif1		ctrl			
		0	1	x	z
in	0	z	0	L	L
	1	z	1	H	H
	x	z	x	x	x
	z	z	x	x	x

bufif0		ctrl			
		0	1	x	z
in	0	0	z	L	L
	1	1	z	H	H
	x	x	z	x	x
	z	x	z	x	x

notif1		ctrl			
		0	1	x	z
in	0	z	1	H	H
	1	z	0	L	L
	x	z	x	x	x
	z	z	x	x	x

notif0		ctrl			
		0	1	x	z
in	0	1	z	H	H
	1	0	z	L	L
	x	x	z	x	x
	z	x	z	x	x

【例 4.8】 三态门实例方法。

//三态缓冲器

bufif1 b1 (out, in, ctrl);

bufif0 b0 (out, in, ctrl);

//三态反相器

notif1 n1 (out, in, ctrl);

notif0 n0 (out, in, ctrl);

4.7.4　门阵列实例

很多情况下,设计者需要实例多个某种类型的逻辑门,这些门实例之间的区别仅仅在于它们分别连接在向量的不同信号位上。为了简化这种类型的门实例过程,Verilog HDL 允许用户采用门阵列的方式实例这些逻辑门。

【例 4.9】 门阵列实例。

wire [7:0] OUT, IN1, IN2;

//门阵列实例

nand n_gate[7:0](OUT, IN1, IN2);

//以上实例等价于以下 8 条门实例语句

```verilog
nand n_gate0(OUT[0], IN1[0], IN2[0]);
nand n_gate1(OUT[1], IN1[1], IN2[1]);
nand n_gate2(OUT[2], IN1[2], IN2[2]);
nand n_gate3(OUT[3], IN1[3], IN2[3]);
nand n_gate4(OUT[4], IN1[4], IN2[4]);
nand n_gate5(OUT[5], IN1[5], IN2[5]);
nand n_gate6(OUT[6], IN1[6], IN2[6]);
nand n_gate7(OUT[7], IN1[7], IN2[7]);
```

4.7.5　门级描述设计实例

采用两个半加器和一个或门可以实现全加器,例 4.4 通过实例半加器电路实现了全加器电路的设计。本小节采用门级原语实现该电路,全加器的门级实现原理如图 4.7 所示。门级描述与原理图输入方式没有本质区别,只是描述方法不同。例 4.10 给出全加器门级描述。

注意:门级描述并不是 Verilog HDL 的主要设计方式,在多数情况下,设计者并不会采用这种设计方式。

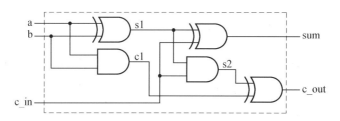

图 4.7　全加器门级原理图

【例 4.10】　1 位全加器的门级描述。
```verilog
//1 位全加器的门级描述
module fulladd(   //端口声明
    output wire sum, c_out,
    input wire a, b, c_in
);
//内部信号声明
    wire s1, c1, c2;
//门级原语实例
    xor u1(s1, a, b);
    and u2(c1, a, b);
    xor u3(sum, s1, c_in);
    and u4(c2, s1, c_in);
    xor u5(c_out, c2, c1);
endmodule
```

4.8　Testbench

4.8.1　仿真逻辑的构成

设计完成之后,还必须对设计功能的正确性进行验证(Verification),验证可以通过几种不同方式进行,其中仿真是一种常用的方法。仿真过程与在实验室内对实际电路进行测试过程类似。测试时,将激励信号(通常由信号源产生)连接到电路的输入端,之后通过逻辑分析仪等测试仪器观测电路的输出是否正确。仿真时,对设计模块施加激励信号,通过检查其输出信号是否满足设计预期来验证设计的正确性,通常将产生激励信号,完成测试功能的 HDL 模块称为激励块。将激励块和设计块分开描述是一种良好的设计风格。激励块同样也采用 Verilog HDL 描述,不必采用另外其他的语言。激励块一般称为测试台(Testbench),可以采用不同的测试台对设计进行全面的测试。

注意:设计块有时也称为被测单元(Unit Under Test,UUT)。

仿真过程可以通过两种方式实现,一种是在激励块中直接实例化设计模块,并在激励块中直接产生激励信号,用于驱动设计模块,如图 4.8 所示。

第二种仿真模式是在一个虚拟的底层模块中实例化激励块和设计块。激励块和设计块之间通过接口进行交互,激励块在其内部产生激励信号,通过其输出端口连接到设计块输出端,并从设计模块的输出端获得设计块的响应,如图 4.9 所示。

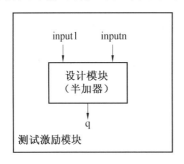

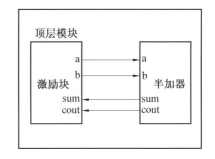

图 4.8　直接施加激励的 Testbench　　　图 4.9　采用独立激励块的 Testbench 结构

两种仿真测试方案各有特点,第 1 种方式的优点是设计相对简单;第 2 种方式由于激励块独立设计,因而具有较高的通用性。

4.8.2　组合逻辑 Testbench

例 4.11 给出半加器电路一个 Testbench,仿真结果如图 4.10 所示。该例给出了组合逻辑电路 Testbench 的一般结构。

注意:该模块不包含任何的输入/输出端口。

【例 4.11】　半加器电路的 Testbench。

```
module half_adder_beh1_testbench;
    reg   test_in0, test_in1;
```

图 4.10　半加器仿真结果

wire   test_out1, test_out2;

// 实例被测模块

half_adder_beh1 uut(. a(test_in0), . b(test_in1), . sum(test_out1), . c_out(test_out2));

//产生激励信号

initial

begin

    // test vector 1

    test_in0 = 1′b0;　 test_in1 = 1′b0;

    # 20;

    // test vector 2

    test_in0 = 1′b1;　 test_in1 = 1′b0;

    # 20;

    // test vector 3

    test_in0 = 1′b0;　 test_in1 = 1′b1;

    # 20;

    // test vector 4

    test_in0 = 1′b1;　 test_in1 = 1′b1;

    # 20;

    // test vector 5

    test_in0 = 1′b1;　 test_in1 = 1′b0;

    # 20;

    // test vector 6

    test_in0 = 1′b1;　 test_in1 = 1′b1;

    # 20;

    // test vector 7

    test_in0 = 1′b1;　 test_in1 = 1′b0;

    # 20;

    // stop simulation

    $ stop;

end

endmodule

Testbench 代码中包含了一个模块实例语句和 initial 块。模块实例语句实例待测模块半加器 half_adder_beh1,采用的是命名端口连接。initial 块用于产生测试激励,initial 语句是一种特殊的 Verilog HDL 语法结构,该块中包含的语句从仿真开始时刻开始执行,只执行 1 次,而且

initial 语句块中的语句是顺序执行的。每一个激励的产生由以下 3 个语句实现：

```
// test vector 1
test_in0 = 1'b0;
test_in1 = 1'b0;
# 20;
```

前两句说明测试输入信号 test_in0 和 test_in1 的值,#20 说明沿延迟 20 时间单位,之后再执行其后的语句。$ stop 是系统内部函数,表示结束该仿真过程。

编写完整的 Testbench,产生详尽的测试激励需要掌握详细的 Verilog HDL 语法。本例给出的代码可以作为组合逻辑电路 Testbench 编写的模板使用,测试时只需要将待测实例语句改为待测模块。

本章小结

无论是简单的逻辑元件,还是复杂的数字系统在 Verilog HDL 中都使用模块(module)描述,模块的定义以关键字 module 开始,以 endmodule 结束。端口列表中需要列出模块全部的输入输出信号。在整个模块定义中,可以使用连续赋值语句、模块实例(门级实例)以及 always 块。Verilog HDL 采用模块概念支持层次化设计的概念。数字系统的门级描述与经典的数字系统设计方法相似,门级描述是电路原理图的另外一种描述方式。

Testbench 是一段完整的 Verilog HDL 程序,Testbench 模拟真实的测试环境,用于产生激励信号,通过观测输出判断设计是否正确。Verilog HDL 支持两种形式的 Testbench。

习题与思考题 4

4.1 采用连续赋值语句设计 2 位比较器电路,其模块定义如下:

```
module comparator_2
    (
    input wire [1:0]a, b,//两位宽的输入信号
    output wire a_eq_b, //如果 a 等于 b,该输出置位,否则清零
    output wire a_lt_b, // 如果 a 小于 b,该输出置位,否则清零
    output wire a_gt_b //如果 a 大于 b,该输出置位,否则清零
    );
```

4.2 设计 Testbench,验证习题 4.1 设计的 2 位比较器模块 comparator_2 的功能是否正确。

```
module comparator_2_tb; //测试模块无输入输出信号
wire a_eq_b, a_lt_b, a_gt_b;
reg [1:0]a, b;
comparator_2 u1//实例化被测模块
    (
    .a(a), .b(b),
    .a_eq_b(a_eq_b),
    .a_lt_b(a_lt_b),
    .a_gt_b(a_gt_b)
    );
```

//以下采用 initial 块定义输入信号 a 和 b

endmodule

4.3　(1)采用门级描述设计 2 选 1 数据选择器;

　　　(2)编写 Testbench 模块,验证设计功能是否正确;

　　　(3)说明门级实例和模块实例语句的区别。

4.4　通过实例化例 4.9 设计的 1 位全加器模块,设计 4 位全加器电路。

4.5　采用层次化建模方式设计 4 位行波计数器。提示:4 位行波计数器由四个 T 触发器级联,每个 T 触发器又可以由 1 个 D 触发器和 1 个反相器组成。

4.6　电路原理图如图 4.11 所示,采用模块实例和门级实例实现该电路。注意:图中 D 触发器模块定义参考第 6.5.2 节。

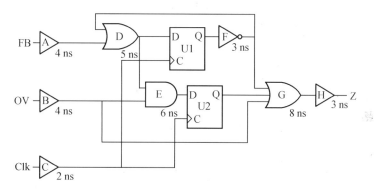

图 4.11　题 4.6 图

第 5 章

组合逻辑电路

5.1　引　言

组合逻辑电路(combinational logic circuits)是数字逻辑电路的核心,复杂数字系统的执行单元往往都是组合逻辑,组合逻辑的延迟决定数字系统的工作频率。本章详述 Verilog HDL 描述组合逻辑电路的两种语法结构:连续赋值语句和 always 块。连续赋值语句采用逻辑表达式描述组合逻辑电路,第 4 章已经简单介绍了连续赋值语句,但是只介绍了一些基本的操作符,第 5.3 节将详细介绍 Verilog HDL 操作符,通过这些操作符,采用连续赋值语句可以设计复杂组合逻辑电路。always 块语法结构复杂,不但可以描述组合逻辑电路,也可以描述时序逻辑电路。本章重点介绍如何采用 always 块实现组合逻辑,从第 6 章开始介绍如何使用 always 块设计时序逻辑电路,第 5.4 节介绍如何采用 always 块描述组合逻辑。always 块之所以功能强大,原因在于其内部可以使用 if-else、case 以及 for 等顺序执行语句,使 Verilog HDL 可以支持顺序执行的算法的描述。

5.2　连续赋值语句

连续赋值语句是 Verilog HDL 描述组合逻辑电路的最基本的语法结构,语法如下:

$$\text{assign}\quad \text{signal\_name} = \text{rightside\_expression};$$

连续赋值语句的左值[①]必须是一个线网类型的标量或者向量,而不能是寄存器类型的变量;赋值操作符右侧是一个由操作符和操作数组成的表达式,一般称为赋值表达式。

从综合角度讲,连续赋值语句实现的是组合逻辑电路,因此连续赋值语句的左侧信号等价于组合逻辑电路的输出,右侧表达式中的变量等价于组合逻辑电路的输入。由于每个连续赋值语句等价于一段组合逻辑电路,考虑到电路执行的并行性,因此多个连续赋值语句的书写顺序是无关紧要的。从仿真角度讲,连续赋值语句总是处于激活状态,只要右侧变量发生变化,赋值表达式就会被重新计算,并将计算结果赋给赋值操作符(=)左边的线网变量。

图 5.1 给出了 1 位宽的 2 选 1 数据选择器的真值表、门级原理图以及逻辑符号。根据选择输入信号 s 的不同,数据选择器将 2 个输入信号中的 1 个传递到输出。如果 s = 1,则输出信

---

① 赋值符号左侧信号称为左值。

号 y＝b,否则 y＝a。

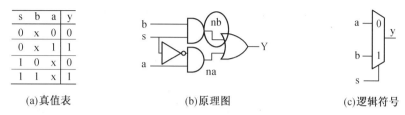

s	b	a	y
0	x	0	0
0	x	1	1
1	0	x	0
1	1	x	1

(a)真值表　　　　　　　　(b)原理图　　　　　　　(c)逻辑符号

图 5.1　1 位宽 2 选 1 数据选择真值表、原理图以及逻辑符号

【例 5.1】　连续赋值语句实现的 2 选 1 数据选择器(方式 1)。

```
module mux2to1(
        input wire s,a,b,
        output wire y);
    assign y=(b&s)|(a&~s);
endmodule
```

【例 5.2】　连续赋值语句实现的 2 选 1 数据选择器(方式 2)。

```
module mux2to1(
        input wire s,a,b,
        output wire y);
    wire na,nb;
    assign nb=b&s;
    assign na=a&~s;
    assign y=na|nb;
endmodule
```

【例 5.3】　连续赋值语句实现的 2 选 1 数据选择器(方式 3)。

```
module mux2to1(
        input wire s,a,b,
        output wire y);
    assign y=s?b:a;    //条件操作符
endmodule
```

例 5.1 使用连续赋值语句描述了一个 2 选 1 数据选择器,描述中使用标准的布尔表达式。例 5.2 将例 5.1 的描述分成了 3 个连续赋值语句,并使用了内部线网变量 na 和 nb,在最后的连续赋值语句中采用或操作(|)。例 5.3 中使用了条件操作符(？:),关于条件操作符将会在第 5.3 节详细介绍。

1. 表达式

组合逻辑电路对输入信号进行某种变换(或者计算),得到期望的输出信号,可以理解为从输入到输出的一个实时的映射。连续赋值语句描述的组合逻辑可以表示为

$$y=f(x_1,x_2,\cdots,x_n)$$

其中 $x_1,x_2,\cdots,x_n$ 表示该组合逻辑的输入信号;y 表示组合逻辑的输出信号;$f(\cdot)$ 表示从输入

到输出的一个映射,是 Verilog HDL 支持的一个合法的赋值表达式。由 Verilog HDL 支持的操作符和括号将运算对象(操作数)连接起来,符合 Verilog HDL 语法规则的式子,称为 Verilog HDL 表达式。

2. 操作数

连续赋值语句赋值表达式中可以使用线网类型操作数,也可以使用寄存器类型的操作数,但是赋值操作符的左侧操作数必须为线网类型。连续赋值语句的操作数与传统编程语言中的操作数不同,传统编程语言中操作数表示变量(variable),连续赋值语句的操作数表示的实际电路信号,出现在赋值符左侧的操作数表示电路的输出,出现在赋值符右侧的操作数表示电路的输入。

3. 操作符

Verilog HDL 操作符对操作数进行运算并产生一个运算结果。Verilog HDL 支持多种类型的操作符,通常情况下每个操作符对应一个逻辑或者算术运算,比如“+”操作符对应加法器,“−”操作符对应减法器(实际可能转换为加法器)。但并不是所有的操作符都是可以综合的,第 5.3 节将对 Verilog HDL 支持的操作符做详细介绍。

5.3 Verilog HDL 操作符

与 C 语言类似,Verilog HDL 提供了极其丰富的操作符,包括按位、逻辑、算术、关系、等价、缩减、移位、条件和拼接操作符等。通过这些操作符设计人员可以实现各种复杂的表达式,进而得到功能强大的数字电路。通常情况下,操作符对应一些中等规模的元件,比如加法操作符会被综合成加法器、关系操作符会被综合成比较器等。有些操作符是不可综合的,比如除法操作符等。

1. 逻辑操作符

Verilog HDL 支持 3 个逻辑操作符:逻辑与(&&)、逻辑或(||)和逻辑非(!)。注意:逻辑操作符与按位操作符不同。如果不使用 x 和 z,逻辑操作的结果是 1 位宽的布尔值,True(1)或者 False(0);如果操作数中包含 x 和 z,则操作结果为 1 位宽 x。通常情况下,逻辑操作符用于连接布尔表达式,例如:

$$(state=IDLE)||((state=OP)\&\&(count>10))$$

建议:在布尔表达式中使用逻辑操作符,而在电路信号的连接中使用按位操作符。

2. 算术操作符

Verilog HDL 支持 6 个算术操作符:加法(+)、减法(−)、乘法(∗)、除法(/)、取模(%)、幂(∗∗)。“+”和“−”操作符是二目操作符,综合时分别得到加法器和减法器。

乘法器电路相对复杂,因此对于乘法操作符(∗)的综合结果由综合软件和目标器件工艺确定。目前许多 FPGA 器件包含预先定义的组合逻辑乘法器。因此,在 FPGA 综合时,综合软件一般能够对乘法操作符“∗”进行综合,并采用其内部乘法器单元实现。

注意:除法(/)、取模(%)和乘幂(∗∗)一般不能自动综合。

3. 移位操作符

Verilog HDL 支持 4 种类型的移位操作:逻辑右移($\gg$)、逻辑左移($\ll$),算术右移($\ggg$)、算术左移($\lll$)。

移位操作符是二目操作符,功能是将操作数向左或者向右移动指定的位数,它的两个操作数分别是要进行移位的向量和需要移动的位数。操作数被移动后,逻辑移位使用 0 填充由于移位产生的空余位;算术右移操作($\lll$)会使用符号位(也就是 MSB)进行填充,算术左移操作($\ggg$)使用 0 填充。例如:

reg a;

initial begin

a＝8′b0100_1111;//a＝0100_1111;

b＝8′b1100_1111;

#2 a＝a$\gg$2; //a＝0001_0011;

　b$\gg$2; //b＝0011_0011;

//#2 a＝a$\ggg$2; //a＝0001_0011;

//b＝b$\ggg$2;// b＝1111_0011;

//#2 a＝a$\ll$2; //a＝0011_1100;

//b＝b $\ll$2; //b＝0011_1100;

//#2 a＝a$\lll$2;//a＝0011_1100;

//b＝b$\lll$2;//b＝0011_1100;

end

如果移位操作符的两个操作数都是信号,比如 a$\ll$b,综合时将得到筒式移位寄存器(barrel shifter),其电路结构相对比较复杂。如果第 2 个操作数是常量,比如 a$\ll$2,没有确定的逻辑电路与之对应,通常可以使用拼接操作符实现。

4. 等价操作符

Verilog HDL 支持 4 个等价操作符:逻辑相等($==$)、逻辑不等($!=$)、case 相等($===$)、case 不等($!==$)。等价操作符也是二目操作符,对两个操作数逐位进行比较,如果两个操作数位宽不等,则将两个操作数低位对齐,使用 0 填充不存在的高位,等价操作返回布尔值。

逻辑等价操作符($==$,$!=$)和 case 等价操作符($===$,$!==$)是不同的,对于逻辑等价操作符,如果操作数的某位为 x 或 z,则结果为 x;而 case 等价操作对包括 x 和 z 在内的所有位逐位进行精确比较,在两者都完全相等的情况下,返回值为 1,否则为 0。例如:

a＝b;//若 a 与 b 相等且其中不包含 x,z,结果为 1;如果包含 x 或者 z,则结果不确定

a !＝b;//若 a 与 b 不相等且其中不包含 x,z,结果为 1;如果包含 x 或者 z,则结果不确定

a＝＝b; //若 a 与 b 相等(包含 x,z),结果为 1,否则结果为 0

a !＝b; //若 a 与 b 不相等(包含 x,z),结果为 1,否则结果为 0

注意:逻辑等价操作符的综合结果是比较器,case 等价操作符不可综合。

5. 关系操作符

Verilog HDL 支持 4 个关系操作符:大于($>$)、小于($<$)、大于等于($\geqslant$)、小于等于($\leqslant$)。关

系操作符是二目操作符,对两个操作数逐位进行比较,如果两个操作数位宽不等,则使用 0 填充不存在的高位,关系操作返回布尔值。

关系操作符用于组成表达式,如果表达式为真,结果为 1;如果表达式为假,则结果为 0;如果操作数的某一位为未知 x 或者高阻 z,那么返回值为 x。例如:

```
// a = 4, b = 3
// x = 4′b1010, y = 4′b1101, z = 4′b1xxx
a <= b //计算结果为逻辑 0
a > b //计算结果为逻辑 1
y >= x //计算结果为逻辑 1
y < z //计算结果为 x
```
注意:关系操作符会被综合成比较器。

6. 按位操作符

Verilog HDL 支持 4 个按位操作符(Bitwise operators):取反(~)、与(&)、或(|)、异或(^)、同或(^~或者~^)。取反操作符(~)是单目操作符,其余的按位操作符都是二目操作符。按位操作符对两个(或者 1 个)操作数的每 1 位进行操作,如果两个操作数的位宽不相等,则对位宽较短的操作数用 0 向左扩展,使两个操作数的位宽相等。按位操作的返回值与位宽较宽的操作数相同(注意同逻辑、关系和等价操作符的区别)。按位操作的计算规则与第 4.7 节介绍的四值逻辑系统逻辑计算规则相同,例如:

```
//x = 4′b1010, y = 4′b1101
// z = 4′b10x1
~x //按位取反,计算结果为 4′b0101
x & y //按位与,计算结果为 4′b1000
x | y //按位或,计算结果为 4′b1111
x ^ y // 按位异或,计算结果为 4′b0111
x ^~ y //按位同或,计算结果为 4′b1000
x & z //按位与, 4′b10x0
```

7. 缩减操作符

缩减操作符包括缩减与(&)、缩减与非(~&)、缩减或(|)、缩减或非(~|)、缩减异或(^)和缩减同或(~^,^~)。缩减操作符是单目操作符,也就是说它们只有 1 个操作数,它对向量操作数逐位进行操作,产生一个 1 位宽的结果。例如:

```
// x = 4′b1010
&x //缩减与,等价于 1&0&1&0,结果为 1′b0
|x//缩减或,等价于 1|0|1|0,结果为 1′b1
^x//缩减异或,等价于 1^0^1^,结果为 1′b0
```
缩减操作符与按位操作符的符号相同,但是二者执行的操作却完全不同,Verilog HDL 编译器能够自动识别语句中使用的是按位操作符还是缩减操作符。

8. 拼接操作符

拼接操作符使用花括号｛｝表示,通过拼接操作符可以将多个操作数拼接在一起,组成一个操作数。拼接操作符的每个操作数必须有确定的位宽。

拼接操作符的用法是将各个操作数用花括号扩起来,每个操作数之间用逗号隔开,操作数类型可以是线网类型或者寄存器类型,可以是标量、向量以及向量的位选或者域选。

// a=1′b1 , b=2′b00, c=2′b10, d=3′b110

y=｛b , c｝ //计算结果 y 等于 4′b0010

y=｛a , b , c , d , 3′b001｝ //计算结果 y 等于 11′b10010110001

y=｛a , b[0], c[1]｝ //计算结果 y 等于 3′b101

如果需要多次重复拼接同一个操作数,可以使用常数表示需要重复拼接的次数[①],例如:

reg a;

reg [1:0] b, c;

reg [2:0] d;

a=1′b1; b=2′b00; c=2′b10; d=3′b110;

y=｛ 4｛a｝ ｝ // 结果 4′b1111

y=｛ 4｛a｝ , 2｛b｝ ｝ // 结果 8′b11110000

y=｛ 4｛a｝ , 2｛b｝ , c｝ // 结果 8′b1111000010

9. 条件操作符

条件操作符(?:)是 Verilog HDL 支持的唯一一个三目操作符,其用法为

$$[signal]=[boolean\_exp]? [true\_exp]:[false\_exp];$$

如果条件表达式 boolean_exp 的值为真,则条件运算符的结果为 true_exp,否则为 false_exp。如果条件表达式 boolean_exp 的值为 x,则两个表达式的值都会计算,然后逐位比较计算结果,如果相等,则该位结果作为最后结果,否则为 x。

使用条件操作符非常容易实现数据选择器:

$$assign\ y=s?b:a;$$

5.4　组合逻辑 always 块

采用连续赋值语句可以描述组合逻辑电路,但是对于比较复杂的组合逻辑电路最好采用always 块描述,原因如下:

① 在 always 块中可以使用 if、if-else、case 语句以及循环语句(for)等语法结构,对于较复杂的组合逻辑电路,采用这些语法结构可以使描述更简洁;

② 采用 1 个 always 块可以描述具有多个输出的组合逻辑电路;

③ 时序逻辑电路只能采用 always 块实现。

在 always 块中只能使用过程赋值语句,过程赋值语句顺序执行,与前面介绍的连续赋值

语句有本质不同。过程赋值语句的行为与电路的并行本质不同,因此过程赋值语句只能出现在 always 块或者 initial 块。initial 块只执行 1 次,执行从仿真时刻 0 开始,因此,initial 块只能用于仿真,出现在 testbench 中。always 块可以被综合,但与连续赋值语句相比,过程赋值语句更为复杂,也更为抽象,因此采用过程赋值语句描述电路有时被称为行为描述(behaviorial description)。

always 块可以理解为黑盒(black box),其行为由内部的语句决定。always 块内部可以使用 3 种语法结构[①]:①过程赋值语句;②if 语句;③case 语句。

与连续赋值语句相比,过程赋值语法结构更加丰富,但是过程赋值语句没有明确的电路结构与之对应。风格不佳的 always 块经常会导致综合结果过于复杂,产生复杂的电路结构,甚至有些 always 根本无法综合。

5.4.1　always 块语法结构

always 块的基本语法结构如下:

always@([sensitivity_list])　　//注意:此处无分号

begin [optional_block_name]

　　[optional local variable declaration];

　　[procedural statement];

　　[procedural statement];

end

[sensitivity_list]称为敏感列表或者事件控制表达式(event control expression),敏感列表是可选的。敏感列表分为两类:一类是电平敏感的敏感列表,一类是边沿敏感的敏感列表。对于组合逻辑电路,采用电平敏感的敏感列表,而且必须列出所有的敏感信号。敏感信号即电路的输入信号。从仿真角度讲,敏感信号值发生改变,always 块会对其改变做出响应,顺序执行 always块中的所有语句。always 块如果包含多条语句,则需要将多个语句置于 begin 和 end 之间,称为块语句,块语句可以包含一个可选的块语句名。如果只有 1 条语句,则可以省略 begin 和 end。注意:出于代码可维护性的考虑,建议只有一条语句时也使用 begin 和 end。

从仿真角度讲,always 块的特点如下:

①只要敏感列表内信号值发生变化,always 块即被激活,程序从头至尾顺序执行一次,之后再返回到@处,等待敏感列表中的事件再次发生,如此反复。

②在 always 块内部语句顺序执行。

从综合角度考虑,always 块具有如下特点:

①每个 always 块表示整个电路的一部分,always 块可以视为一个黑盒,对于组合逻辑电路,敏感列表列出组合逻辑电路的全部输入信号。

②每个 always 块实现的功能由其内部语句决定。在 always 块内部可以使用的语法结构有三种:过程赋值语句、if 语句和 case 语句。

③由于每个 always 块实现的是电路的一个部分,因此,如果代码中包含多个 always 块,每

---

① 　always 块内还可以使用 for 语句等其他语句,但从综合的角度讲,一般只能使用以上 3 种语法结构。

个 always 块的书写顺序对仿真和综合结果都无关紧要。

5.4.2　过程赋值语句

过程赋值语句只能出现在 always 块或者 initial 块中,分为两种类型:阻塞赋值语句(blocking assignment statemeut)和非阻塞赋值语句(non-blocking assignment statemeut)。基本语法如下:

[variable_name1]=expression1;//阻塞赋值语句

[variable_name2] ⇐ expression2;//非阻塞赋值语句

阻塞赋值语句中,首先计算赋值表达式,之后将计算结果赋值给左侧变量。此过程连续执行,在完成赋值前不能执行其后的其他任何语句(该赋值语句的执行"阻塞"其后其他语句的执行),其行为非常类似 C 语言中变量赋值过程。

非阻塞赋值语句执行时,首先计算表达式的值,但并不会立即将表达式的值赋予左侧变量,赋值操作会在 always 块所有语句执行完成之后再将表达式的值赋予左侧变量(赋值过程并不会"阻塞"其后的其他语句的执行)。

无论是阻塞赋值还是非阻塞赋值都只能对寄存器类型(reg)的变量赋值。这里需要强调:虽然过程赋值语句只能对寄存器类型的变量赋值,并不代表最终的综合结果一定包含寄存器。

对于 Verilog HDL 的初学者,阻塞赋值语句和非阻塞赋值语句的使用非常容易混淆。如果不能理解二者的区别往往导致最终的电路出现竞争或者冒险。关于阻塞赋值和非阻塞赋值语句的详细讨论,请参考文献[3]。这里给出两条经验规则(rules of thumb):

① 描述组合逻辑时使用阻塞赋值语句;

② 描述时序电路时使用非阻塞赋值语句。

5.4.3　几个简单设计实例

本小节通过几个简单的设计实例,演示如何通过 always 块和阻塞赋值语句描述组合逻辑电路。

1.1 位比较器

例 5.4 给出了采用 always 块描述的 1 位等价比较器[①]。1 位等价比较器的功能简单,如果两个 1 位宽输入信号相等,则输出逻辑置位,否则输出清零。

注意:对于 1 位等价比较器,采用连续赋值更为简单,例 5.4 的目的只是演示 always 块中过程赋值语句的使用。

【例 5.4】 1 位等价比较器。

```
module eq1_always
  (
  input wire i0, i1,
  output reg eq　// eq 声明为寄存器类型的变量
  );
```

---

① 这里假设读者熟悉基本逻辑电路,如果读者不熟悉这方面的内容,请参考数字电路基础方面的教材。

//将 p0,p1 声明为寄存器类型变量

reg p0, p1;

always @（i0, i1）begin //i0 和 i1 必须全部列入敏感列表

   p0 = ~ i0 & ~ i1;

   p1 = i0 & i1;

   eq = p0 | p1;

//eq end =（~ i0 & ~ i1）|（i0 & i1）; 与以上三句等价

   end

endmodule

由于要在 always 块中对信号 eq、p0 和 p1 进行赋值，因此必须将其声明为 reg 类型。敏感列表中包含信号 i0 和 i1，多个信号之间使用逗号分割。敏感列表中的任何一个信号值发生改变，该 always 块被激活，其中的 3 个赋值语句顺序执行。3 个语句的顺序至关重要，因为 p0 和 p1 必须在 eq 之前进行赋值。

本例中使用敏感列表:

     always@（i0, i1）   //采用逗号分隔的电平敏感的敏感列表

Verilog HDL 支持采用关键字 or 作为分隔符的敏感列表:

     always@（i0 or i1）   //采用关键字 or 分隔的电平敏感的敏感列表

always 块功能强大，不但能够描述组合逻辑电路，也可以描述时序逻辑（第 6 章将会详细介绍）。如果希望 always 块描述组合逻辑电路，需要遵循的一个必要条件:必须将所有的输入信号列入敏感列表。如果误将某个输入信号忽略，未列入敏感列表，可能会导致仿真和综合的结果之间出现差别。Verilog—2001 标准中，支持另外一种形式的敏感列表:

     always@ * [①] //表示将所有的信号全部列入敏感列表

注意:采用以上形式的敏感列表，可以避免不完整敏感列表的问题，但从学习设计原理的角度讲，不利于读者理解电路结构。本书的设计实例中两种方式都会涉及。

2.2 选 1 数据选择器

【例 5.5】 2 选 1 数据选择器的 Verilog HDL 描述。

module mux2to1（

        input wire s,a,b,

        output reg y）;

always@（a or b or s）begin //虽然只有 1 个连续赋值语句，建议在设计中使用 begin...end

   y =（b&s）|（a& ~ s）;

end

endmodule

---

①   有时也写作 always@（ * ）。

请仔细体会例5.5和例5.3的区别,例5.3采用连续赋值语句,本例采用过程赋值语句。

5.5　if 语句

本节和下一节介绍 Verilog HDL 支持的两个条件语句:if 和 case 语句。条件语句语法结构丰富,掌握并灵活使用条件语句是使用 Verilog HDL 进行数字设计的关键。

5.5.1　if 语句基本语法

Verilog HDL 支持三种类型的 if 语句,具体语法结构如下:

//类型1:只有 if 子句,不包含 else 分支

if(expression) begin　//expression 为真时,执行　　//注意此处无分号

　　true_statement1;

　　true_statement2;

　　…

　end

//类型2:只有1个 else 子句

//如果 expression 为真,执行 true_statement,否则执行 false_statement;

if(expression) begin　//expression 为真时,执行

　　true_statement1;

　　true_statement2;

　　…

　end

else begin　//expression 为假时,执行

　　false_statement1;

　　false_statement2;

　　…

　end

//类型3:嵌套的 if-else-if 语句

//可供选择的语句有许多条,只有1条会被执行

if(expression1) begin　//expression1 为真时,执行

　　true1_statement1;

　　true1_statement2;

　　…

　end

else if(expression2) begin　　//expression1 为假,同时 expression2 为真时,执行

　　true2_statement1;

　　true2_statement2;

　　…

```
        end
    else if(expression3) begin    // expression1 且 expression2 为假,且 expression3 为真时,执行
        true3_statement1;
        true3_statement2;
        ...
        end
    else begin                    // expression1,expression2,expression3 均为假时,执行
        false_statement1;
        false_statement2;
        ...
        end
```

从仿真角度考虑,if 语句的执行过程与 C 语言中 if 语句的执行过程一致。if 语句按顺序计算表达式的值,当表达式值为真,执行相应的块语句。

注意:虽然 Verilog HDL 支持的 if 语句与 C 语言一样灵活,但是考虑到 Verilog HDL 描述的是数字电路,因此 if 语句中出现的多是对电路输出(当然也有可能是中间变量)的赋值语句,相对于描述算法的 C 语言程序而言,Verilog HDL 的语法结构要简单一些。

从综合角度考虑,if 语句一般会被综合成带有优先级的多路器(路由网络)或者并行结构的多路器。关于条件语句的综合将在第 5.7 节详细介绍。

5.5.2　几个简单设计实例

本节通过几个简单的实例演示 if 语句的使用。

1. 优先编码器

本节考虑的第 1 个设计实例称为优先编码器(priority encoder),该优先编码器具有 1 个 4 位宽输入 r[3:0],r[3]具有最高的优先级。输出是 3 位宽的 2 进制编码,表 5.1 给出该优先编码器的功能表。

【例 5.6】　优先编码器的 Verilog HDL 描述(if 语句)。

```
module prio_encoder_if(
    input wire [3:0] r,
    output reg [2:0] y
    );
    always @ *                  //敏感列表,等价于 always @(r)
        if (r[3]==1'b1)         //或者直接写成 if(r[3])
            y=3'b100;
        else if (r[2]==1'b1)    //或者直接写成(r[2])
            y=3'b011;
        else if (r[1]==1'b1)    //或者直接写成(r[1])
            y=3'b010;
        else if (r[0]==1'b1)    //或者直接写成(r[0])
```

```
            y = 3′b001；
    else
            y = 3′b000；
endmodule
```

在 always 块内部,首先检测输入信号 r[3]是否置位,如果 r[3]置位则输出 y=3′b100;如果 r[3]未置位,则继续检测 r[2]是否置位,并重复以上过程,直到检测到输入信号的某一位置位;如果 r 的所有位都为 0,则输出 y=3′b000。

2. 带使能端的二进制译码器

二进制译码器根据输入的不同组合置位 2^n 位输出中的 1 位。一个简单的带有使能端的 2-4 译码器的功能如表 5.2 所示。

表 5.1　优先编码器的功能表

输入	输出
r	pcode
1xxx	100
01xx	011
001x	010
0001	001
0000	000

表 5.2　二进制 2-4 译码器的功能表

输入			输出
en	a[1]	a[0]	y
0	–	–	0000
1	0	0	0001
1	0	1	0010
1	1	0	0100
1	1	1	1000

【例 5.7】　带使能端的 2-4 译码器的 Verilog HDL 描述(if 语句)。

```
module decoder_2_4_if(
    input wire [1:0] a,
    input wire en,
    output reg [3:0] y
    );
always @ *
    if (en == 1′b0)          //等价于 if( ~en)
            y = 4′b0000；
    else if (a == 2′b00)
            y = 4′b0001；
    else if (a == 2′b01)
            y = 4′b0010；
    else if (a == 2′b10)
            y = 4′b0100；
    else
            y = 4′b1000；
endmodule
```

3. n 位宽数据选择器

例 5.1～5.3 和例 5.5 采用 always 块以不同方式设计 1 位宽的 2 选 1 数据选择器,并联 N 个 1 位宽的 2 选 1 数据选择器,可以实现一个 N 位宽的 2 选 1 数据选择器,如图 5.2 所示($N=$ 4),其中的 u0、u1、u3 都是 1 位宽的 2 选 1 数据选择器。输入 a、b 和输出 y 均为 4 位宽的向量,分别用 a[3:0]、b[3:0] 和 y[3:0] 表示。4 个 1 位宽的 2 选 1 数据选择器的选择输入 s 被连接在一起,数据输入分别连接 a[0] 和 b[0]、a[1] 和 b[1]、a[2] 和 b[2]、a[3] 和 b[3]。通过实例化 4 个 1 位宽的 2 选 1 数据选择器可以实现该设计,具体实现方式参考第 4.6 节,例 5.8 给出了另外一种实现方式。

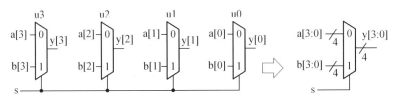

图 5.2　4 位宽 2 选 1 数据选择器

【例 5.8】　4 位宽 2 选 1 数据选择器。

```verilog
//4 位宽二选一数据选择器
module mux2to1_4bit(
    input wire s,
    input wire [3:0]a,b, //声明 4 位宽的输入向量
    output reg [3:0]y
    );
    always@(a,b,s) begin    //等价于 alwyas@ *
    if(s==1'b1) //等价 if(s)
        y=a;
    else
        y=b;
    end
endmodule
```

采用第 3 种类型的 if 语句可以方便地实现 2^n 选 1 数据选择器。例 5.9 给出了一个 8 位宽的 4 选 1 数据选择器的 Verilog HDL 描述。注意:else 子句不可省略,否则综合结果可能包含锁存器,具体请参考第 5.7 节。例 5.9 的综合结果如图 5.3 所示。

【例 5.9】　8 位宽 4 选 1 数据选择器(if 语句)。

```verilog
module mux4to1_4bit(
    input wire [1:0]s,
    input wire [7:0]a,b,c,d,
```

output reg [7:0]y

　);

always@ ＊　begin　//等价于 always@(s,a,b,c,d)

　　if(s＝2′b00)

　　　　y＝a;

　　else if(s＝2′b01)

　　　　y＝b;

　　else if(s＝2′b10)

　　　　y＝c;

　　else if(s＝2′b11)

　　　　y＝d;

　　else　　//else 分支不可省略,否则可能导致错误综合结果

　　　　y＝8′bxxxxxxxx;

　end

endmodule

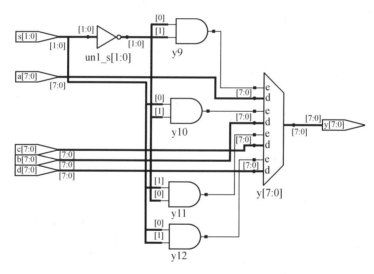

图 5.3　例 5.9 的综合结果(8 位宽 4 选 1 数据选择器)

4.简单的 ALU 设计

算术逻辑单元(Arithmetic Logic Unit, ALU)是处理器的基本部件,执行算术和逻辑运算。本例设计的 ALU 的功能如表 5.3 所示,包括 2 个 8 位的操作数 scr0、scr1 和 1 个控制信号 ctrl, ctrl 的不同取值决定了 ALU 执行的操作,输出 result 是 8 位宽的计算结果。该简单的 ALU 共支持 5 种操作,包括 3 个算术操作,分别是加 1、加法和减法操作,以及 2 个逻辑操作,分别是按位与操作和按位或操作。

表5.3　简单 ALU 的功能表

input	output
ctrl	result
0xx	scr0+1
100	scr0+scr1
101	scr0−scr1
110	scr0 and scr1
111	scr0 or scr1

【例5.10】　简单 ALU 的 Verilog HDL 描述(if 语句)。

```verilog
module simple_alu(
    input wire[2:0] ctrl,
    input wire[7:0] scr0,scr1,
    output reg [7:0]result
    );
always@(scr0,scr1,ctrl) begin   //所有输入必须列入敏感列表,也可以采用 alwyas@*
    if(ctrl[2]==1'b0)
        result=scr0+1;
    else if(ctrl[1:0]==2'b00)
        result=scr0+scr1;
    else if(ctrl[1:0]==2'b01)
        result=scr0−scr1;
    else if(ctrl[1:0]==2'b10)
        result=scr0 & scr1;
    else if(ctrl[1:0]==2'b11)
        result=scr0 | scr1;
    else
        result=8'bxxxxxxxx;
end
endmodule
```

例5.10 的综合结果如图5.4 所示。

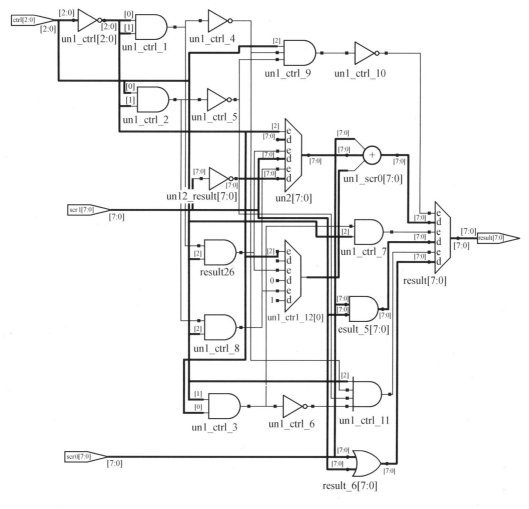

图 5.4　例 5.10 的综合结果(简单的 ALU)

5.6　case 语句

嵌套的 if-else-if 语句从多个选项中选择一个确定结果,如果选项数目很多,使用起来很不方便,使用 case 语句就会简单很多。在 C 语言中,由于只能比较表达式与候选项是否相等,case 语句的使用受到很大限制。在 Verilog HDL 中,由于描述的对象是数字电路,多数情况下是比较等价性,case 语句符合硬件电路的特性,因而得到了广泛的应用。

5.6.1　case 语句的基本语法

case 语句语法如下:

case(case_expression)
　alternative_1:begin
　　　procedural_statement11;

```
                procedural_statement12;
                …
            end
        alternative_2:begin
                procedural_statement21;
                procedural_statement22;
                …
            end
…
        alternative_n:begin
                procedural_statementn1;
                procedural_statementn2;
                …
            end
        default:begin
                procedural_statement_1;
                procedural_statement_2;
                …
            end
endcase
```

case 语句是一个多分支选择结构,case_expression 是一个逻辑表达式,通常由输入变量组成。alternative_1 ~ alternative_*n* 称为候选项,case 语句首先计算 case_expression 表达式,然后依次与候选项比较,直到有候选项与表达式的值匹配,然后执行其后的语句。如果没有候选项与之匹配,则执行 default 选项对应的语句。

注意:default 候选项是可选的。描述组合逻辑电路时,不要省略 default 候选项。

5.6.2　几个简单设计实例

本节依然考虑第 5.5.2 节介绍的优先编码器、译码器、数据选择器以及简单 ALU 的设计过程,演示 case 语句的使用。

1. 优先编码器

优先编码器的功能如表 5.1 所示,例 5.11 给出采用 case 语句实现的优先编码器。

【例 5.11】　优先编码器的 Verilog HDL 描述(case 语句)。

```
module prio_encoder_case (
    input wire [3:0] r,
    output reg [2:0] y
    );
    always @ (r)   //也可以采用 always @ *
        case(r)
```

4′b1000,4′b1001,4′b1010,4′b1011,4′b1100,4′b1101,4′b1110,4′b1111：

　　　　y = 3′b100；

4′b0100,4′b0101,4′b0110,4′b0111：

　　　　y = 3′b011；

4′b0010,4′b0011：

　　　　y = 3′b010；

　4′b0001：

　　　　y = 3′b001；

default：

　　　　y = 3′bxxx；

　　endcase

endmodule

注意：本例给出的优先编码器的实现方式具有一定代表性,读者应该仔细体会。

2. 带使能端的 2-4 译码器

带使能端的 2-4 译码器的功能如表 5.2 所示,例 5.12 给出了采用 case 语句实现的带使能端的 2-4 译码器的 Verilog HDL 描述,其综合结果如图 5.5 所示。

【例 5.12】　2-4 译码器 Verilog HDL 描述(case 语句)。

module decoder_2_4_case (

　　input wire [1:0] a,

　　input wire en,

　　output reg [3:0] y

　　)；

always @ (*)

　　case({en,a})

　　　　3′b000, 3′b001, 3′b010, 3′b011：y = 4′b0000；

　　　　3′b100：y = 4′b0001；

　　　　3′b101：y = 4′b0010；

　　　　3′b110：y = 4′b0100；

　　　　3′b111：y = 4′b1000；

　　　　default：y = 4′bxxxx；//note1

　　endcase

endmodule

注意候选项中包含表达式{en, a}(拼接操作符)的所有可能值。通常情况下,可以使用 default 语句实现该目的(如 note1 所示,本例中 default 可以省略,在实际应用中建议使用 note1 形式的 default 语句实现数

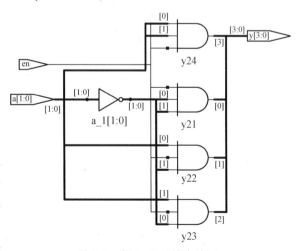

图 5.5　例 5.12 的综合结果

据选择器结构）。

3.8 位宽数据选择器

使用 case 语句也可以描述数据选择器和简单 ALU,例 5.13 和例 5.14 分别给出采用 case 语句实现的数据选择器和简单 ALU 的 Verilog HDL 描述。

【例 5.13】 8 位宽 4 选 1 数据选择器。

```
module mux4to1_8bit(
   input wire [1:0]s,
   input wire [7:0]a,b,c,d,
   output reg [7:0]y
    );
   always@ * begin    //等价于 always@ (s,a,b,c,d)
   case(s)
     2'b00：y=a;
     2'b01：y=b;
     2'b10：y=c;
     2'b11：y=d;
     default：y=8'bxxxxxxxx;
   endcase
   end
endmodule
```

4. 简单的 ALU 设计

【例 5.14】 简单的 ALU 的 Verilog HDL 描述(case 语句)。

```
module simple_alu(
   input wire[2:0] ctrl,
   input wire[7:0] scr0,scr1,
   output reg [7:0]result
    );
   always@ ( * ) begin    //等价于 always@ (ctrl,scro,scrl)
   case(ctrl)
     3'b000,3'b001,3'b010,3'b011：
         result=scr0+1;
     3'b100：
         result=scr0+scrl;
     3'b101：
         result=scr0−scrl;
     3'b110：
         result=scr0 & scrl;
```

```
        3′b111：
            result＝scr0 | scr1；
        default：
            result＝8′bxxxxxxxx；
    endcase
    end
endmodule
```

5.7　条件语句的综合

条件操作符（?:）、if 语句和 case 语句可以归为同一类，称为条件语句。C 语言中，这些语句都是顺序执行的，但是组合逻辑电路中却不存在顺序执行的概念。条件语句会被综合成某种路由网络（routing networks）。所有的条件表达式都会并行地被计算，根据表达式计算结果，路由网络允许某一输入被连接到输出。路由网络包括两种结构：优先路由网络和数据选择器。

嵌套 if-else-if 语句用于描述多选一电路结构，典型情况下，与 case 语句描述的电路结构相同。以下给出两种等价的语法结构，一个采用 case 语句，一个采用 if-else-if 语句。

（1）case 语句

```
case（case_expression）
    case_item1 : case_item_statement1；
    case_item2 : case_item_statement2；
    case_item3 : case_item_statement3；
    case_item4 : case_item_statement4；
    default : case_item_statement5；
endcase
```

（2）if-else-if 语句

```
if（case_expression ＝＝ case_item1）
    case_item_statement1；
else if（case_expression ＝＝ case_item2）
    case_item_statement2；
else if（case_expression ＝＝ case_item3）
    case_item_statement3；
else if（case_expression ＝＝ case_item4）
    case_item_statement4；
else
    case_item_statement5；
```

5.7.1　full case 和 parallel case

条件语句的综合与 full case 和 parallel case 两个概念密切相关。前面已经说明，if-else-if

语句与 case 语句是等价的,因此本小节以 case 语句为例进行介绍。

1. full case

如果 case 表达式(case_expression)的所有可能取值,都有 case 候选项 alterantive_1 ~ alternative_n 或者 default 与之匹配,这样的 case 语句称为 full case 语句。如果 case 语句不包含 default 选项,同时 case 表达式的某个(些)值不存在与之匹配的 case 候选项,则称这种 case 语句为非 full case 语句。

①full case 结构条件语句会被综合成组合逻辑电路;

②非 full case 结构的条件语句会被综合成时序逻辑电路(锁存器,latch)。

在 always 块中,实现 full case 描述方法如下:

①always 块中,使用缺省赋值;

②在 if-else-if 语句中,使用 else 分支;

③在 case 语句中,使用 default 子句。

对于 case 语句,例如:

```
casez(s)
    3′b111 : y = 1′b1 ;
    3′b1?? : y = 1′b0 ;
    default : y = 1′b1 ; // case 语句中,使用 default 候选项,保证 full case
endcase
```

如果条件控制结构是非 full case 情形,那么综合的结果将不是组合逻辑,而是会在电路中包含锁存器(latch)。

2. parallel case

如果候选项表达式的值是互斥的(mutually exclusive),也就是说,每次只能匹配 1 个 case 候选项,这样的 case 语句称为 parallel case 语句。例如,前面的 case 语句并不是一个 parallel 语句,因为候选项 3′b111 出现不止一次,例 5.12 和例 5.13 中的 case 语句都是 parallel case 语句。

5.7.2 条件语句的综合

1. full case 结构的 if-else-if 语句会被综合成优先结构的路由网络

图 5.6 给出了两种优先结构路由网络的实现方式。两种方式都在 alwyas 块的开始处对输出信号赋予缺省值,保证该条件语句是 full case 语句,使综合的结果是组合逻辑电路。在 if-else-if 结构中,条件表达式出现的顺序决定了路由网络的优先级。

考虑如下的代码片段:

```
if( m = n)
    r = a+b+c ;
else if( m > n)
    r = a-b ;
else
    r = c+1 ;
```

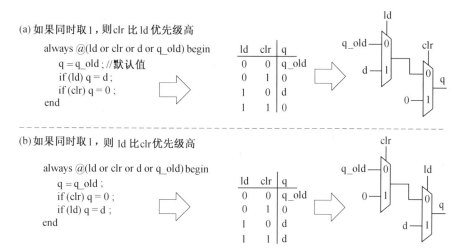

图 5.6　优先结构路由网络的实现

以上代码综合的结果如图 5.7 所示[1]，如果第 1 个布尔表达式（也就是，m＝n）为真，则a+b+c 的结果会赋予 r；否则，连接到端口 0 的数据会赋值给 r。第 2 个布尔表达式（也就是，m>n）的值决定是将 a−b 还是 c+1 赋予变量 r。

注意：所有的布尔表达式和算术表达式都是并行执行的，布尔表达式电路的输出决定着数据选择器电路选择信号，选择信号控制将期望的输入连接到输出 r。数据选择器级联的数目与 if−else 子句的数目相等。如果 if−else−if 结构嵌套的 if−else 子句过多，会导致非常长的级联结构，从而导致过长的传播延时（propagation delay）。

2. 非 parallel case 的 full case case 语句会被综合成优先结构的路由网络

```
case(expr)
    item1：statement1；
    item2：statement2；
    item3 ：statement3；
    default：statement4 ；
endcase
```

该结构等价于

```
if( expr＝itemll)
    statement1；
else if( expr＝item21)
    statement2；
else if( expr＝item31)
    statement3；
else
    statement4；
```

3. full case 且 parallel case 的 case 语句会被综合成数据选择器结构

parallel case 结构的 case 语句,由于每个候选项互不相交,因此在电路结构中将候选项的每个值与数据选择器的选择信号对应,将相应的计算结果连接到输出。case 表达式将被连接到选择信号。考虑如下 case 语句:

```
wire [1:0]sel;
case(sel)
    2'b00:r=a+b+c ;
    2'b10:r=a−b ;
    default:r=c+1 ; //保证 full case
endcase
```

对应的综合结果如图 5.8 所示。

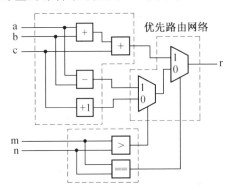

图 5.7　full case 结构的 if−else−if 语句的综合结果

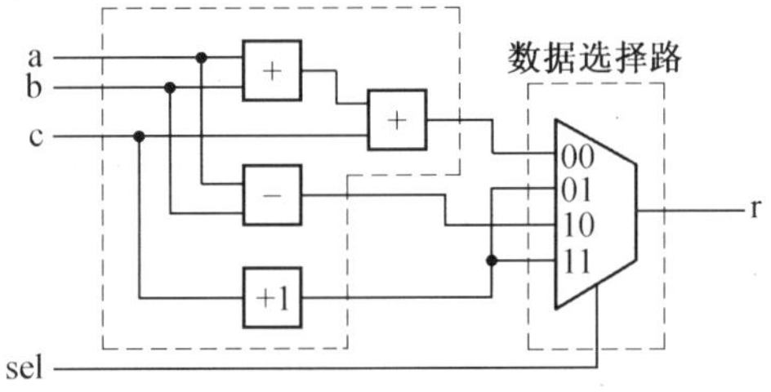

图 5.8　full case 情形下 case 语句综合结果

5.8　可重用设计

在实际的工程开发中,设计的可重性至关重要,良好的设计习惯可以提高代码的可读性、可维护性以及代码的复用程度,最终达到提高设计效率的目的。

5.8.1　常量

良好的设计习惯应该避免在 HDL 代码中使用"魔鬼数字",而应该尽量采用符号常量。采用符号常量可以提高代码的可读性和可维护性。Verilog HDL 使用关键字 localparam 声明符号常量,例如,可以将总线的宽度和范围声明为符号常量。

localparam　DATA_WIDTH=8, //注意:多个参数声明用逗号分隔
　　　　　　DATA_RANGE=2 * (DATA_WIDTH −1);

符号常量声明中的表达式,比如 2 * (DATA_WIDTH−1),会在预处理阶段进行计算,并不会被综合成实际的物理电路。符号常量一般使用大写字母表示,本书也遵循这一设计习惯。

本小节通过两个设计实例强调使用符号常量的重要意义。例 5.15 给出 4 位全加器的一种实现方式,其中首先对输入信号进行拼接操作{1'b0, a},然后执行加法操作,得到的和的最

高位即为向高位的进位,低四位即为所求的和。

【例5.15】　4位全加器的 Verilog HDL 描述。

```
module adder_carry_hard_lit(
    input wire [3:0] a, b,
    output wire [3:0] sum,
    output wire cout    //进位输出信号
    );
    wire [4:0] sum_ext;
    assign sum_ext = {1′b0, a} + {1′b0, b};
    assign sum = sum_ext[3:0];
    assign cout = sum_ext[4];
endmodule
```

例5.15给出的4位全加器的 Verilog HDL 代码包含了"魔鬼数字",比如表示总线位宽的3和4等。如果希望修改该代码使其表示8位的全加器,那么必须修改所有的这些"魔鬼数字",不但工作量大,而且容易出错。

为提高代码的可读性可以使用符号常量表示加法的位数,改进的代码如例5.16所示。

【例5.16】　参数化全加器的 Verilog HDL 描述。

```
module adder_carry_local_par
    (
    input wire [3:0] a, b,
    output wire [3:0] sum,
    output wire cout    // 进位输出
    );
    // 符号常量声明
    localparam N = 4,   //定义总线位宽为 N
              N1 = N−1;
    wire [N:0] sum_ext;    //内部信号声明
    //程序主体
    assign sum_ext = {1′b0, a} + {1′b0, b};
    assign sum = sum_ext[N1:0];
    assign cout = sum_ext[N];
endmodule
```

5.8.2　参数

层次化设计是数字系统设计中最常用的方法,其设计思想的核心是将大型复杂的设计划分成简单的容易设计的子模块,然后通过子模块实例组成复杂的数字系统,设计过程经常涉及在高层次模块中实例化底层模块的问题。Verilog HDL 提供了一种称为 parameter 的机制,可以在模块实例时传递信息给模块,这种机制可以提高模块的通用性和可重用性。通过 parameter

机制,模块内部参数值可以被修改,大大简化设计过程。通过使用 parameter 机制,设计者可以设计出通用性更高的模块,提高设计的可重用性。

Verilog—2001 参数声明语法如下:

```
module module_name
  #(
  parameter parameter_name1 = parameter_value1 ,   //参数声明使用关键字 parameter
    …                                              //多个参数声明使用逗号(,)分隔
  parameter_namen = parameter_valuen               //注意:此处无需分号
)   //无分隔符
(
    //端口声明
);
```

例5.15 和例5.16 给出的加法器电路没有使用参数,例5.17 给出位宽使用参数定义的全加器电路。当需要使用位宽不同的全加器电路时,有两种选择:改变模块描述中代码位宽的参数 N 的默认值和模块实例时指定位宽参数 N 的值。

【例5.17】 参数化的全加器电路。

```
module adder_carry_para
  #( parameter N = 4 )
  (
    input wire [N−1:0] a, b,
    output wire [N−1:0] sum,
    output wire cout   // 进位输出
  );
  // 符号常量声明
  localparam N1 = N−1;
  // 内部信号的声明
  wire [N:0] sum_ext;
  //程序主体
  assign sum_ext = {1′b0, a} + {1′b0, b};
  assign sum = sum_ext[N1:0];
  assign cout = sum_ext[N];

endmodule
```

参数声明部分将 N 声明为默认值为4的参数。在完成参数 N 的声明后,在其后的端口声明和模块主体部分就可以使用该参数,这与常量的作用是一样的。

如果设计中需要使用位宽不同的加法器电路,那么在模块实例时可以为参数 N 赋予某个特定值,以覆盖掉定义时的默认值,参数赋值与端口连接方式类似。Verilog HDL 支持命名参数赋值和顺序参数赋值。如果在模块实例时没有为参数赋值,参数使用定义时的默认值。

加法器的实现方式很多,包括超前进位加法器、carry select 加法器等,其中行波进位加法

器是占用逻辑资源最少的一种实现方式。随着位宽 N 值的增加,行波进位计数器引入的延迟也是最大的。不同结构的加法器电路的性能也会有所不同,而且电路的性能与 N 值有关。为了实现最佳的设计性能,N 值的选择和具体实现工艺是有关的。例如,对于在其内部提供超前进位加法器的 FPGA 厂家,当 $N<12$ 时,行波加法器与超前进位加法器具有相同的延迟,而对于其他的 FPGA 厂家,N 值可能为 $N<8$。因此,对于小规模的加法器设计,最好的设计方式是直接采用行为级描述,即直接采用加法操作符"+",这样综合软件会根据器件工艺选择最佳的实现结构。对于较大规模的加法器,FPGA 厂家一般提供参数化的元件库,设计者直接实例就可以。

【例 5.18】 带参数模块的实例。

```
module adder_insta(
    input wire [3:0] a4, b4,
    output wire [3:0] sum4,
    output wire c4,
    input wire [7:0] a8, b8,
    output wire [7:0] sum8,
    output wire c8
    );
    //实例一个 8 位宽的加法器
    adder_carry_para #(.N(8)) unit1 //带参数的模块实例语句
        (.a(a8), .b(b8), .sum(sum8), .cout(c8));
    //实例一个 4 位宽的加法器
    adder_carry_para unit2
        (.a(a4), .b(b4), .sum(sum4), .cout(c4));
endmodule
```

例 5.18 中实例化两个加法器:8 位宽和 4 位宽。如果不使用参数,需要设计两个加法器模块。例 5.17 的加法器模块的数据位宽用参数 N 表示,实例时可以根据需要指定参数值。因此,例 5.18 中,实例第 1 个 8 位宽的加法器时,需要指定参数 N 的值等于 8,具体的方法是在模块名之后,实例名之前加入#,在#之后的括号内指定参数值。第 2 个加法器是 4 位宽的,与例 5.17 中参数的默认值相等,因此在实例时不需要指定参数 N 的值。

5.9 组合逻辑电路设计实例

第 5.5 节介绍 if 语句、第 5.6 节介绍 case 语句以及第 5.8 节介绍条件语句的综合时,介绍了一些简单设计实例,通过这些简单设计实例演示了 Verilog HDL 的基本语法。本节介绍一些相对复杂的设计实例,演示使用 Verilog HDL 设计复杂的组合逻辑电路的方法。

5.9.1　7 段显示译码器

在数字测量仪表和各种数字系统中,都需要将数字量直观地显示出来,数字显示电路通常由译码驱动器和显示器两部分组成。数码显示器就是用来显示数字、文字或者符号的器件。

7 段式数字显示器(俗称数码管)示意图如图 5.9 所示。数码管由 7 个长条型 LED(称为笔段)和 1 个圆形的 LED 组成。数码管有两种连接方式:共阴极和共阳极,如图 5.10 所示。共阴极电路就是将 7 个发光二极管的阴极一起接到电源地,控制信号连接发光二极管的阳极,当控制信号为高电平时,相应的发光二极管被点亮,如图 5.10 所示。共阳极接法则相反。

为了在数码管上显示十进制数,必须对十进制数进行译码,以得到相应的编码,采用该编码驱动数码管显示数字。例如,希望在数码管上显示数字 5(对应的输入为 0101),7 段显示译码器必须将该输入译码成数码管的显示编码 0100100(假设共阴极接法),即笔段 b 和 e 接高电平,其余接低电平。出于完整性考虑,假设有 1 个 1 位的输入信号 dp 直接连接到 7 段数码管的圆形 LED。LED 的控制信号 dp,a,b,c,d,e,f 和 g,组成一个 8 位宽的总线信号 sseg。例 5.19 给出了 7 段显式译码器的 Verilog HDL 代码。

(a)7段显示译码器的示意图　　　　　　　(b) 数字的显示模式

图 5.9　7 段数字显示器(数码管)示意图

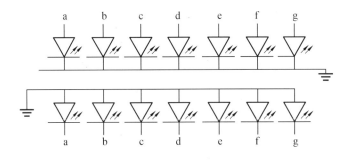

图 5.10　7 段式数字显式器等效电路

【例 5.19】　7 段显示译码器的 Verilog HDL 实现。

```verilog
module hex_to_sseg (
    input wire [3:0] hex, //输入
    input wire dp,
    output reg [7:0] sseg  //输出显示编码
);
    always@ (dp)
```

$sseg[7] = dp;$

always @ (hex) begin

  case(hex)

    4'h0：$sseg[6:0] = 7'b0000001;$

    4'h1：$sseg[6:0] = 7'b1001111;$

    4'h2：$sseg[6:0] = 7'b0010010;$

    4'h3：$sseg[6:0] = 7'b0000110;$

    4'h4：$sseg[6:0] = 7'b1001100;$

    4'h5：$sseg[6:0] = 7'b0100100;$

    4'h6：$sseg[6:0] = 7'b0100000;$

    4'h7：$sseg[6:0] = 7'b0001111;$

    4'h8：$sseg[6:0] = 7'b0000000;$

    4'h9：$sseg[6:0] = 7'b0000100;$

    4'ha：$sseg[6:0] = 7'b0001000;$

    4'hb：$sseg[6:0] = 7'b1100000;$

    4'hc：$sseg[6:0] = 7'b0110001;$

    4'hd：$sseg[6:0] = 7'b1000010;$

    4'he：$sseg[6:0] = 7'b0110000;$

    default：$sseg[6:0] = 7'b0111000;$　//4'hf

  endcase

 end

endmodule

例 5.19 使用 case 语句给出了 7 段显示译码器的 Verilog HDL 描述,该描述可以作为一般译码器电路描述的模板,对其他类型的译码器只需修改输入和输出的对应关系。

注意:为了使综合的结果中不包含锁存器,建议使用 default 子句,或者在 always 块开始时,对 $sseg[6:0]$ 赋予默认值。

5.9.2　二进制 BCD 码转换电路

BCD 码用 4 位二进制数表示 1 位十进制数中的 0 ~ 9。BCD 码有多种方案可以选择,其中最为常用的是 8421 码。本例要求设计一个数码转换电路,功能是将四位二进制数 $V = v_3 v_2 v_1 v_0$ 转换为其相应的十进制数 $D = d1d0$,并将结果显示在 2 个数码管上,输入输出关系如表 5.4 所示。电路实现的框图如图 5.11 所示。

表 5.4　BCD 码转换电路功能表

输入 ($V = v_3 v_2 v_1 v_0$)	输出	
	d1	d0
0000	0	0
0001	0	1
0010	0	2
0011	0	3
0100	0	4
1001	0	9
1010	1	0
1111	1	5

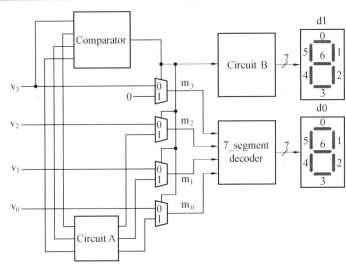

图 5.11　BCD 转换电路框图

该设计包含一个比较器(comparator)、Circuit A、Circuit B 和 1 个 7 段显示译码器。比较器 Comparator 比较输入 V 是否大于 9,如果大于 9 则输出高电平,否则输出低电平。比较器的输出通过 Circuit B 控制数码管 d1 显示 1 或者 0,同时控制 4 个 1 位宽的 2 选 1 数据选择器,如果 V 小于 9 使 V 直接连接到 7 段显示译码电路,否则输入 V 经过转换电路 Circuit A,再连接到 7 段显示译码器。例 5.20 给出该电路的 Verilog HDL 描述。整个描述包括比较器、数据选择器、Circuit A、Circuit B 和 7 段显示译码器。电路包含一个 4 位宽的输入 V,4 位宽的输出 M = $m_3 m_2 m_1 m_0$ 和一个 1 位输出 z。

【例 5.20】　BCD 码转换电路。

```
//比较器模块
module comparator (
    input wire [3:0] datain,
    output wire z
    );
```

```verilog
    assign z = ( datain>4′b1001 )?( 1′b1 ):( 1′b0 );
    //assign z = ( datain[3]&datain[2] )|( ( datain[3] )&datain[1] );
endmodule
//电路 A
module circuitA (
    input wire[2:0]ain,
    output wire [2:0]aout
    );
    //assign aout[2] = ( ain[2] )&( ain[1] );
    //assign aout[1] = ( ain[2] )&( ~ain[1] );
    //assign aout[0] = ( ( ain[2] )&( ain[0] ) )|( ( ain[1] )&( ain[0] ) );
    assign aout = ain+3′b110;
endmodule
//电路 B
module circuitB (
    input wire bin,
    output wire [6:0]bout
    );
    assign bout = ( bin == 1′b1 )?( 7′b1111001 ):( 7′b1111111 );
endmodule
//4 位宽的 2 选 1 数据选择器模块
module mux2to1_4 (
    input wire sel,
    input wire[3:0] a,b,
    output wire[3:0] y
    );
    assign y = ( sel == 1′b0 )?( a ):( b );
endmodule
```

顶层模块 part2 中实例化以上各个子模块,其中 7 段显式译码器由例 5.19 给出。

```verilog
module part2 (
    input wire[3:0]SW,
    output wire [6:0]HEX0,HEX1
    );
    wire z,tmp;
    wire [2:0]aout;
    wire [3:0]tmp1;
    comparator u1( .datain(SW),..z(z) );
    circuitA u2( .ain(SW[2:0]),..aout(aout) );
```

```
mux2to1_4 u3(.sel(z),.a(SW),.b({1'b0,aout}),.y(tmp1));
circuitB u4(.bin(z),.bout(HEX1));
hex_to_sseg u5(.hex(tmp1),.sseg({HEX0,tmp}));
endmodule
```

本例相对比较复杂,涉及了多个模块。虽然每个模块都不复杂,但是本例较好的演示了大型复杂数字系统的设计过程,即将复杂设计逐层划分为简单的底层模块,最后再将这些子模块连接在一起形成完整数字系统。

5.9.3 有符号加法器

有符号数的最高有效位(MSB)表示符号,其余位用于表示大小(幅值)。例如,4 位有符号数"0011"和"1011"分别表示 3 和−3。

有符号数加法的计算规则(算法)如下(不包含溢出处理):

① 如果两个操作数符号相同,则结果将幅值相加,符号保留;

② 如果两个操作数具有不同的符号,则幅值较大数减去幅值较小的数,保留幅值较大的数符号。

按照上述算法,例 5.21 给出一种简单的有符号数加法器的 Verilog HDL 描述,其综合结果如图 5.12 所示。这种实现方式将电路分为两级,第 1 级电路首先根据两个输入的幅值大小对其排序,并将幅值较大者幅值给变量 max 和幅值较小者幅值给变量 min;第 2 级电路检查输入变量的符号,并根据输入的符号确定执行加法操作还是减法操作。

注意:因为第 1 级电路已经对输入信号进行了排序,max 总是比 min 大,所以输出的符号总是与 max 的符号相同。

【例 5.21】 有符号数加法器的 Verilog HDL 描述。

```
module sign_mag_add
  #(
    parameter N=4
  )
  (
    input wire [N-1:0] a, b,
    output reg [N-1:0] sum
  );
  //信号声明
  reg [N-2:0] mag_a, mag_b, mag_sum, max, min;
  reg sign_a, sign_b, sign_sum;
  //程序主体
  always @(*)    begin
    // separate magnitude and sign
    mag_a=a[N-2:0];
    mag_b=b[N-2:0];
```

sign_a＝a[N−1]；

sign_b＝b[N−1]；

// sort according to magnitude

if（mag_a > mag_b）　begin

max＝mag_a；

min＝mag_b；

sign_sum＝sign_a；

end

else begin

max＝mag_b；

min＝mag_a；

sign_sum＝sign_b；

end

// 幅值相加或者相减

if（sign_a＝sign_b）

mag_sum＝max+min；

else

mag_sum＝max−min；

// form output

sum＝{sign_sum，mag_sum}；

end

endmodule

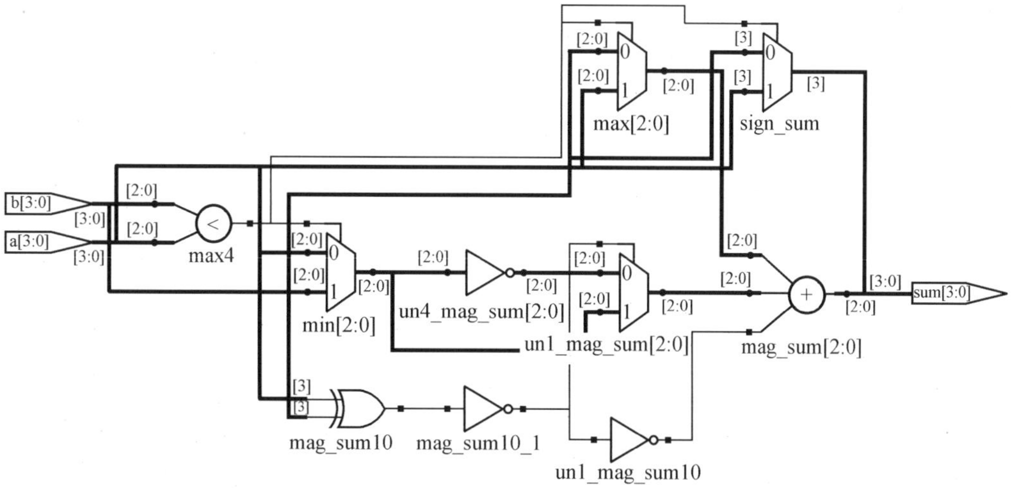

图 5.12　例 5.21 有符号加法器电路的综合结果

5.9.4　移位器

将 1 个 8 位二进制数左移或者右移 1 位的操作原理如图 5.13 所示,其中输入信号 si 用于填充由于移位而留下的空白,对于右移操作留下的空白为最高有效位,对于左移操作留下的空白位为最低有效位。对于只移动 1 位的情况,移位操作可以通过 Verilog HDL 的拼接操作实现。对于右移操作,只需将操作数 a 的高 7 位直接拷贝到输出 y 的低 7 位,最高位用 si 填充即可。对于左移操作,需要将 a 的低 7 位拷贝到 y 的高 7 位,最低位使用 si 填充。Verilog HDL 本身支持移位操作,但是由于移位操作本身比较复杂,所以有些综合软件并不支持移位操作的综合。

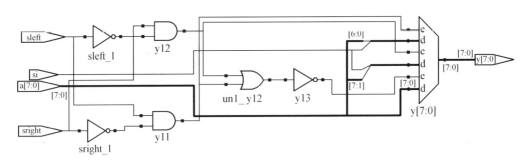

图 5.13　移位操作实现原理

【例 5.22】　简单移位器的 Verilog HDL 描述。

```
module lrshift_8bit (
    input wire si, sleft, sright,
    input wire [7:0]a,
    output reg [7:0]y
    );
    always@ *
    case({sright, sleft})
        2'b01 : y = {a[6:0], si};
        2'b10 : y = {si, a[7:1]};
        default: y = a;
    endcase
endmodule
```

例 5.22 的综合结果如图 5.14 所示。

图 5.14　例 5.22 的综合结果

例 5.22 设计的移位器可以实现左移 1 位、右移 1 位或者保持原值不变,采用数据选择器即可实现。Verilog HDL 提供移位操作符可以实现任意位数的左移和右移,例 5.23 演示了使用移位操作符实现的移位器,该设计可以实现任意位数的移位,并且直接使用 0 填充移位留下的空白位。

【例 5.23】 使用移位操作符实现的移位器。

```verilog
module bshift_32bit (
    input wire [4:0] s,
    input wire [31:0] a,
    output wire [31:0] y
    );
    assign y = a≪s;
endmodule
```

在实际应用中,经常遇到圆筒移位器(barrel shifter),圆筒移位器实现循环移位功能。例 5.24 给出了一个 8 位圆筒移位器的 Verilog HDL 描述。该电路具有 1 个 8 位宽的数据输入 a 和 1 个 3 位宽的控制信号 amt,用于指定循环移位的位数。例 5.24 使用 case 语句实现,case 候选项给出了所有的 amt 输入组合和相应的移位结果,例 5.24 的综合结果如图 5.15 所示。

【例 5.24】 简单圆筒移位器的 Verilog HDL 描述。

```verilog
module barrel_shifter_case (
    input wire [7:0] a,
    input wire [2:0] amt,
    output reg [7:0] y
    );
    // 程序主体
    always @ (amt, a)
        case(amt)
            3'd0: y = a;
            3'd1: y = {a[0], a[7:1]};
            3'd2: y = {a[1:0], a[7:2]};
            3'd3: y = {a[2:0], a[7:3]};
            3'd4: y = {a[3:0], a[7:4]};
            3'd5: y = {a[4:0], a[7:5]};
            3'd6: y = {a[5:0], a[7:6]};
            default: y = {a[6:0], a[7]};
        endcase
endmodule
```

例 5.24 给出的圆筒移位器描述非常直接,但是随着移动位数的增加,电路会变得非常复杂;而且如果 case 语句的候选项过多,综合结果包含多个数据选择器的级连,同时导致综合过程异常困难,使电路的延迟过大,致使系统的工作频率降低。例 5.25 给出一种分级结构的圆筒移位器,这种实现方式将电路分为若干级,在第 n 级,电路输出保持不移位或者右移 2^n 位。电路的第 n 级由控制信号 amt 的第 n 位控制。设 3 位的控制信号 $amp = m_2 m_1 m_0$,第 3 级电路移动的位数为 $m_2 2^2 + m_1 2^1 + m_0 2^0$ 位。例 5.25 的综合结果如图 5.16 所示。

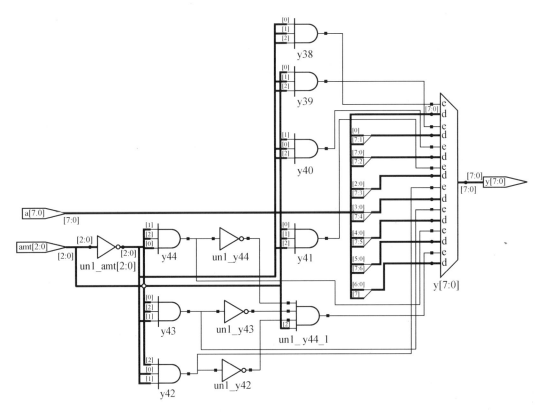

图 5.15 例 5.24 的综合结果

【例 5.25】 分级圆筒移位器的 Verilog HDL 描述。

```
module barrel_shifter_stage (
    input wire [7:0]a,
    input wire [2:0]amt,
    output wire [7:0]y
    );
    wire [7:0]s0,s1;
    assign s0 = amt[0]? {a[0],a[7:1]}:a;
    assign s1 = amt[1]? {s0[1:0],s0[7:2]}:s0;
    assign y = amt[2]? {s1[3:0],s1[7:4]}:s1;
endmodule
```

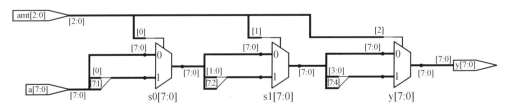

图 5.16 例 5.25 的综合结果

5.9.5　三态逻辑

三态缓冲器可以理解为一个缓冲器附加一个开关,如果使能信号 en 有效,则输出与该缓冲器相连;如果使能信号 en 无效,则输出与缓冲器断开,这种状态称为悬空(floating)或者高阻态(high-impedance),如图 5.17(a)所示,高阻态一般用"z"表示。图 5.17(b)、(c)给出了三态缓冲器的两个典型应用方式。图 5.17(b)中,模块 1 和模块 2 之间以半双工方式连接,半双工通信方式中数据可以从模块 1 传输到模块 2,也可以从模块 2 到模块 1,但在同一时刻只能按一个方向传输。图 5.17(c)中,不同设备通过三态缓冲器连接于同一总线。

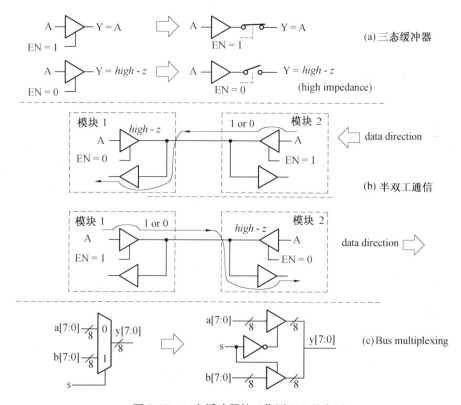

图 5.17　三态缓冲器的工作原理以及应用

图 5.18 给出了三态缓冲器的另一种典型应用方式。核心逻辑(core logic)通过三态缓冲器连接到系统总线。使用条件赋值语句并在其中的一个分支采用 z(高阻)对其赋值,综合软件自动判断需要使用三态缓冲器。

【例 5.26】　核心逻辑通过三态缓冲器连接到总线。

```verilog
module tri_state_bus (
    input wire bus_en,
    output wire [31:0] data_to_bus
    );
    reg [31:0] ckt_to_bus;
    assign data_to_bus = (bus_en) ? ckt_to_bus : 32'bz;
endmodule
```

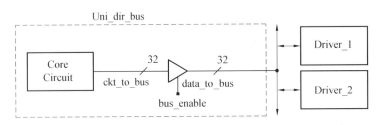

图 5.18　核心逻辑通过三态缓冲器连接于系统总线

许多电路具有双向 I/O 口,双向 I/O 是指模块的 I/O 既可以作为输入使用,又可以作为输出使用,如图 5.19 所示。Verilog HDL 通过关键字 inout 支持双向 I/O 口,但是对于双向 I/O 的设计必须小心,否则会造成电路不能正确工作。

【例 5.27】　双向总线端口。

```
module bi_dir_bus (
    inout wire [1:0]data_to_from_bus,
    input wire en,
    input wire [1:0]ckt_to_bus,
    );
    wire [1:0]data_from_bus;
    assign data_from_bus = ( ~en) ? (data_to_from_bus) :2'bzz;
    assign data_to_from_bus = (en) ? ckt_to_bus :2'bzz;
endmodule
```

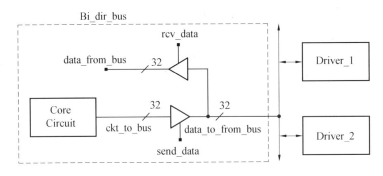

图 5.19　典型的双向数据接口

5.9.6　简化的浮点数加法器

浮点数是一种常用的数值表示方式,在相同位宽情况下,浮点数表示的数值范围要远大于有符号整数。浮点数的操作过于复杂以至于不能直接综合。

本小节以简化的 13 位浮点数(忽略截断误差(round-off error 的影响))为例,设计一个简化的浮点数加法器。13 位浮点数表示方式中包含 1 位符号位 s,用于表示符号(1 表示负数,0 表示正数);4 位指数位 e,表示指数;8 位宽的有效数 f,表示一个二进制小数,范围为 $1 \sim 2$ 或者 $0 \sim 1$。浮点数表示的数值等于 $(-1)^s * . f * 2^e$。$f * 2e$ 表示该数的幅值,$(-1)^s$ 表示该数的符号。符号位和表示幅值的其余位是独立的。本例还规定:

① 指数 e 和有效数 f 都是无符号数。

② 浮点数的表示必须进行归 1 化或者归 0 化处理。归一化表示即有效位的最高位必须是 1,如果计算结果的幅值比最小非零值 $0.10000000 * 2^{0000}$ 还小,则计算结果必须被转换成 0。

在以上限制条件下,最大和最小的非零幅值分别为 $0.11111111 * 2^{1111}$ 和 $0.10000000 * 2^{0000}$,表示数的范围约为 2^{16}。

下面通过实例解释浮点数加法的计算过程,如图 5.20 所示。这里假设指数和有效位分别为 2 位和 1 位宽,计算过程主要分为 4 步:

①排序(Sorting):将幅值较大的数称为 big number;将幅值较小的数称为 small number。

②对齐(Alignment):将两个数进行对齐,使其具有相同的指数。该操作可以通过调整 small number 使其指数与 big number 一致,相应的 small number 有效数必须根据指数的差异进行右移操作。

③加/减操作(Addition/substraction):将对齐好的两个数进行加法或者减法操作。

④归一化(Normalization):将计算结果调整为归一化标准格式,该过程可能需要执行以下操作:

a. 如果执行的是减法操作,计算结果可能包含前导 0,如例 2 所示;

b. 如果执行的是减法操作,计算结果可能太小,必须将其转换为 0,如例 3 所示;

c. 如果执行的是加法操作,计算结果可能会产生进位,如例 4 所示。

		sort	align	add/sub	normalize
例 1	+0.54E3	−0.87E4	−0.87E4	−0.87E4	−0.87E4
	−0.87E4	+0.54E3	+0.05E4	+0.05E4	+0.05E4
				−0.82E4	−0.82E4
例 2	+0.54E3	−0.55E3	−0.55E3	−0.55E3	−0.55E3
	−0.55E3	+0.54E3	+0.54E3	+0.54E3	+0.54E3
				−0.01E3	−0.10E2
例 3	+0.54E0	−0.55E0	−0.55E0	−0.55E0	−0.55E0
	−0.55E0	+0.54E0	+0.54E0	+0.54E0	+0.54E0
				−0.01E0	−0.00E0
例 4	+0.56E3	+0.56E3	+0.56E3	+0.56E3	+0.56E3
	+0.52E3	+0.52E3	+0.52E3	+0.52E3	+0.52E3
				+1.07E3	+0.10E4

图 5.20　浮点数加法计算过程

按照以上的算法,例 5.28 给出了浮点加法器的 Verilog HDL 实现。为了简化实现过程,设计中忽略了截断误差。在对齐和归一化操作中,如果执行移位操作,有效数的最低位会被直接舍去。设计被分为 4 个阶段,每一阶段与前面介绍的算法相对应。代码中变量名的后缀′b′,′s′,′a′,′r′,′n′分别表示 big number,small number,aligned number 和加法减/操作的结果以及归一化数。

【例 5.28】　简化的浮点数加法器的 Verilog HDL 描述。

```
module fp_adder (
    input wire sign1, sign2,
    input wire [3:0] exp1, exp2,
    input wire [7:0] frac1, frac2,
    output reg sign_out,
    output reg [3:0] exp_out,
    output reg [7:0] frac_out
    );
    reg signb, signs;
    reg [3:0] expb, exps, expn, exp_diff;
    reg [7:0] fracb, fracs, fraca,fracn, sum_norm;
    reg [8:0] sum;
    reg [2:0] lead0;
    // body
    always @ ( * ) begin
        // 第 1 级:排序
        if ( {exp1, frac1} > {exp2, frac2} ) begin
                signb = sign1; signs = sign2;
                expb = exp1; exps = exp2;
                fracb = frac1; fracs = frac2;
            end
        else begin
                signb = sign2; signs = sign1;
                expb = exp2; exps = exp1;
                fracb = frac2; fracs = frac1;
            end
        // 第 2 级:对齐
        exp_diff = expb - exps;
        fraca = fracs >> exp_diff;
        // 第 3 级:加/减操作
        if ( signb == signs )
            sum = {1'b0, fracb} + {1'b0, fraca};
        else
            sum = {1'b0, fracb} - {1'b0, fraca};
        // 第 4 级:归一化
        if ( sum[7] )
            lead0 = 3'o0;
        else if ( sum[6] )
```

```
        lead0 = 3′o1;
    else if (sum[5])
        lead0 = 3′o2;
    else if (sum[4])
        lead0 = 3′o3;
    else if (sum[3])
        lead0 = 3′o4;
    else if (sum[2])
        lead0 = 3′o5;
    else if (sum[1])
        lead0 = 3′o6;
    else
        lead0 = 3′o7;
    // shift significand according to leading 0
    sum_norm = sum ≪ lead0;
    // normalize with special conditions
    if (sum[8]) begin // with carry out; shift frac to right
            expn = expb+1;
            fracn = sum[8:1];
        end
    else if (lead0 > expb) begin// too small to normalize
            expn = 0;            // set to 0
            fracn = 0;
        end
    else begin
            expn = expb−lead0;
            fracn = sum_norm;
        end
    // form output
    sign_out = signb;
    exp_out = expn;
    frac_out = fracn;
    end
    endmodule
```

第 1 级电路首先比较两个操作数的幅值,并将 big numer 赋值给 signb、expb 和 fracb,将 small number 赋值给 signs、exps 和 fracs。代码对{exp1, frac1}和{exp2, frac2}进行比较,该式表示首先对指数 exp1 和 exp2 进行比较,如果二者相同再对有效数进行比较。

第 2 级电路执行对齐操作。对齐操作首先计算两个加数的指数的差 expb−exps,然后将

fracs 右移 expb−exps 位。对齐的有效数用 fraca 表示。之后按照第 5.9.3 节介绍的有符号数加法器对对齐的有效数进行加/减操作。

电路的第 4 级执行归 1 化操作,对计算结果进行调整使最终的输出遵从归一化的格式。归一化过程分为 3 步,第 1 步计算前导 0 的个数 m,该过程类似于一个有限编码器;第 2 步将有效数左移 m 位;最后 1 步检查计算结果是否有进位以及是否为零,并产生最终的计算结果。

5.9.7 基于加法器的组合逻辑乘法器

乘法器电路相对比较复杂。如果在 Verilog HDL 代码中直接使用乘法操作符,其综合结果与使用的综合软件和目标器件工艺有关,有些情况下甚至是不可综合的。本小节讨论简单的基于加法器的组合逻辑乘法器的设计。

两个 4 位数的乘法操作过程如图 5.21 所示,该算法包括以下 3 个任务:

①用被乘数(multiplicand)乘以乘数的每 1 位,得到 $b_3 * A, b_2 * A, b_1 * A$ 和 $b_0 * A$。因为 b_i 是二进制数,只能取值 0 或者,因此 $b_i * A$ 只能取值 0 或者 A。$b_i * A$ 等价于 b_i 和 A 之间的按位与操作,即 $b_i * A = (a_3 \cdot b_i, a_2 \cdot b_i, a_1 \cdot b_i, a_0 \cdot b_i)$;

②将 $b_i * A$ 左移 i 位;

③将左移的结果相加以获得最终的乘积。

例 5.29 给出按照以上算法实现的乘法器的 Verilog HDL 代码。首先为乘数的每 1 位 b_i 构造 8 位向量 $b_i b_i b_i b_i b_i b_i b_i b_i$,用于完成 $b_i * A$ 的计算。注意在移位产生的空位填"0"以形成 1 个 16 位的信号。利用 7 个加法器对移位后的 $b_i * A$ 求和即可获得最后的结果。这里采用的树形结构的加法器提高系统性能。

【例 5.29】 基于加法操作的组合逻辑乘法器(方式 1)。

```
module mult8
  #( parameter WIDTH = 8 )
  (
  input wire[ WIDTH−1:0 ]a, b,
  output reg [ 2 * WIDTH−1:0 ]y
  );
  reg [ WIDTH−1:0 ]bv0, bv1, bv2, bv3, bv4, bv5, bv6, bv7;
  reg [ 2 * WIDTH−1:0 ]p0, p1, p2, p3, p4, p5, p6, p7, prod;
  always@ * begin
    bv0 = {8{b[0]}};
    bv1 = {8{b[1]}};
    bv2 = {8{b[2]}};
    bv3 = {8{b[3]}};
    bv4 = {8{b[4]}};
    bv5 = {8{b[5]}};
    bv6 = {8{b[6]}};
    bv7 = {8{b[7]}};
```

```
        p0 = {8′b00000000, bv0 & a};
        p1 = {7′b0000000, bv1 & a,1′b0};
        p2 = {6′b000000, bv2 & a,2′b00};
        p3 = {5′b00000, bv3 & a,3′b000};
        p4 = {4′b0000, bv4 & a,4′b0000};
        p5 = {3′b000, bv5 & a,5′b00000};
        p6 = {2′b00, bv6 & a,6′b000000};
        p7 = {1′b0, bv7 & a,7′b0000000};
        prod = ((p0+p1)+(p2+p3))+((p4+p5)+(p6+p7));
        y = prod;
    end
endmodule
```

乘法器是数字系统的重要元件。对于一个 n 位乘法操作而言,其结果有 $2n$ 位。而且 $b_i * A$ 必须被扩展为 $2n$ 位,因此整个设计需要 $n-1$ 个 $2n$ 位加法器。通过对例 5.29 代码进行扩展很容易实现位宽更宽的乘法器。

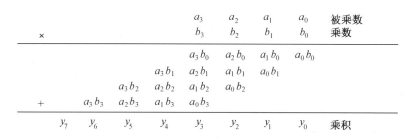

图 5.21　二进制乘法的计算算法

如果依次执行 $b_i * A$ 并移位,可以缩减电路规模。这样会避免使用 $2n$ 位的加法器,而只需要采用 $n+1$ 位宽的加法器,具体算法如图 5.22 所示。

首先,计算 $b_0 * A$ 形成部分和 $pp0$。为了后续操作,必须在 $b_0 * A$ 左侧填"1"。

注意:最终乘积的 LSB 与 $pp0$ 的 LSB 是相等的,这就是说其实 $pp0[0]$ 对于后续的操作没有任何影响。因此,只需要将部分和 $pp0$ 的高位与 $b_1 * A$ 相加即可得到下一个部分和 $pp1$。注意 $prod[1]$ 与部分和 $pp1[0]$ 是相等的,$pp1[0]$ 对于后续操作没有任何影响。重复以上过程可以依次获得其他的部分和。这种描述方式仍然需要 $n-1$ 个加法器,但是加法器的宽度已经从 $2n$ 位减少为 $n+1$ 位。

【例 5.30】　基于加法操作的组合逻辑乘法器(方式 2)。

```
module mult8
    #(parameter WIDTH = 8)
    (
        input wire[WIDTH-1:0]a,b,
        output reg [2 * WIDTH-1:0]y
    );
```

					a_3	a_2	a_1	a_0	被乘数
$\times$					b_3	b_2	b_1	b_0	乘数
					a_3b_0	a_2b_0	a_1b_0	a_0b_0	
				$pp0_4$	$pp0_3$	$pp0_2$	$pp0_1$	$pp0_0$	部分积 $pp0$
$+$				a_3b_1	a_2b_1	a_1b_1	a_0b_1		
			$pp1_4$	$pp1_3$	$pp1_2$	$pp1_1$	$pp1_0$		部分积 $pp1$
$+$			a_3b_2	a_2b_2	a_1b_2	a_0b_2			
		$pp2_4$	$pp2_3$	$pp2_2$	$pp2_1$	$pp2_0$			部分积 $pp2$
$+$		a_3b_3	a_2b_3	a_1b_3	a_0b_3				
	$pp3_4$	$pp3_3$	$pp3_2$	$pp3_1$	$pp3_0$				部分积 $pp3$
	$pp3_4$	$pp3_3$	$pp3_2$	$pp3_1$	$pp3_0$	$pp2_0$	$pp1_0$	$pp0_0$	product $prod$

图 5.22 组合逻辑乘法器算法

```verilog
reg [WIDTH-1:0] bv0, bv1, bv2, bv3, bv4, bv5, bv6, bv7;
reg [WIDTH:0] pp0, pp1, pp2, pp3, pp4, pp5, pp6, pp7;
reg [2*WIDTH-1:0] prod;
always@* begin
  bv0 = {8{b[0]}};
  bv1 = {8{b[1]}};
  bv2 = {8{b[2]}};
  bv3 = {8{b[3]}};
  bv4 = {8{b[4]}};
  bv5 = {8{b[5]}};
  bv6 = {8{b[6]}};
  bv7 = {8{b[7]}};
  pp0 = {1'b0, bv0 & a};
  pp1 = {1'b0, pp0[WIDTH:1]} + {1'b0,(bv1 & a)};
  pp2 = {1'b0, pp1[WIDTH:1]} + {1'b0,(bv2 & a)};
  pp3 = {1'b0, pp2[WIDTH:1]} + {1'b0,(bv3 & a)};
  pp4 = {1'b0, pp3[WIDTH:1]} + {1'b0,(bv4 & a)};
  pp5 = {1'b0, pp4[WIDTH:1]} + {1'b0,(bv5 & a)};
  pp6 = {1'b0, pp5[WIDTH:1]} + {1'b0,(bv6 & a)};
  pp7 = {1'b0, pp6[WIDTH:1]} + {1'b0,(bv7 & a)};
  prod = {pp7, pp6[0], pp5[0], pp4[0], pp3[0], pp3[0], pp2[0], pp1[0], pp0[0]};
  y = prod;
end
endmodule
```

5.10 高效的 HDL 描述

HDL 和电路原理图是两种不同描述方法,通常情况下 HDL 描述的抽象层次更高,需要利用综合软件自动将 HDL 描述转换成电路网表(描述电路结构的一种文件)。尽管也会执行一定的化简和局部优化工作,但是由于综合软件无法知晓 HDL 代码的设计意图,因此不可能从设计的全局入手,给出最优的电路结构;更不能根据设计目标采用更好的设计取代某些综合结果。

　　电路设计的最终质量与其描述方式并没有直接关系,具体说,采用原理图还是采用 HDL 进行电路设计并不能决定电路的性能,即采用 HDL 语言和综合软件并不意味着一定得到更好的设计结果。但是,采用综合软件确实可以使设计者避免一些繁琐的细节,大大简化设计过程,可以让设计者将更多的经历集中在电路结构的设计上。

　　HDL 描述虽然不能完全决定最终的电路结构和实现,但是,一旦完成了 HDL 描述,电路的大体框架也就基本确定了,因此说 HDL 描述对设计的最终性能有巨大影响。HDL 代码设计除最基本的能够正确描述设计功能外,还要考虑代码的清晰性、简洁性以及可移植性等问题。此外,代码的综合效率也是必须要考虑的。

5.10.1　操作符共享

　　综合过程中所有的语法结构都会被映射为对应的硬件电路。如果希望设计使用更少的硬件资源,一个可行的办法是使系统中不同操作共享某些硬件资源(加法器、乘法器等),这一过程称为资源共享(resource sharing)。执行资源共享通常会带来某些负面效应甚至导致设计性能的下降,设计人员必须对此作出平衡。理想情况下,综合软件可以自动完成上述过程,但是遗憾的是,目前情况下有些综合软件不能很好的完成此任务。下面通过几个简单的设计实例对该问题作出解释。

【例 5.31】　操作符资源共享 1。

考虑如下的代码片段,该代码实现框图如图 5.23(a)所示。

```
always@ *
begin
  if( boolean_exp )
    r=a+b;
  else
    r=a+c;
end
```

该实现方式使用 2 个加法器和 1 个数据选择器。分析图 5.23(a)所示的电路结构,因为同一时刻只有 1 个加法操作执行,因此该设计可以只采用 1 个加法器实现,为此将以上代码修改为

```
reg tmp;
always@ * begin
  if( boolean_exp )
    tmp=b;
  else
    tmp=c;
```

end

assign r=a+tmp;

该描述对应的实现结果,如图 5.23(b)所示,先采用数据选择器对参加加法操作的操作数进行选择,之后再进行加法操作,这样做的结果是节省了一个加法器。

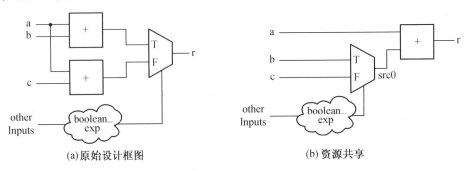

(a)原始设计框图　　　　　　　　(b)资源共享

图 5.23　操作符资源共享 1

下面分析一下两种实现方式的传播延迟[①]。假设加法器、数据选择器和 boolean 电路的传播延迟分别为 T_{adder}、T_{mux} 和 $T_{boolean}$。第 1 种实现方式中,boolean_exp 和加法器操作并行执行,因此整个电路的延迟为 $\max(T_{adder}, T_{boolean})+T_{mux}$。第 2 个电路传播延迟等于 $T_{adder}+T_{mux}+T_{boolean}$。说明第 2 种实现方式虽然节省了 1 个加法器,但付出的代价是传播延迟有所增加。

注意:如果 boolean_exp 电路的传播延迟很小,那么两种实现方式的传播延迟将会非常接近。

【例 5.32】　操作符资源共享 2。

考虑如下的代码,其实现框图如图 5.24(a)所示。

```
always@ * begin
  if( boolean_exp_1 )
    r=a+b;
  else if( boolean_exp_2 )
    r=a+c;
  else
    r=d+1;
end
```

这种实现方式需要 2 个加法器、1 个加 1 电路和两个数据选择器。考虑到在同一时刻 if 语句的多个分支只能有 1 个被执行,因此加法器和加 1 电路可以共享。假设信号是 8 位宽的,改进代码如下:

```
reg[ 7:0]src0, src1;
always@ * begin
  if( boolean_exp_1 )
    begin src0=a; src1=b; end
  else if( boolean_exp_2 )
```

```
    begin src0 = a；src1 = c；end
  else
    begin src0 = d；scr1 = 8′b00000001；end
end
```

assign r = src0+src1；

该描述对应的实现框图如图 5.24(b)所示。通过使用两个数据选择器将期望的加数送到加法器的输入端,虽然多使用了两个数据选择器,却节省了 1 个加法器和 1 个加 1 电路。通常情况下,与加法器相比,数据选择器的电路规模要小得多。因此,通过共享加法器,可以使电路的规模有所减小。

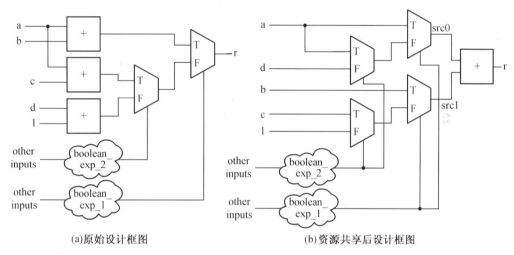

(a)原始设计框图　　　　　　　　(b)资源共享后设计框图

图 5.24　操作符资源共享 2

以上两种实现方式的传播延迟分析相对复杂,因为这两个电路的传播延迟要依赖于电路 boolean_exp_1 和 bool_exp_2 以及数据选择的传播延迟。按照例 5.31 的分析方法,由于图 5.24(a)实现方式中,3 个加法器和 2 个数据选择器并行执行,而图 5.24(b)实现方式中条件判断电路和加法器级联,因此图 5.24(a)电路的传播延迟要小于图 5.24(b)所示的电路的传播延迟。

【例 5.33】　操作符资源共享 3。

假设 sel 信号 2 位宽,考虑如下代码:

```
always@(＊)begin
  case(sel)
    2′b00：r=a+b；
    2′b01：r= a+c；
    default：r=d+1；
  endcase
end
```

例 5.33 与例 5.32 非常相似,但是例 5.33 采用了 case 语句,该设计对应的电路框图如图 5.25(a)所示,需要 2 个加法器、1 个加 1 电路和 1 个 4 选 1 数据选择器,对以上代码进行修

改,达到共享加法器的目的:

```
always@ * begin
    case(sel)
        2'b00,2'b01: src0 = a;
        default: src0 = d;
    endcase
end
always@ * begin
    case(sel)
        2'b00: src1 = b;
        2'b01: src1 = c;
        default: src1 = 8'b00000001;
    endcase
end
assign r = src0+src1;
```

改进后的代码对应的实现结果如图 5.25(b)所示,其中使用两个数据选择器,按照 sel 值选择合适的加数到加法器的输入端,减少了 1 个加法器和 1 个加 1 电路,但是需要额外增加 1 个 4 选 1 数据选择器。因为加法器和加 1 电路要比数据选择器更复杂,所以图 5.25(b)所示的实现方式要比图 5.25(a)的实现方式使用更少的逻辑资源,图 5.25(b)的实现方式的传播延迟更长。

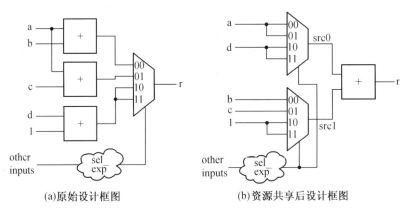

(a)原始设计框图   (b)资源共享后设计框图

图 5.25　基于数据选择器的操作符资源共享 3

【例 5.34】　操作符资源共享 4。

考虑以下代码:

```
always@ ( * ) begin
    if(boolean_exp) begin
        x = a+b;
        y = 8'b0000_0000;
        end
```

```
else begin
    x = 8′b0000_0001;
    y = c+d;
    end
end
```

例 5.34 对应的电路实现方式如图 5.26(a)所示。这种实现方式需要 2 个加法器和 2 个数据选择器。因为 if 语句的两个分支互斥,在同一个时刻只能有一个分支被执行,因此两个加法操作可以共享一个加法器。改进的代码如下:

```
always@ ( * ) begin
    if(boolean_exp) begin
        src0 = a;
        src1 = b;
        x = sum;
        y = 8′b0000_0000;
    end
    else begin
        src0 = c;
        src1 = d;
        x = 8′b0000_1111;
        y = sum;
        end
end
assign sum = src0+src1;
```

该代码对应的综合结果如图 5.26(b)所示。本例给出了一种操作符共享的最坏情况,即操作符没有任何公共的操作对象,操作符的输入和输出毫不相关。为了实现操作符的共享,需要设计一个路由网络为加法器选择合适的输入。路由网络由 2 选 1 数据选择器实现。

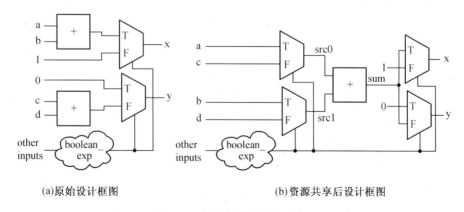

(a)原始设计框图　　　　　(b)资源共享后设计框图

图 5.26　复杂操作符资源共享 4

新的实现方式少使用了 1 个加法器,但需要多使用 2 个数据选择器。本例所示的加法器的共享是否有好处并不明确,需要根据加法器和两个数据选择器消耗的逻辑资源确定。

注意:例 5.31~5.34 的分析是出于演示目的,对于其中的某些情况,综合软件也能给出优化的综合结果。

5.10.2　功能共享

大规模、复杂的数字系统（比如处理器设计）一般由多个功能模块组成,其中某些功能模块可能是相关的,甚至是相同的,因此,几个功能模块共同使用某个电路是可能的。与操作符的共享不同,没有系统的方法来确定哪些功能可以共享以及什么情况下可以使用功能共享。功能共享往往只能针对具体问题具体分析,严重依赖于设计者的经验以及对设计任务的深刻理解,而且功能共享对于综合软件来说也更加困难。本小节通过几个设计实例讨论如何实现功能共享。

1. 加/减电路

考虑一个能够执行简单算术运算（加法或者减法）的电路设计问题。除了参加运算的操作数,该电路还有 1 个控制信号 ctrl,用于说明电路执行的算术运算的类型。电路的功能表如图 5.27(a) 所示。这里给出的第 1 种设计方式严格遵循图 5.27(a) 所示的功能表。

【例 5.35】　加减电路的 Verilog HDL 描述（方式 1）。

```
module addsub
  (
  input wire [7:0]a,b,
  input wire ctrl,
  output wire [7:0]r
  );
  always@ ( a, b, ctrl) begin   //或者 always@ *
    if( ctrl = 1'b1)
      r=a-b;
    else
      r=a+b;
  end
// assign r=ctrl(a-b):(a+b);
endmodule
```

例 5.35 对应的电路结构如图 5.27(b) 所示,整个电路包括 1 个加法器、1 个减法器和 1 个 2 选 1 数据选择器。

加法器和减法器是两个不同的操作符,所以不能直接使用第 5.10.1 节介绍的操作符共享技术。考虑到数字系统中,数值一般采用 2 的补码表示,减法操作 a-b 可以采用 a+b+1 间接实现,因此,减法操作也可以通过加法器实现。通过对 b 按位取反,再加"1",就可以使用加法器完成减法操作。

【例 5.36】　加减电路的 Verilog HDL 描述（方式 2）。

```
module addsub (
    input wire [7:0]a,b,
    input wire ctrl,
    output wire [7:0]r
    );
    reg [7:0]tmp;
    always@(a, b, ctrl) begin
       if(ctrl==1'b1)
          tmp = ~b;
       else
          tmp=b;
    end
    assign r=a+tmp+ctrl;
endmodule
//或者
module addsub (
    input wire ctrl,
    input wire [7:0]a,b,
    output wire [7:0]r
    );
wire [7:0]btmp;
assign btmp=ctrl? (~b):b;
assign r=a+btmp+{7'b0000000, ctrl};
endmodule
```

注意表达式 assign r=a+tmp+ctrl 包括了 2 个加法操作,但是由于 ctrl 只取 0 或者 1,因此会被自动映射为一个典型的加法器。也就是说,+ctrl 操作会被合并到 a+tmp 的加法操作,而使最终的实现中不再需要加 1 电路,其对应实现的框图如图 5.27(c)所示。

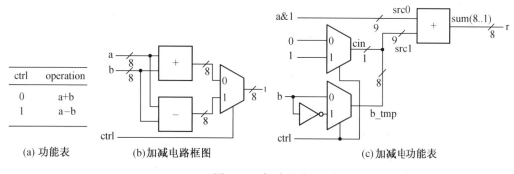

ctrl	operation
0	a+b
1	a−b

(a) 功能表　　　(b)加减电路框图　　　(c)加减电功能表

图 5.27　加减电路

2. 圆筒移位器

第 5.9.4 节通过两个实例介绍了简单的圆筒移位器的描述方法。本节通过介绍 1 个较复杂的圆筒移位器的设计，演示如何在设计中实现功能共享。考虑一个 8 位移位电路，该电路支持循环右移、逻辑右移以及算术右移。算术右移和逻辑右移的区别在于算术右移使用符号位填充移位留下的空位，而逻辑右移则使用"0"填充移位留下的空位，算术左移和逻辑左移操作相同。除了 8 位的数据输入，该电路还包括 2 个控制位 lar 和 amt，其中 lar 用于选择是逻辑移位、算术移位还是循环移位。amt 用于指定移动的位数。

直接实现该设计需要分别构造循环右移、算术右移和逻辑右移电路，之后通过数据选择器选择期望的输出。

【例 5.37】 圆筒移位器的 Verilog HDL 描述（方式 1）。

```
module shift3mode (
    input wire [7:0]a,
    input wire [1:0]lar,
    input wire[2:0]amt,
    output reg[7:0]y
    );
reg [7:0]rot_result, logic_result, arith_result;
// 循环右移操作
always@ ( * ) begin
  case(amt)
    3'b000: rot_result=a;
    3'b001: rot_result={a[0],a[7:1]};
    3'b010: rot_result={a[1:0],a[7:2]};
    3'b011: rot_result={a[2:0],a[7:3]};
    3'b100: rot_result={a[3:0],a[7:4]};
    3'b101: rot_result={a[4:0],a[7:5]};
    3'b110: rot_result={a[5:0],a[7:6]};
    default: rot_result={a[6:0],a[7]};
  endcase
end
// 逻辑右移
always@ ( * ) begin
  case(amt)
  3'b000: logic_result=a;
  3'b001: logic_result={1'b0,a[7:1]};
```

```
      3'b010：logic_result＝{2'b00,a[7:2]}；
      3'b011：logic_result＝{3'b000,a[7:3]}；
      3'b100：logic_result＝{4'b0000,a[7:4]}；
      3'b101：logic_result＝{5'b00000,a[7:5]}；
      3'b110：logic_result＝{6'b000000,a[7:6]}；
      default：logic_result＝{7'b0000000,a[7]}；
    endcase
  end
// 算术右移
always@（＊）begin
    case(amt)
    3'b000：arith_result＝a；
    3'b001：arith_result＝{a[7],a[7:1]}；
    3'b010：arith_result＝{2{a[7]},a[7:2]}；
    3'b011：arith_result＝{3{a[7]},a[7:3]}；
    3'b100：arith_result＝{4{a[7]},a[7:4]}；
    3'b101：arith_result＝{5{a[7]},a[7:5]}；
    3'b110：arith_result＝{6{a[7]},a[7:6]}；
    default：arith_result＝{7{a[7]},a[7]}；
    endcase
  end
// 数据选择器
always@（＊）begin
    case(lar)
      2'b00：y＝logic_result；
      2'b01：y＝arith_result；
      default：y＝rot_result；
    endcase
  end
endmodule
```

这种实现方式包括 3 个 8 位宽的 8 选 1 数据选择器和 1 个 8 位宽的 3 选 1 数据选择器。仔细分析以上电路发现,其实 3 种类型的移位操作非常类似,不同的是采用什么样的数据填充移动留下的空白,因此功能共享是有可能的。为了实现该目的,可以通过预处理电路选择合适的输入数据传递给移位电路。

【例 5.38】　圆筒移位器的 Verilog HDL 描述(方式 2)。

```verilog
module shift3mode (
    input wire [7:0]a,
    input wire [1:0]lar,
    input wire [2:0]amt,
    output reg [7:0]y
);
reg [7:0]shift_in;
always@( * ) begin
  case(lar)
  2'b00: shift_in = 8'b00000000;
  2'b01: shift_in = {8{a[7]}};
  default: shift_in = a;
  endcase
end
// 移位操作
always@( * ) begin
  case(amt)
    3'b000: y = a;
    3'b001: y = {shift_in[0],a[7:1]};
    3'b010: y = {shift_in[1:0],a[7:2]};
    3'b011: y = {shift_in [2:0],a[7:3]};
    3'b100: y = {shift_in [3:0],a[7:4]};
    3'b101: y = {shift_in [4:0],a[7:5]};
    3'b110: y = {shift_in [5:0],a[7:6]};
    default: y = {shift_in [6:0],a[7]};
  endcase
end
endmodule
```

这种实现方式需要 1 个 8 位宽的 3 选 1 数据选择器组成预处理电路。预处理电路根据信号 lar 的取值不同,产生不同的输出 shift_in,shift_in 信号可以是 a,0 或者 a 的符号位。之后 shift_in 信号会被传递给移位电路。改进后的电路由 1 个 8 位宽的 8 选 1 数据选择器和 1 个 8 位宽的 3 选 1 数据选择器组成,与原始设计具有相似的延迟时间,但是却少使用了 2 个 8 位宽的 8 选 1 数据选择,其综合结果如图 5.28 所示。

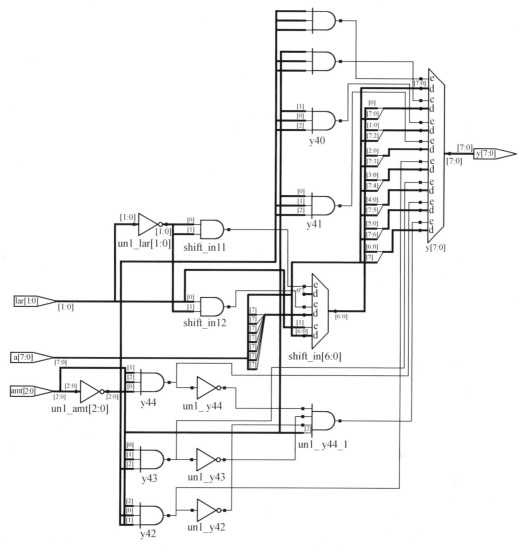

图 5.28 例 5.38 的综合结果

5.10.3 布局相关的电路

布局和布线过程决定数字电路在芯片(或者 FPGA)内部的实际物理布局。尽管设计者不能通过 Verilog HDL 代码确切指定布局和布线信息,但是合理的 Verilog HDL 编码,对于综合过程以及布局和布线过程获得高效的电路非常有帮助。本节通过设计实例演示如何通过合理的编写 Verilog HDL 代码来影响电路的布局。

1. 缩减异或电路

缩减异或操作对输入信号的所有位执行异或操作。例如,设 a 是一个 8 位宽的信号,那么信号 a 的缩减异或操作为

$$a[7] \oplus a[6] \oplus a[5] \oplus a[4] \oplus a[3] \oplus a[2] \oplus a[1] \oplus a[0]$$

如果输入信号包含奇数个"1",那么缩减异或操作将会返回"1",因此缩减异或操作可以用于实现对输入信号的奇校验。缩减异或的直接实现如图 5.29(a)所示,这种实现方式采用 Verilog HDL也容易实现。

【例 5.39】 缩减异或的 Verilog HDL 描述(方式 1:直接实现)。

```
module reduced_xor (
    input wire [7:0]a,
    output wire y
    );
    assign y = a[0]^a[1] ^a[2] ^a[3] ^a[4] ^a[5] ^a[6] ^a[7];
endmodule
```

使用 1 个 8 位宽的内部信号 p 表示中间计算结果,可以获得更为紧凑的描述方式。

【例 5.40】 缩减异或电路的 Verilog HDL 描述(方式 2)。

```
module reduced_xor (
    input wire [7:0]a,
    output wire y
    );
    wire [7:0]p;
    assign p[0] = a[0];
    assign p[1] = p[0]^a[1];
    assign p[2] = p[1]^a[2];
    assign p[3] = p[2]^a[3];
    assign p[4] = p[3]^a[4];
    assign p[5] = p[4]^a[5];
    assign p[6] = p[5]^a[6];
    assign p[7] = p[6]^a[7];
    assign y = p[7];
endmodule
```

例 5.40 采用了 8 个连续赋值语句(最后 1 句可以忽略),除了第 1 句,其余 7 句的输入和输出关系都非常清楚。根据布尔代数的知识,$x = x^0$,重写第 1 个连续赋值语句

$$p[0] = 1'b0^a[0]$$

这样,可以采用更为紧凑的方式描述以上功能。

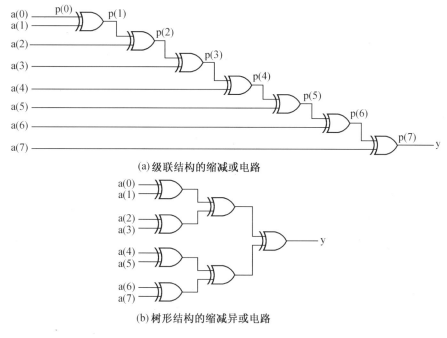

(a) 级联结构的缩减或电路

(b) 树形结构的缩减异或电路

图 5.29　缩减异或电路

【例 5.41】　缩减异或电路的 Verilog HDL 描述(方式 3)。

```
module reduced_xor
    #( parameter WIDTH = 8 )
    (
        input wire [ WIDTH-1:0 ] a,
        output wire y
    );
    wire [ WIDTH-1:0 ] p;
    assign p = { p[ WIDTH-2:0 ], 1'b0 } ^a;
    assign y = p[ WIDTH-1 ];
endmodule
```

在众多的实现方式中,例 5.39 ~ 5.41(实现方式相同)的实现方式使用的异或门最少,但传播延迟最长。所有级联的异或门组成关键路径(关键路径的具体定义请参考第 7 章),其传播延迟正比于路径中的异或门的数量。随着输入数目的增加,传播延迟也会相应的增加。考虑到异或操作的特点,任意改变异或操作的顺序并不影响最终结果。可以将图 5.29(a)所示的级联实现方式,改为树形结构,如图 5.29(b)所示。

【例 5.42】　缩减异或电路的 Verilog HDL 描述(方式 4:树形结构)。

```
module reduced_xor (
        input wire [ WIDTH-1:0 ] a,
```

```
    output wire y
);
    assign y = ((a[7]^a[6])^(a[5]^a[4]))^((a[3]^a[2])^(a[1]^a[0]));
endmodule
```

例 5.42 在不增加异或门的情况下,关键路径减少为 3 个异或门。在没有消耗更多的硬件资源的情况下,获得了更好的设计性能。

2. 缩减向量异或电路

缩减向量异或(reduced-xor-vector circuit)对输入信号的所有低位的输入组合执行异或操作。假设 a 是 1 个 8 位的输入信号。缩减向量异或电路返回 8 个值,分别为

$$y0 = a[0]$$
$$y1 = a[1] \oplus a[0]$$
$$y2 = a[2] \oplus a[1] \oplus a[0]$$
$$y3 = a[3] \oplus a[2] \oplus a[1] \oplus a[0]$$
$$y4 = a[4] \oplus a[3] \oplus a[2] \oplus a[1] \oplus a[0]$$
$$y5 = a[5] \oplus a[4] \oplus a[3] \oplus a[2] \oplus a[1] \oplus a[0]$$
$$y6 = a[6] \oplus a[5] \oplus a[4] \oplus a[3] \oplus a[2] \oplus a[1] \oplus a[0]$$
$$y7 = a[7] \oplus a[6] \oplus a[5] \oplus a[4] \oplus a[3] \oplus a[2] \oplus a[1] \oplus a[0]$$

根据以上定义,例 5.43 给出缩减向量异或电路的 Verilog HDL 直接实现。

【例 5.43】 缩减向量异或的 Verilog HDL 描述(方式 1:直接实现)。

```
module reduced_xor_vector (
    input wire [7:0]a,
    output wire [7:0]y
);
    assign y[0] = a[0];
    assign y[1] = a[1]^a[0];
    assign y[2] = a[2]^a[1]^a[0];
    assign y[3] = a[3]^a[2]^a[1]^a[0];
    assign y[4] = a[4]^a[3]^a[2]^a[1]^a[0];
    assign y[5] = a[5]^a[4]^a[3]^a[2]^a[1]^a[0];
    assign y[6] = a[6]^a[5]^a[4]^a[3]^a[2]^a[1]^a[0];
    assign y[7] = a[7]^a[6]^a[5]^a[4]^a[3]^a[2]^a[1]^a[0];
endmodule
```

例 5.43 中每个输出都独立描述,没有任何的资源共享。如果在综合时不进行任何的优化,综合的结果需要 28 个异或门。分析例 5.43 发现,许多表达式中的异或门是可以共用的,通过资源共享可以减少异或门的数目。

注意到输出 y_{i+1} 与输出 y_i 具有如下关系

$$y_{i+1} = a_{i+1} \oplus y_i$$

根据上式,可以得出如图 5.30(a)的实现方式,这种实现方式需要 7 个异或门。

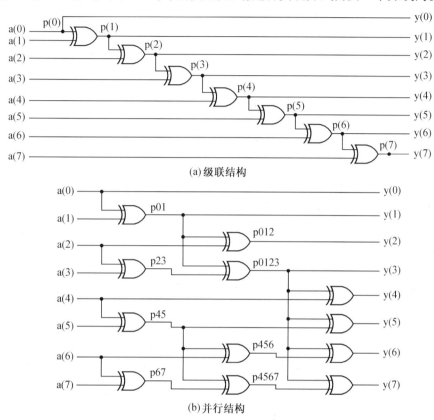

图 5.30　向量缩减异或电路

【例 5.44】　缩减向量异或的 Verilog HDL 描述(方式 2:级联结构)。

```
module reduced_xor_vector (
    input wire [7:0]a,
    output wire [7:0]y
);
wire [7:0]p;
assign p[0] = a[0];
assign p[1] = p[0]^a[1];
assign p[2] = p[1]^a[2];
assign p[3] = p[2]^a[3];
assign p[4] = p[3]^a[4];
assign p[5] = p[4]^a[5];
assign p[6] = p[5]^a[6];
```

```
assign p[7]=p[6]^a[7];
assign y=p;
endmodule
```

类似例 5.41,可以给出一种更为紧凑的描述方式。

【例 5.45】 缩减向量异或的 Verilog HDL 描述(方式 3:级联结构紧凑描述)。

```
module reduced_xor_vector
    #(parameter WIDTH=8)
    (
        input wire [7:0]a,
        output wire [7:0]y
    );
    wire [7:0]p;
    assign p={p[WIDTH-2:0],1'b0}^a;
    assign y=p;
endmodule
```

例 5.44 和例 5.45 实现的关键路径都是从 a[0]到 y[7]这条路径,如图 5.30(a)所示,这条路径包含的异或门最多。传播延迟与关键路径包含的异或门的数目有关。为了提高设计性能,可以将级联结构改为树形结构。例 5.41 介绍的树形结构缩减异或设计方式不能直接应用于本例的缩减少向量异或电路,因为它不能够产生所有的输出。最直接的改进方式是为每个输出产生 1 个树形结构实现,这种实现方式需要 28 个异或门,电路的关键路径是实现信号 y[7]的树形结构,该路径包括 3 级异或门。

【例 5.46】 缩减向量异或电路的 Verilog HDL 描述(方式 4:树形结构直接实现)。

```
module reduced_xor_vector (
        input wire [7:0]a,
        output wire [7:0]y
    );
    assign y[0]=a[0];
    assign y[1]=a[1]^a[0];
    assign y[2]=a[2]&a[1]^a[0];
    assign y[3]=(a[3]^a[2])^(a[1]^a[0]);
    assign y[4]=(a[4]^a[3])^(a[2]^a[1])^(a[0]);
    assign y[5]=(a[5]^a[4])^(a[3]^a[2])^(a[1]^a[0]);
    assign y[6]=(a[6]^a[5])^(a[4]^a[3])^(a[2]^a[1])^(a[0]);
    assign y[7]=(a[7]^a[6])^(a[5]^a[4])^(a[3]^a[2])^(a[1]^a[0]);
endmodule
```

例 5.47 给出了一种更紧凑的描述方式,其目标是提高设计性能,将关键路径限制为小(等)于 3 级异或门。在如此的约束条件下,必须尽可能的实现共享资源。图 5.30(b)的实现方式只使用了 12 个异或门,而不是例 5.43 实现方式中的 28 个。

【例 5.47】　缩减向量异或电路的 Verilog HDL 描述(方式 4:树形结构紧凑描述)。

```
module reduced_xor_vector (
    input wire [7:0]a,
    output wire [7:0]y
    );
    wire p01, p23, p45, p67, p012, p0123, p456, p567;
    assign p01 = a[0]^a[1];
    assign p23 = a[2]^a[3];
    assign p45 = a[4]^a[5];
    assign p67 = a[6]^a[7];
    assign p012 = p01^a[2];
    assign p0123 = p02^a[3];
    assign p456 = p45^a[6];
    assign p4567 = p45^p67;
    assign y[0] = a[0];
    assign y[1] = p01;
    assign y[2] = p012;
    assign y[3] = p0123;
    assign y[4] = p0123^a[4];
    assign y[5] = p0123^p45;
    assign y[6] = p0123^p456;
    assign y[7] = p0123^p4567;
endmodule
```

例 5.47 的设计方法对输入信号的数目没有限制,同样的设计方法可以应用到输入信号数目更多的情形。但是如果输入信号数目过多,修改 Verilog HDL 将变得非常麻烦,容易犯错误。

分析例 5.47,可以发现:

①数字电路设计实际上是电路面积(area)与性能(performance)之间的平衡过程。通常情况下,使用更多的硬件资源可以提高电路性能。级联结构的电路需要的异或门最少,但是传播延迟也是最大的。

②正确认识综合软件。理想情况下,设计人员希望综合软件能够自动获得期望的电路结构,但这几乎是不可能的,甚至对于简单的电路功能也是如此。设计的关键依然是设计者的经验以及设计者对设计问题的深入理解。

3. 树形结构优先编码电路

编码器是基本数字逻辑部件,其功能是把输入的每一个高、低电平信号翻译成对应的二进制代码。普通编码器同时只能有一个输入有效,优先编码器允许同时有多个有效位,并将所有的输入信号按优先顺序排队,当几个输入信号同时有效时,只对其中优先级最高的一个进行编码。

条件赋值语句和 if 语句都非常适合描述优先编码器,其综合结果是带优先级的路由网络(priority routing network),其本身是级联结构,与例 5.39 讨论的级联结构的缩减异或电路类似。级联结构缩减异或电路的关键路径包含多个级联结构的异或门,随着输入数目的增加电路的性能会迅速下降。在缩减异或电路中,通过改变异或顺序,可以将级联结构改为树形结构,编码器也可以采用树形结构实现,但是其实现过程更为复杂。

【例 5.48】 优先编码器的 Verilog HDL 描述(方式 1:级联结构)。

```verilog
module prio_encoder (
    input wire [15:0] r,
    output reg [3:0] code,
    output wire active
);
always@ ( * ) begin
    if( r[15] == 1'b1)
        code = 4'b1111;
    else if( r[14] == 1'b1)
        code = 4'b1110;
    else if( r[13] )
        code = 4'b1101;
    else if( r[12] )
        code = 4'b1100;
    else if( r[11] )
        code = 4'b1011;
    else if( r[10] )
        code = 4'b1010;
    else if( r[9] == 1'b1)
        code = 4'b1001;
    else if( r[8] )
        code = 4'b1000;
    else if( r[7] )
        code = 4'b0111;
    else if( r[6] )
```

```
        code = 4'b0110;
    else if(r[5])
        code = 4'b0101;
    else if(r[4])
        code = 4'b0100;
    else if(r[3])
        code = 4'b0011;
    else if(r[2])
        code = 4'b0010;
    else if(r[1])
        code = 4'b0001;
    else
        code = 4'b0000;
end
assign active = r[15]|r[14]|r[13]|r[12]|r[11]|r[10]|r[9]|r[8]|r[7]|r[6]|r[5]|r[4]|
                r[3]|r[2]|r[1]|r[0];

endmodule
```

例 5.48 对应的实现如图 5.31 所示,包括级联的 15 个 2 选 1 数据选择器,属于典型的级联结构。为了获得一个树形结构的优先编码器,首先考虑 1 个规模较小的优先编码器,图 5.32(a)给出一个 4-2 优先编码器的功能表,图 5.32(b)则给出一个树形结构的 16-4 的优先编码器的实现框图。

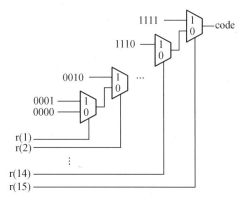

图 5.31　级联结构的优先编码器

整个编码器分为 2 级,16 个输入信号被分为 4 组,每组 4 个分别连接到第 1 级的 4 个 4-2 的优先编码器,每个 4-2 优先编码器完成 2 个功能。

①产生请求信号 act0、act1、act2 和 act3 用于指示在哪一组包含有效输入,称为"组请求"信号。

②输出 code_g3、code_g2、code_g1 和 code_g0 形成 4 位输出的低两位。例如,如果最高有

效请求是 r[9]，其对应的输出码应该为"1001"。r[9]信号连接于第 2 个 4-2 优先编码器，其输出码 code_g2 等于 01，恰好为"1001"的低 2 位。

第 2 级电路有 1 个 4-2 优先编码器，其输入是来自第 1 级的 4 个"组请求"信号，输出是具有最高优先级别的组对应的编码，该编码会形成 4 位编码的高 2 位。第 2 级还需要 1 个 4 选 1 数据选择器。

图 5.32(b)实现方式包含 5 个 4-2 优先编码器，例 5.50 采用模块实例方式实现本设计。

【例 5.49】 4-2 优先编码器的 Verilog HDL 描述。

```verilog
module prio42
  (
    input wire [3:0]r4,
    output reg [1:0]code2,
    output wire act42
  );
  always@ ( * ) begin
    if( r4[3])
      code2 = 2′b11;
    else if( r4[2])
      code2 = 2′b10;
    else if( r4[1])
      code2 = 2′b01;
    else
      code2 = 2′b00;
end
assign act42 = |r4;
endmodule
```

按照图 5.32(b)，采用模块实例语句给出树形结构的 16-4 优先编码器的 Verilog HDL 描述。

【例 5.50】 16-4 优先编码器的 Verilog HDL 描述。

```verilog
module prio_encoder (
    input wire [15:0] r,
    output reg [3:0]code,
    output wire active
  );
  wire [1:0]code_g3, code_g2, code_g1, code_g0;
  wire [1:0]code_msb;
  wire act3, act2, act1, act0;
```

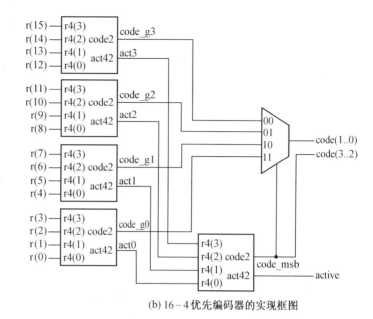

r4	code2	act42
1---	11	1
01--	10	1
001-	01	1
0001	00	1
0000	00	0

(a) 4－2优先编码器功能表　　　　　　　　　(b) 16－4优先编码器的实现框图

图 5.32　树形结构优先编码器

wire tmp；

prio42 u1(. r4(r[3:0]), . code2(code_g0), . act42(act0));

prio42 u2(. r4(r[7:4]), . code2(code_g1), . act42(act1));

prio42 u3(. r4(r[11:8]), . code2(code_g2), . act42(act2));

prio42 u4(. r4(r[15:12]), . code2(code_g3), . act42(act3));

assign tmp = act3 & act2 & act1 & act0；

prio42 u5(. r4(tmp), . code2(code_msb), . act42(active));

always@ (∗) begin

　　case(code_msb)

　　　　2′b11：code = { code_msb, code_g3 }；

　　　　2′b10：code = { code_msb, code_g2 }；

　　　　2′b01：code = { code_msb, code_g1 }；

　　　　default：code = { code_msb, code_g0 }；

　　endcase

　end

endmodule

级联结构优先编码器的关键路径包括 15 个 2 选 1 数据选择器。树形结构的优先编码器的关键路径则包含 2 个 4-2 优先编码器和 1 个 4 选 1 数据选择器。由于 4-2 优先编码器使用级联结构，因此包含 3 个 2 选 1 数据选择器，所以树形结构优先编码器的关键路径包含了 6 个 2 选 1 数据选择器和 1 个 4 选 1 数据选择器，这要比级联结构的优先编码器的关键路径短的多。

尽管在综合过程中软件可以执行某种程度的优化,但这些优化只能是局部的。最初的 Verilog HDL 代码描述对于设计的最终实现将会影响巨大,这一点在电路的输入数目增加时尤其明显。例如,设计中也可以使用树形结构的 4-2 优先编码器,即再采用 2-1 优先编码器实现 4-2 优先编码器,这样可以得到一个由 2-1 优先编码器形成的树形结构的 16-4 优先编码器。

注意:本小节介绍的设计方法和思路,对于规模较小的电路优势并不明显,随着读者接触到的设计规模不断加大,这些思路和方法将逐渐体现出优势,希望读者仔细体会。

5.11 组合逻辑电路设计要点

综合是数字系统设计的关键步骤。编写 Verilog HDL 代码时设计者需要清楚不同的语法结构和硬件电路是如何对应的,尤其是 always 块,因为多种语法结构都可以用于 always 块,而且 always 块中使用的语法结构对应的硬件结构并不明确。本节总结组合逻辑电路设计常见错误,并给出对应的编码指南。

5.11.1 组合逻辑电路设计的常见错误

采用 always 块设计组合逻辑电路时,有以下 3 类常见错误。

1. 多个 always 块中对同一变量多次赋值

Verilog HDL 中,同一个变量可以在多个 always 块中同时赋值(同一个变量可以出现在不同 always 块的赋值符号的左侧),例如:

reg y;

reg a, b, clear;

…

always@ *

 if(clear) y = 1′b0;

always@ *

 y = a * b;

尽管以上代码在语法上是正确的,也可以用于仿真,但是却不能用于综合。

注意:综合时,每个 always 块对应于电路的一部分。按照这个原则,信号 y 连接到电路的两个不同部分,没有实际的物理电路表现出这样的行为,因此,这样的代码是不可综合的,对同一变量的赋值必须置于同一个 always 块中。

always@ *

 if(clear)

  y = 1′b0;

```
    else
        y = a&b;
```

2. 不完整敏感列表

组合逻辑电路的输出是输入的函数,输入信号的任何改变都会对电路行为产生影响,这意味着所有的输入信号都必须列入敏感列表。例如,对于 1 个 2 输入与门

```
always@ ( a, b)
    y = a & b;
```

如果忘记了将信号 b 包含在敏感列表中,即

```
always@ ( a)
    y = a & b;
```

尽管代码在语法上是正确的,但其综合结果却与设计者期望的 2 输入与门非常不同。如果信号 a 的值发生改变,always 块被激活,y = a&b。但是,如果信号 b 的值发生改变,always 块保持挂起状态,因为该 always 块对信号 b 并不敏感,此时 y 保持其值不变。这里强调:对于上述设计尽管绝大多数的综合软件会推断出与门电路,并会报告一个警告,但是仿真软件则按照代码的含义建模该段电路,造成最终的仿真和综合结果不一致。

3. 不完整的条件分支(非 full cse) 和不完整的输出赋值

采用 always 块实现组合逻辑电路时经常发生的错误是由于代码处理不好,使得综合的电路中包含存储元件(锁存器)。Verilog HDL 标准明确说明在 always 块中如果信号没有被赋值,则该信号保持其原来值不变。综合时,这种情况可能会导致电路中包含存储元件(锁存器)。

为了防止在组合电路设计时意外出现存储元件,必须在所有的输入组合情况下对输出信号赋值。不完整的条件分支和不完整的输出赋值是导致组合电路中意外出现存储元件的常见错误。为了避免在组合电路设计时意外出现存储元件,建议在设计组合电路时遵循以下设计规则:

① 在 if 或者 case 语句中包含所有的条件分支;

② 在每个分支对所有的输出信号赋值。

考虑以下代码片段,其目的是比较两个操作数 a 和 b 的大小,如果 a 大于 b,则输出 gt 置位;如果 a 等于 b,则输出 eq 置位,否则 gt 和 eq 清零。

```
always@ *
    if  (a>b)        //该分支未对 eq 赋值
        gt = 1′b1;
    else if ( a= b)   //该分支未对 gt 赋值
        eq = 1′b1;    //没有 else 分支
```

这段代码违反了以上两条规则。

首先,该设计包含不完整的条件分支,if 语句不包含 else 分支。如果 a>b 和 a= b 都不满

足,输出 gt 和 eq 都没被赋值。根据 Verilog HDL 的规定,输出 gt 和 eq 会保持其前次值,综合时将导致电路中包含锁存器。

其次,该设计包含不完整的输出赋值。例如,在 a>b 成立时,并没有对输出信号 eq 赋值,因此 eq 将会保留其前一次值,综合结果中会包含锁存器。

有两种常用的方法修改以上的问题。第 1 种方法是在 if 语句中加上 else 子句,并显式对每个输出信号赋值,代码如下:

```
always@ *
    if (a>b) begin
        gt = 1′b1;
        eq = 1′b0;
      end
    else if (a = b) begin
        gt = 1′b0;
        eq = 1′b1;
      end
    else begin
        gt = 1′b0;
        eq = 1′b0;
      end
    end
```

第 2 种改进的办法是在 always 块的开始对所有的输出变量赋予默认值,这样可以覆盖所有的输入组合。代码如下:

```
always@ ( * ) begin
    gt = 1′b0;
    eq = 1′b0;
    if ( a > b )
        gt = 1′b1;
    else if ( a = b)
        eq = 1′b1;
    end
```

如果条件分支不完整,那么在没有明确赋值的条件分支,输出变量取默认值。

对于 case 语句,如果 case 候选项不能覆盖所有的 case 表达式取值,也会出现上面提到的类似问题。考虑如下代码:

```
reg [1:0]s;
case (s)
    2′b00: y = 1′b1;
```

```
  2′b10：y=1′b0；
  2′b11：y=1′b1；
endcase
```

case 表达式可以取值 2′b01，但该取值却不包含在任何的 case 候选项中。如果 s 取值 2′b01，那么 y 会保持其前一次取值不变，因此综合的结果会包含锁存器。为不出现这样的问题，在电路设计时，必须保证在每种 case 表达式取值下，都为输出赋值。改正上面错误有两种方法，第 1 种是使用 default 候选项，以覆盖所有的 case 表达式取值。代码如下：

```
case（s）
  2′b00：y=1′b1；
  2′b10：y=1′b0；
  default：y=1′b1；
endcase
```

第 2 种改正以上问题的方法是加入 default 候选项，使候选项覆盖所有的 case 表达式取值组合，并对输出赋值 x。代码如下：

```
case（s）
  2′b00：y=1′b1；
  2′b10：y=1′b0；
  2′b11：y=1′b1；
  default：y=1′bx；
endcase
```

这种代码方案可能会给仿真带来问题。在综合前仿真时，当 s 取值 2′b01，y 取值为 x。但在综合时，综合软件会根据电路的实际情况，以使用最少的逻辑资源为优化目标，对 s=2′b01 时，自由赋值（因为设计本身对其取值为何并不关心（don't care））。因此，完成综合后 s=2′b01 时，y 可能取值 0 也可能取值 1。因此在进行仿真时，会得到与综合前仿真不一致的仿真结果。

另外，也可以在 always 块的开始为输出赋予默认值。

```
y=1′b0；
case（s）
  2b′00：y=1′b1；
  2′b10：y=1′b0；
  2′b11：y=1′b1；
endcase
```

5.11.2　组合逻辑电路设计要点

always 块是一种使用灵活、功能强大的语法结构，但是在设计组合逻辑电路时必须小心，以获得正确、高效的设计实现。以下是设计组合逻辑电路时需要遵循的一般规则：

① 只在一个 always 块中，对同一个变量赋值(避免出现竞争)。

② 连续赋值语句、模块实例和电平敏感的 always 实现组合逻辑电路。

③ always 块采用电平敏感的敏感列表或者直接采用 always@ * 形式的敏感列表。

④ always 块内部采用阻塞赋值语句。

⑤ 确保在所有的条件分支都对输出变量赋值。

⑥ 确保在 if 和 case 语句中，覆盖所有的条件分支：

    a. 在 if 语句中使用 else 子句；在 case 语句中使用 default 候选项；

    b. 在 always 块开始，为输出信号赋予默认值。

本章小结

组合逻辑电路的输出只与当前输入有关，一般用于实现某种计算过程(输入到输出的某种变换)或者计算电路的次态。设计者可以使用 3 种语法结构实现组合逻辑电路：模块实例、连续赋值语句以及 always 块。采用 always 块设计组合逻辑电路时，应该避免不完整的敏感列表以及不完整的条件分支等错误，一般可以采取赋予默认值或 default else)两种方法避免上述问题。if 语句、case 语句只能出现在 always 块内，是设计复杂组合逻辑电路的关键。

习题与思考题 5

5.1　设计二进制数 BCD 码转换电路。电路输入为 4 位 2 进制数，输出为其对应的 2 位 BCD 码(8421 码)，真值表如表 5.5 所示。(1)给出该设计的 Verilog HDL 描述；(2)设计 Testbench 验证该设计功能是否正确。

表 5.5

a	bcd_h	bcd_l
0000	0	0000
0001	0	0001
…	…	…
1001	0	1001
1010	1	0000
1111	1	0101

其模块定义如下：

```
module bintobcd
  (
    input wire [3:0]a, //输入 4 位二进制数
    output reg bcd_h, //输出,对应 BCD 码高位
    output reg [3:0]bcd_low //输出,对应 BCD 码低位
  );
```

5.2　设计一个 BCD 码加法电路。电路的输入是 BCD 码 A、B 和进位标志 cin;输出是两个 BCD 码和 S_1S_0。要求输入 A、B 以及输出 S_1S_0 的值显示在 7 段显示数码管上。(1)设计 BCD 码加法电路;(2)设计 7 段显示译码器;(3)采用模块实例方式给出完整电路。提示:考虑采用普通二进制加法电路(4 位全加器),之后采用题 5.1 设计的二进制 BCD 码转换电路将计算结果转换为 BCD 码。

5.3　优先编码器 74x148 的功能表如表 2.7 所示,要求采用 Verilog HDL 实现 74x148 的逻辑功能。

5.4　要求设计 1 个算术运算电路。电路可以执行 4 个算术操作:a+b,a-b,a+1 和 a-1,其中输入 a、b 和 16 位的无符号数,另外电路还有 1 个 2 位宽的控制信号 ctrl,用于指定具体执行 4 个算术操作中的 1 个。电路的功能表如表 5.6 所示。要求:(1)使用 2 个加法器、一个加 1 电路和 1 个减 1 电路实现;(2)使用 1 个加法器实现。

表 5.6

ctrl	y
00	a+b
01	a−b
10	a+1
11	a−1

module ari_unit

    (

       input wire [15:0]a,b, //输入信号 a 和 b

       input wire [1:0]ctrl, //控制输入

       output reg [15:0]y //输出 y

    );

5.5　设计双模式比较器。比较器附加一个控制信号 ctrl,如果 ctrl 等于表示输入信号为无符号数;如果 ctrl=0,则表示输入信号为有符号数。提示:注意操作符共享问题。

5.6　设计 4 位宽的超前进位加法器。提示:关于超前进位加法器的原理参考相关数字电路基础教材。

第6章

基本时序逻辑电路

6.1 引　言

　　时序逻辑电路的输出不但与当前输入有关,而且与输入的历史值有关。由于需要"记忆"输入信号的历史值,因此时序逻辑电路中必须包含存储元件。存储元件的当前值形成时序逻辑电路的内部状态(internal state),即时序逻辑电路采用内部状态"记忆"电路输入的历史值,这也是将这类电路称为时序逻辑电路的原因。同步时序逻辑电路内部的所有存储元件在同一个全局同步信号的控制下工作,电路内部状态的更新时间可以预先确定,大大简化电路的设计过程。本章介绍基本时序逻辑电路的基本概念和设计方法,第8章和第9、10章分别讨论更为复杂的有限状态以及有限状态机数据通道的设计。注意:本书只关注同步时序电路。

6.2　时序逻辑电路

6.2.1　时序逻辑电路与组合逻辑电路

　　组合逻辑电路不包含任何存储元件,不具有任何的记忆功能。组合逻辑是数字系统功能实现的核心,因此组合逻辑电路的设计也是数字系统设计基础。

　　时序逻辑电路包含存储元件,具有内部状态,其输出是当前输入以及电路内部状态的函数。从本质上讲,内部状态是对输入信号历史值的记忆。从结构上讲,同步时序逻辑电路由存储元件和组合逻辑电路组成,其中的存储元件通常采用 D 触发器构成,次态逻辑和输出逻辑都是组合逻辑。本书关注 RTL 级数字系统设计,在系统基本架构确定的情况下,组合逻辑电路的性能决定整个系统的设计,或者说,时序逻辑电路的设计问题转换为组合逻辑电路的设计,时序逻辑电路的时序分析也转换为组合逻辑电路的时序分析问题。

6.2.2　基本存储元件

　　时序逻辑电路的实现有两种方式,一种是在组合逻辑电路中引入反馈,形成闭合的反馈环,这种结构的电路中存储元件是隐式存在,并形成电路的内部状态,存在竞争以及时序冒险隐患。此外,这种方法非常复杂,不适合自动综合。另一种方式是在电路中直接使用存储元件(比如 D 触发器等)。采用 HDL 进行设计,只要代码描述得当,综合软件一般都可以自动推断出存储元件。基本存储元件可以分为两类:锁存器(latch)和触发器(flip-flop)。本节简要回顾 D 锁存器和 D 触发器的基本特征。

1. D 锁存器

D 锁存器的符号和功能表如图 6.1(a)所示。注意:本书使用 * 表示信号的次态,例如,Q^* 表示 Q 的次态值。输入 EN 和 D 分别表示 D 锁存器的控制信号和数据信号。如果 EN 置位,D 直接连接到输出 Q;如果 EN 清零,输出 Q 保持其前次值不变。因为 D 锁存器输出依赖于控制信号 C 的电平,因此称 D 锁存器是电平敏感的(level sensitive)。图 6.2 给出 4 类基本存储元件的时序图(Timing Diagram),其中 Q_latch 信号表示 D 锁存器的输出。注意:输入数据在控制信号 EN 的下降沿时存储到锁存器。

D Q EN	C	Q^*
	0	q
	1	d

D Q ▷clk	clk	Q^*
	0	q
	1	q
	⌐	d

D Q ○▷clk	clk	Q^*
	0	q
	1	q
	⌐	d

D Q ▷clk reset	reset	clk	Q^*
	1	—	0
	0	0	q
	0	1	q
	0	⌐	d

(a)D 锁存器　(b)上升沿触发的 D 触发器　(c)下降沿触发的 D 触发器　(d)具有异步复位端 D 触发器

图 6.1　基本存储器的电路符号和功能表

当控制信号 EN 处于高电平时,D 锁存器的输入和输出之间是"透明的",如果电路中存在反馈环,可能会造成竞争现象。例如,有人设计如图 6.3 所示电路,目的是交换两个锁存器的内容,但该电路存在竞争问题。如果控制信号 EN 置位,锁存器的输入和输出之间完全透明,从而无法保证第 2 个锁存器的输出一定是第 1 个锁存器的输出。另外,采用 D 锁存器设计时序电路时,时序分析可能会非常麻烦,在基于 HDL 的数字设计中,综合过程自动完成,很少使用锁存器作为内部的存储元件。

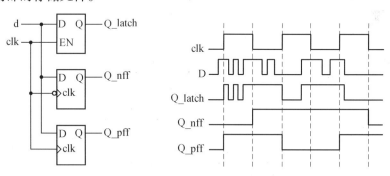

图 6.2　基本存储元件的时序图

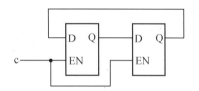

图 6.3　D 锁存器的级联存在"竞争"

2. D 触发器

上升沿触发的 D 触发器的电路符号和功能表如图 6.1(b)所示。D 触发器具有一个特殊的控制信号,称为时钟信号,图中标注为 clk。D 触发器只有在时钟信号从 0 变得到 1(称为时钟的上升沿)时才会被激活,其他任何时刻,D 触发器的输出保持不变,即 D 触发器在时钟信号的上升沿对输入数据进行采样,将采样结果保存到 D 触发器,并将其输出到输出端 Q。D 触发器的输出保持不变直到下一个时钟上升沿。因为 D 触发器的操作依赖于时钟沿,因此称其为边沿敏感的(edge sensitive)。图 6.2 中的信号 Q_pff 是上升沿敏感的 D 触发器的输出信号。注意:时钟信号 clk 是采样控制信号,在 clk 信号的上升沿 D 触发器对输入信号采样。时序电路中时钟信号非常关键,在 D 触发器的电路符号用一个三角符号表示,如图 6.1(b)~(d)所示。

下降沿触发的 D 触发器与上升沿触发的 D 触发器工作方式类似,区别在下于降沿触发的 D 触发器在时钟信号的下降沿采样输入数据,其电路符号和功能表如图 6.1(c)所示,图 6.2 中的信号 Q_nff 表示下降沿触发的 D 触发器的输出。

与基本组合逻辑电路相比,时序逻辑电路的时序更为复杂。图 6.4 给出了 D 触发器的 3 个主要的时序参数。

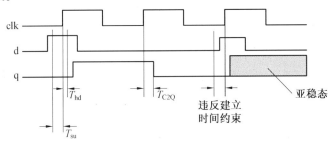

图 6.4　存储元件的时序参数

(1)传播延迟。

与基本门电路一样,D 触发器也存在传播延迟(propagation delay),但是 D 触发器的传播延迟要更复杂。D 触发器的输出只有在时钟上升沿时才改变,因此将从时钟有效沿开始,到输出信号获得输入信号的值为止所持续的时间称为 D 触发器的传播延迟,也称为 D 触发器的时钟到输出的传播延迟,表示为 T_{C2Q}。

(2)异步传播延迟。

通常情况下,D 触发器包含异步的置位(set)和复位(reset)端。异步置位和复位端指复位和置位操作独立于时钟信号,也就是说,只要异步置位信号有效,则输出置位;异步的复位信号有效,则输出清零。如果数字逻辑器件的输入信号依赖于时钟信号,这种类型的输入信号称为是同步(synchronous)的。如果输入信号与时钟信号无关,这种类型的输入被称为是异步(Asynchronous)的。D 触发器的数据输入端总是同步的。异步置位信号到输出的延迟用 T_{S2Q} 表示,异步复位信号到输出的延迟用 T_{R2Q} 表示。对于同步的复位/置位信号,不需要额外定义时序参数,因为同步复位/置位到输出的延迟属于时钟到输出的延迟,可以用 T_{C2Q} 表示。寄存器还可能具有其他类型的输入信号(比如使能信号),如果信号是同步的,则无需为定义额外的传播延迟。

（3）触发器的建立时间和保持时间。

除了以上定义的传播延迟和异步传播延迟,D 触发器还有两个关键时序参数:建立时间(setup time)和保持时间(hold time)。同步输入信号在时钟有效沿到来前,在足够长的时间内必须保持稳定,保持稳定的最短时间称为寄存器的建立时间,本书用 T_{su} 表示。此外,时钟有效沿之后,输入信号必须在足够长时间内保持稳定,最短稳定时间称为 D 触发器的保持时间,一般用 T_{hd} 表示,如图 6.4 所示。

6.2.3　异步时序逻辑和同步时序逻辑电路

时序电路中时钟信号至关重要,根据时钟方案的不同,时序电路分为 3 类。

（1）全局同步电路(globally synchronous circuits)。

全局同步电路有时直接称为同步电路(synchronous circuit),其所有的存储元件(一般是 D 触发器)受同一个时钟信号控制。同步设计是目前设计大型、复杂数字系统最重要的设计方法。全局同步设计方法不但方便综合过程,而且可以简化验证、测试以及原型板设计过程,本书重点关注同步时序逻辑电路的设计。

（2）全局异步局部同步电路(globally asynchronous locally synchronous circuit)。

某些物理条件的限制(比如两个器件之间的距离)可能会限制时钟信号的设计,在这种情况下,可以将一个大的系统分为几个较小的子系统,单独设计。每个子系统使用自己的时钟信号,子系统内部是同步的,因此每个子系统都是全局同步系统,其设计遵循同步时序逻辑电路的设计规则。因为不同的子系统之间是异步的,为完成不同子系统之间的连接,需要设计特殊的接口电路,以实现信号在不同子系统之间的正确传输。

（3）全局异步电路(globally asynchronous circuit)。

全局异步电路不使用时钟信号控制其内部的存储元件,不同存储元件的状态切换也是独立的(同步电路存储元件状态切换只发生在时钟有效沿)。

6.3　同步时序逻辑电路

6.3.1　同步时序逻辑电路的结构

同步时序逻辑电路的结构框图如图 6.5 所示。状态寄存器(state register)由一组 D 触发器实现,所有的 D 触发器由一个全局时钟信号统一控制。寄存器的输出表示电路的内部状态。次态逻辑是组合逻辑电路,用于确定系统的次态。输出逻辑也是组合逻辑电路,用于产生系统的输出信号。注意:输出信号取决于电路的输入和电路的当前状态。电路的工作过程如下:

① 时钟信号的上升沿,状态寄存器采样并保存次态逻辑电路输出(次态逻辑的输出连接在状态寄存器的数据输入端,时钟上升沿时已经保持稳定),经过一定时间的延迟 T_{C2Q}(寄存器时钟到输出的延迟)被传输到寄存器的输出端口,之后状态寄存器一直保持其该值不变,直到

下一个时钟有效沿。寄存器保持的值,同时也是寄存器的输出值就是电路的当前状态。

② 根据系统的当前状态和外部输入信号,次态逻辑产生电路的次态;输出逻辑计算产生电路的输出。

③ 在下一个时钟有效沿,新的当前状态值被采样并保存到状态寄存器,之后重复以上过程。

为了满足触发器的时序约束,时序逻辑电路的时钟周期必须足够大,一般要求时钟周期必须大于次态逻辑的传播延迟、触发器的时钟到输出延迟(T_{C2Q})以及触发器的建立时间三者的和,关于时序逻辑电路的时序分析的详细介绍参考第 7 章。

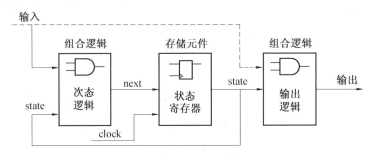

图 6.5　同步时序逻辑电路结构框图

同步设计有以下几个优势:

①采用同步设计可以简化时序分析过程。时序电路设计的关键是设计是否满足时序约束(避免违反建立时间和保持时间)。当电路中包含上百甚至上千的触发器,如果每个触发器都由独立的时钟信号控制,那么对电路的设计和分析将是异常困难的。对于同步时序逻辑电路,所有触发器由同一个时钟信号控制,触发器对次态逻辑输出的采样也发生在同一时刻。因此,设计过程只需考虑 1 个存储元件的时序约束就可以了。

②在同步电路结构中,组合逻辑和存储元件被清晰地区分开,使设计者非常容易地将组合逻辑电路从系统中分离出来,并将其作为常规的组合逻辑电路进行分析和设计。

③在同步时序逻辑电路中,输入只在时钟信号的有效沿被采样,那么组合逻辑电路的毛刺就变得无关紧要了,只要在每个时钟有效沿到来时信号稳定就可以了。时序分析只需关注关键路径。

6.3.2　同步时序逻辑电路的分类

根据时序逻辑电路的次态逻辑的表示和复杂程度不同,同步电路大致可以分为三类,这种划分方法并不十分正规,分类时重点考虑了基于 Verilog HDL 代码的可读性以及设计的方便性。

(1) 规则时序逻辑电路(regualer sequential circuit)。

规则时序逻辑电路的状态转换过程具有规则的模式,即其次态逻辑往往是规则的组合逻辑部件,如加法器和移位器等。

(2) 随机时序逻辑电路(random Sequential circuit)。

随机时序逻辑电路的状态转换过程要更复杂,电路的次态逻辑必须从头开始设计(也就是随机逻辑），不能使用加法器、移位器等简单电路直接实现，为了行文方便，本书称随机时序逻辑电路为有限状态机（Finite state machine，FSM）。关于有限状态机的设计将在第 8 章详细介绍。

（3）混合时序逻辑电路（combined Sequential circuit）。

混合时序电路由规则时序电路和有限状态机（FSM）组成，其中 FSM 用于控制规则时序电路。这类电路的设计都在寄存器传输级设计（Register Transfer Methodology）上进行，混合时序电路有时也称为带数据通道的有限状态机（finite state machine with data path，FSMD），其设计方法将在第 9、10 章详细介绍。

6.3.3　Verilog HDL 代码设计

前已述及，从电路结构的角度分析和设计 Verilog HDL 代码是最佳的设计方式。对于一般的同步时序逻辑电路，在采用 Verilog HDL 进行电路设计时，最好遵循图 6.5 所示的电路结构，将表示电路状态的存储元件、表示次态逻辑和输出逻辑的组合逻辑分开单独描述。采用边沿敏感的 always 块将状态寄存器描述成标准寄存器，采用电平敏感的 always 块描述次态逻辑和输出逻辑，第 5 章讨论的组合逻辑电路的设计和分析方法全部可以使用。对于输出逻辑比较复杂的情况，输出逻辑和次态逻辑也可以单独描述；对于输出逻辑较简单的情况，也可以直接采用连续赋值语句实现。

注意：①描述次态逻辑的 always 块的敏感列表中必须包括当前状态（state_reg）和全部输入。②如果采用独立的 always 块描述输出逻辑，对于摩尔状态机 always 块的敏感列表只需要包含状态寄存器，而对于米利状态机则需要包括状态寄存器和全部输入。

采用独立的 always 块描述状态寄存器和次态以及输出逻辑，对于某些简单的设计会使代码显得有些复杂，但是这种描述方法有助于更好的理解电路结构，尤其对于规模较大的数字系统，这种设计方式更加具有优势。

本书的绝大多数代码遵循这种设计方法，采用 state_reg 表示电路当前状态，state_next 表示电路的次态。例 6.1 给出一种描述时序逻辑电路的 Verilog HDL 代码的通用格式，读者在设计电路时可以采用例 6.1 作为模板。

【例 6.1】　时序逻辑电路的标准描述方式。

```
module module_name (
  //端口信号声明
  );
  //参数以及内部信号声明
  reg [N-1:0]state_reg, state_next;
  //状态寄存器
  always@(posedge clk, posedge reset) begin
  if(reset)
    state_reg <= 0;
  else
```

```
        state_reg ⇐ state_next;
    end
    //次态逻辑和输出逻辑
    always@（state_reg, inputs1,inputs2,…,inputsn）begin
        //定义次态逻辑和输出逻辑,一般使用 case 语句
        case(state_reg)
        //次态逻辑定义
    endcase end
endmodule
```

6.4 基于原语的时序电路设计

除了使用内部状态寄存器,异步时序电路也可以通过在组合电路中加入闭合的反馈环构成。如果设计合理,这种结构的异步电路可能具有更高的工作频率、更低的功耗。但是,这种设计方法对设计提出更多的挑战,尤其是对大规模的复杂设计。如果设计不当,容易导致电路出现竞争甚至出现振荡,这对于时序逻辑电路是无法容忍的。本书重点关注 RTL 级的数字电路设计,并不会详细讨论异步时序电路的设计问题,本节通过一个设计实例演示使用综合软件进行数字系统设计时,采用上述方法设计异步时序电路时可能存在的风险。

考虑图 6.1(a)介绍的 D 锁存器,例 6.2 给出 D 锁存器的 Verilog HDL 实现。

【例6.2】 D 锁存器的 Verilog HDL 描述。

```
module d_latch（
    input wire c,d,
    output reg q
    ）;
    always@（c, d）begin
        if(c)
            q=d;
        else
            q=q;
    end
endmodule
```

通常情况下,例 6.2 综合结果是标准的 D 锁存器,综合软件直接采用器件库中预先定义的 D 锁存器实现该设计。为了分析问题方便,本节考虑从头开始使用简单门电路设计 D 锁存器。图6.6(a)给出了一种 D 锁存器的实现,其中采用了一个 2 选 1 数据选择器。采用门电路实现 2 选 1 数据选择器,得到 D 锁存器的门级原理图,如图 6.6(b)所示。

图 6.6(a)、(b)与普通组合逻辑电路(第 5 章介绍的组合逻辑电路)有本质区别,其给出的 D 锁存器实现中,包含从输出引入的闭环反馈(一般称为组合反馈环)。正因如此,该电路

可能存在严重的时序问题,电路的行为强烈依赖于电路元件的传播延迟。假设所有的门电路具有相同的传播延迟 T,导线的延迟可以忽略不计,信号 c、d 以及 q 初始时皆为高电平 1。t_0 时刻,信号从 1 变为 0,下面分析电路工作过程。根据图 6.6(b),画出电路的详细时序图,如图 6.6(c)所示。总结如下:

① t_0 时刻,c 变为低电平 0;

② $t1$ 时刻(延迟 T),d,c 和 cn 变化;

③ $t2$ 时刻(延迟 $2T$),qcn 变化,q 变化;

④ $t3$ 时刻(延迟 $3T$),q 变化,qcn 变化。

容易发现,输出 q 会以 $2T$ 为周期不断振荡下去,电路处于不稳定状态。

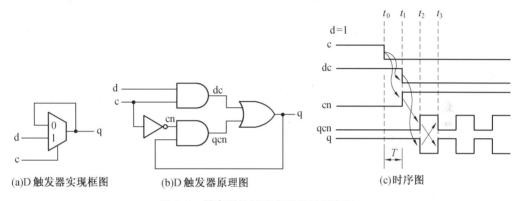

(a)D 触发器实现框图　　　　(b)D 触发器原理图　　　　　　(c)时序图

图 6.6　锁存器的原理实现以及时序图

前已述及,器件的传播延迟可能影响电路功能的正确性。异步电路更是如此,因此,大规模的异步设计并不适合采用软件自动进行设计。如果确实需要异步电路,建议从门级开始设计,而且最好使用原理图方式进行设计。

6.5　基本存储元件的 Verilog HDL 实现

数字电路中最基本的存储元件是触发器,触发器的种类很多,有 RS 触发器、JK 触发器、D 触发器以及 T 触发器等,最常用的是 D 触发器,如果多个 D 触发器的时钟和控制端连接在一起,可以构成 D 触发器组,一般称为寄存器(Register)。本节介绍的基本存储元件的 Verilog HDL 描述将经常出现在后续章节,而且描述方式也基本一致。出于完整性的考虑,首先介绍 D 锁存器的描述方法。

6.5.1　D 锁存器

D 锁存器的功能表和逻辑符号如图 6.1(a)所示,例 6.2 已经给出了 D 锁存器的一种描述方式,例 6.3 给出的描述方式与例 6.2 基本一致,区别在于例 6.3 没有采用 else 分支。对于例 6.2 和例 6.3 综合软件都能够自动识别为 D 锁存器,并从器件库中选择标准 D 锁存器实现该设计。

【例 6.3】　D 锁存器的 Verilog HDL 描述。

```
module d_latch (
    input wire c,d,
    output reg q
);
    always@(c, d) begin
      if(c)
         q=d;
    end
endmodule
```

在例6.3中,当c等于1时,输入d的值传递给输出q,即输入d和输出q之间是透明的。

注意:if语句并没有使用else分支。根据Verilog HDL定义,如果c不等于0,q应该保持其原值不变,这也正是本设计的意图,也可以采用else分支,并在else分支使用q=q对其赋值,参考例6.2。

6.5.2 触发器

现代数字设计中,使用最为广泛的存储元件是D触发器,将图6.1(b)、(c)和(d)重新绘制到图6.7(加入了使能信号en)。

【例6.4】 D触发器的Verilog HDL描述。

```
module d_ff (
    input wire d,
    input wireclk,
    output reg q
);
    always@(posedge clk) begin //注意与组合逻辑使用的电平敏感的敏感列表的区别
      q <= d;
    end
endmodule
```

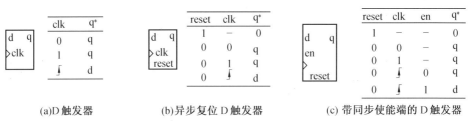

(a)D触发器　　　　(b)异步复位D触发器　　　　(c) 带同步使能端的D触发器

图6.7　D触发器的电路符号及功能表

触发器只能由always块实现,边沿敏感的触发器(寄存器)的描述与描述组合逻辑always块主要有两点不同:敏感列表和赋值方式。

敏感列表中posedge是Verilog HDL的关键字,表示上升沿,下降沿采用negedge表示,带有 posedge 或者 negedge 的敏感列表称为边沿敏感的敏感列表。描述组合逻辑电路的 always 块的敏感列表中不包含 posedge 或者 negedge,被称为电平敏感的敏感列表。关键字后紧跟的敏感信号,表示在该信号的上升沿,always 块会被激活。一般而言,出现在敏感列表中的信号只能是时钟信号或者复位和置位信号。因此,信号 d 并没有包含在敏感列表中。对于 D 触发器而言,d 信号的改变并不能引起输出 q 的改变,而只有在时钟信号 clk 的上升沿输出信号 q 才会获得输入 d 的值。

描述组合逻辑的 always 块中,一般只使用阻塞赋值语句,在描述触发器的 always 块中使用非阻塞赋值。关于阻塞赋值和非阻塞赋值的区别,请参考文献[3]。

例 6.4 给出的 D 触发器的描述只是示意性的,有些综合软件对这种描述方式报错,因为例 6.4 给出的并不是标准的 D 触发器描述。无论是集成电路的工艺库还是 FPGA 内部,D 触发器都会带有异步复位端,如图 6.7(b)所示。只要异步复位信号有效,D 触发器会被清零,清零操作独立于时钟信号,不受时钟信号控制。复位信号主要应用与系统的初始化过程。

【例 6.5】　带异步复位信号的 D 触发器。

```
module d_ff_reset (
    input wire clk, reset,
    input wire d,
    output reg q
  );
  always @ ( posedge clk, posedge reset) //只有时钟信号和异步复位信号出现在敏感列表
    if ( reset )
        q <= 1'b0;
    else
        q <= d;
endmodule
```

除了异步复位信号,D 触发器还可能带有其他的控制信号,比如使能信号,如图 6.7(c)所示。使能信号 en 有效时,D 触发器在每个时钟上升沿对输入 D 进行采样并传递给 q,否则保持上一次的输出值不变。

【例 6.6】　带有同步使能端的 D 触发器 Verilog HDL 描述。

```
module d_ff_en_1seg (
    input wire clk, reset,
    input wire en,
    input wire d,
    output reg q
  );
  always @ ( posedge clk, posedge reset) //同步使能信号并不出现在敏感列表中
    if ( reset )
        q <= 1'b0;
```

```
        else if ( en )
            q ⇐ d；
    endmodule
```

注意:第 2 个 if 语句没有 else 分支,根据 Verilog HDL 定义,对于某些输入组合,如果没有对输出变量进行明确赋值,那么输出变量保持不变。如果 en = 0,则 q 保持其前一次值不变。因此,不采用 else 分支恰好符合 D 触发器的行为。

例 6.4 ~ 6.6 给出了 D 触发器的几种不同描述方式,这些描述方式并没有严格遵守例 6.1 给出的时序逻辑电路描述的模板。严格意义上讲,对于简单的 D 触发器,不采用模板形式也不会有什么问题,而且如果采用模板形式可能会使描述显得比较麻烦。但如果设计的逻辑电路比较复杂,采用模板形式进行描述能够显著提高代码的可读性,也会使设计思路更清晰。例 6.7 采用例 6.1 给出的标准模板形式重新设计带使能端的 D 触发器。

【例 6.7】 具有使能信号的 D 触发器。

```
module d_ff_en_2seg (
    input wire clk, reset,
    input wire en,
    input wire d,
    output reg q
    )；
    //状态变量声明
    reg r_reg, r_next；
    //状态寄存器
    always @ ( posedge clk, posedge reset )
        if ( reset )
            r_reg ⇐ 1′b0；
        else
            r_reg ⇐ r_next；
//次态逻辑
    always @ ( r_reg,en, d )//等价@ alwyas@ *
        if ( en )
            r_next = d；
        else
            r_next = r_reg；
    //输出逻辑,摩尔类型
    always @ ( r_reg )
        q = r_reg；
endmodule
```

6.5.3　寄存器

具有相同时钟信号和复位信号的一组触发器被称为寄存器。与触发器类似,寄存器也可能有异步的复位信号和同步使能信号。除了输入和输出数据信号的位宽不同之外,寄存器的描述方式与 D 触发器的描述方式几乎相同。

【例6.8】　具有异步复位的 8 位寄存器。

```
module reg_reset (
    input wire clk, reset,
    input wire [7:0] d,
    output reg [7:0] q
    );
    always @ (posedge clk, posedge reset)
        if (reset)
            q <= 8'b0000_0000;
        else
            q <= d;
endmodule
```

6.5.4　寄存器文件

随机访问存储器(Random Access Memory, RAM)是数字系统中常用的存储元件,一般采用特殊的工艺制造。很多的数字器件以及 FPGA 内部都会带有自己的 RAM 用于保存中间计算结果。FPGA 内部包含大量的触发器,有时也会采用内部触发器构造具有 RAM 功能的寄存器文件,与 RAM 相比,寄存器文件的读写操作更为灵活,但需要消耗大量的逻辑资源。

一组寄存器再附加一些额外的控制逻辑便可构成寄存器文件,寄存器文件支持写和读操作,通常由 D 触发器实现。注意:如果需要读写的数据量较大通常不会使用寄存器文件,因为寄存器文件的实现需要更多的逻辑资源。例 6.9 给出了寄存器文件设计实例。写地址信号 w_addr用于指定数据写入寄存器文件的位置,读地址信号 r_addr 指定需要读出数据的位置。该设计使用参数 B 指定寄存器文件的宽度,W 指定地址线的宽度。

【例6.9】　寄存器文件的 Verilog HDL 描述。

```
module reg_file
    #(
    parameter B = 8, // 表示寄存器的位宽
            W = 2   //寄存器地址信号的位宽
    )
    (
    input wire clk,
    input wire wr_en,
```

```
    input wire [W-1:0] w_addr, r_addr,
    input wire [B-1:0] w_data,
    output wire [B-1:0] r_data
  );
  //向量数组构造寄存器文件
  reg [B-1:0] array_reg [2**W-1:0];  //注意:乘幂操作在预处理阶段处理
  //寄存器文件写操作
  always @ (posedge clk)
    if (wr_en)
          array_reg[w_addr] <= w_data;
  //读操作
  assign r_data = array_reg[r_addr];
endmodule
```

该设计中包括了一个二维数组的定义:

```
    reg [B-1:0] array_reg [2**W-1:0];
```

array_reg 是一个数组,包含 2**W 个元素,其中的每个元素是一个 B 位宽的寄存器类型的变量。数组元素的访问采用下标形式 array_reg[w_addr],其中下标索引是一个寄存器类型的变量。

6.6　设计实例

本节通过几个简单的设计实例演示时序逻辑电路的 Verilog HDL 设计方法。

6.6.1　移位寄存器

第 5.9.4 节讨论了组合逻辑移位器的设计,采用数据选择和基本逻辑门实现。本小节讨论移位寄存器的设计,移位寄存器是时序逻辑电路,每个时钟周期将寄存器的内容左移或者右移 1 位。

【例 6.10】　简单移位寄存器(方式 1)。

```
module shift_register1 (
    input wire a,
    input wire clk,
    output reg qc
  );
  reg qa,qb;
  always@ (posedge clk) begin
    qa <= a;
    qb <= qa;
```

```
        qc ⇐ qb;
    end
endmodule
```

【例 6.11】　简单移位寄存器(方式 2)。

```
module shift_register2 (
    input wire a,
    input wire clk,
    output reg qc
    );
reg qa,qb;
always@ ( posedge clk) begin
    qb ⇐ qa;
    qc ⇐ qb;
    qa ⇐ a;
end
endmodule
```

【例 6.12】　简单移位寄存器(方式 3)。

```
module shift_register3 (
    input wire a,
    input wire clk,
    output reg qc
    );
    reg qa,qb;
    always@ ( posedge clk)
        qb ⇐ qa;
    always@ ( posedge clk)
        qc ⇐ qb;
    always@ ( posedge clk)
        qa ⇐ a;
endmodule
```

对以上三例,总结如下:

①always 块中,非阻塞赋值语句的书写顺序并不影响综合结果。

②赋值的目标信号各不相同,当然也可以使用独立的 always 块对每个变量进行赋值,比如例 6.12。但这里要强调的是实现触发器(寄存器)的 always 块必须采用边沿敏感的敏感列表,这样才能保证综合软件给出正确的结果。例 6.10 ~ 6.12 给出的三种描述方式,综合结果是一致的,综合结果以及时序如图 6.8 所示。

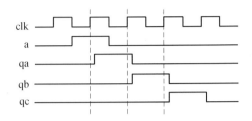

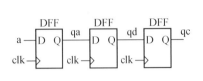

图 6.8　简单的移位寄存器原理以及时序图

【例 6.13】　阻塞赋值语句与非阻塞赋值语句。

```
module shift_register1 (
    input wire a,
    input wire clk,
    output reg qc
);
    reg qa,qb;
    always@ ( posedge clk ) begin
        qc = qb;
        qb = qa;
        qa = a;
    end
endmodule
```

通常情况下,描述存储元件时不建议使用阻塞赋值语句,因为阻塞赋值语句书写顺序影响综合结果。例 6.13 给出的是采用阻塞赋值语句实现的移位寄存器,其综合结果如图 6.8 所示,与前面介绍的 3 种描述方式相比,阻塞赋值语句的顺序非常关键,如果改变赋值顺序得到的综合结果将与预期有很大差别。例 6.14 采用阻塞赋值语句,但是改变了赋值顺序,综合结果与例 6.13 却大相径庭,如图 6.9 所示。

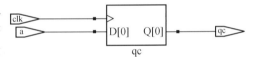

图 6.9　例 6.13 的综合结果

【例 6.14】　阻塞赋值语句与非阻塞赋值语句。

```
module example1 (
    input wire a,
    input wire clk,
    output reg qc
);
    reg qa,qb;
    always@ * begin
        qa = a;
        qb = qa;
        qc = qb;
```

end

endmodule

　　有些移位寄存器可能带有附加的控制端,例6.15给出一种带有使能端和并行装载功能的移位寄存器的 Verilog HDL 描述,其综合结果如图6.10所示。

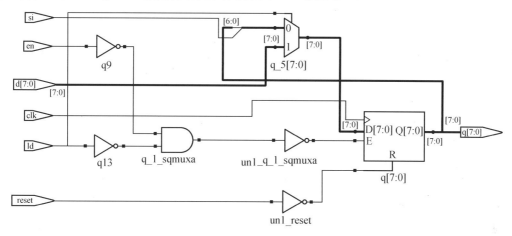

图6.10　例6.15的综合结果

【例6.15】　带使能端的移位寄存器。

```
module sreg8bit (
    input wire clk,si,ld,reset,en,
    input wire [7:0]d,
    output reg [7:0]q
);
    always@(posedge clk, negedge reset) begin
      if(!reset)   //等价于 if(reset=1′b0)
        q <= 8′b0000_0000;
      else begin
        if(en)
          q <= {q[6:0],si};//拼接操作
        if(ld)
          q <= d;
      end
    end
endmodule
```

　　以上几种描述方式虽然都实现了移位寄存器,但是并没有严格按照例6.1给出的模板进行描述。下面给出按照典型时序电路结构,将存储元件和组合逻辑严格分开进行描述的移位寄存器的 Verilog HDL 描述,读者应该仔细体会。

【例6.16】　移位寄存器的典型描述。

```
module free_run_shift_reg
```

```
  #( parameter N = 8 )
  (
     input wire clk, reset,
     input wire s_in,
     output wire s_out
  );
  reg [N-1:0] r_reg;
  wire [N-1:0] r_next;
  //内部寄存器
  always @ ( posedge clk, posedge reset )
      if ( reset )
          r_reg <= 0;
      else
          r_reg <= r_next;
  //次态逻辑
  assign r_next = { s_in, r_reg[N-1:1] };
  //输出逻辑
  assign s_out = r_reg[0];
endmodule
```

例 6.16 中移位寄存器的次态逻辑是一个简单的 1 位移位器,每个时钟周期移位器右移 1 位,并将串行输入 s_in 填充到 MSB。实际上,1 位寄存器并不需要任何的次态逻辑,只需要将上一级寄存器的输出连接到下一级寄存器的输入即可(例 6.10 ~ 6.12)。

作为本小节最后一个设计实例,要求设计 1 个具有保持、左移、右移和装载功能的移位寄存器。当输入控制 ctrl = 00,保持;ctrl = 01,左移 1 位,LSB 使用 d[0] 填充;ctrl = 10,右移 1 位,MSB 使用 d[N-1] 填充;ctrl = 11,装载。

【例 6.17】 通用移位寄存器的 Verilog HDL 描述。

```
module univ_shift_reg
  #( parameter N = 8 )
  (
     input wire clk, reset,
     input wire [1:0] ctrl,
     input wire [N-1:0] d,
     output wire [N-1:0] q
  );
  //信号声明
  reg [N-1:0] r_reg, r_next;
  // body
```

//标准寄存器描述
```verilog
always @ ( posedge clk, posedge reset)
    if ( reset )
        r_reg <= 0;
    else
        r_reg <= r_next;
```
//次态逻辑
```verilog
always @ ( r_reg, ctrl, d)
  case( ctrl)
    2'b00: r_next = r_reg;                      //保持
    2'b01: r_next = { r_reg[ N-2:0], d[ 0]};    //左移
    2'b10: r_next = { d[ N-1], r_reg[ N-1:1]};  //右移
    default: r_next = d;                        //装载
  endcase
```
//输出逻辑
```verilog
assign q = r_reg;
endmodule
```

6.6.2　计数器

计数器(counter)是最基本的时序逻辑电路,广泛应用于各类数字系统。本小节介绍计数器 Verilog HDL 描述方法。

1. N 位二进制计数器

N 位二进制计数器反复对某个序列进行计数,例如,4 位二进制计数器就是从"0000"一直计数直到"1111",然后再重新开始计数。例 6.18 给出了一个 N 位二进制计数器。

【例 6.18】　N 位二进制计数器。
```verilog
module free_run_bin_counter
    #( parameter N = 8)
    (
      input wire clk, reset,
      output wire max_tick,
      output wire [ N-1:0] q
    );
    //内部信号声明
    reg [ N-1:0] r_reg;
    wire [ N-1:0] r_next;
    //标准寄存器描述
    always @ ( posedge clk, posedge reset)
```

```
        if (reset)
            r_reg <= 0;  // {N{1b'0}}
        else
            r_reg <= r_next;
//次态逻辑
assign r_next = r_reg+1;//次态逻辑是规则的加1电路
//输出逻辑
assign q = r_reg;
assign max_tick = (r_reg == 2 * * N-1) ? 1'b1 : 1'b0;
            //can also use (r_reg == {N{1'b1}})
endmodule
```

本例中次态逻辑是一个加 1 器(incrementor),其作用是将寄存器的当前值加 1。如果寄存器的当前值为"1…1",加 1 操作会使寄存器清 0,该设计包含一个输出信号 max_tick,当计数器计数值达到"1…1"(2^N-1)时,信号 max_tick 置位。

2.通用 N 位二进制计数器

上面介绍的计数器功能相对简单,下面给出一个功能相对复杂的计数器的设计过程,这里称其为通用二进制计数器,该计数器支持加法计数、减法计数和保持功能;支持装载计数初值;具有同步清零输入,其功能如表 6.1 所示。

表 6.1 通用 N 位计数器功能表

syn_clr	load	en	up	q *	operation
1	x	x	x	0…0	同步清零
0	1	x	x	d	装载
0	0	0	x	q	加 1 计数
0	0	1	1	q+1	减 1 计数
0	0	1	0	q−1	保持

【例 6.19】 通过用 N 位二进制加法计数器。

```
module univ_bin_counter
    #(parameter N=8)
    (
    input wire clk, reset,
    input wire syn_clr, load, en, up,
    input wire [N-1:0] d,
    output wire max_tick, min_tick,
    output wire [N-1:0] q
    );
    //内部信号声明
```

```
    reg [N-1:0] r_reg, r_next;
    // 寄存器
    always @ (posedge clk, posedge reset)
        if (reset)
            r_reg ⇐ 0;  //
        else
            r_reg ⇐ r_next;
    //次态逻辑
    always @ *
        if (syn_clr)
            r_next=0;
        else if (load)
            r_next=d;
        else if (en & up)
            r_next=r_reg+1;
        else if (en & ~up)
            r_next=r_reg-1;
        else
            r_next=r_reg;
    //输出逻辑
    assign q=r_reg;
    assign max_tick=(r_reg==2**N-1) ? 1'b1 : 1'b0;
    assign min_tick=(r_reg==0) ? 1'b1 : 1'b0;
endmodule
```

3. 环形计数器

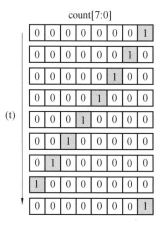

图 6.11　环形计数器的计数过程

环形计数器(ring counter)在某个时钟周期只置位计数值中的 1 位,并且循环计数,其计数过程如图 6.11 所示。

【例 6.20】　8 位环形计数器。

```
module ring_counter
    #(parameter N=8)
(
    output wire [N-1:0] count,
    input wire enable, clock, reset
);
    reg [N-1:0] state_reg, state_next;
    always @   (posedge reset or posedge clock)
    if (reset== 1'b1)   //if(reset)
```

```
            state_reg <= 8'b0000_0001;
        else
            state_reg <= state_next;
        always@(state_reg, enable)
            if(enable== 1'b1)
                state_next={state_reg[N-2:0], state_reg[N-1]};
            else
                state_next=state_reg;
        assign count=state_reg;
endmodule
```

4. mod-m 计数器

mod-m 计数器的计数范围是 $0 \sim (m-1)$，之后返回 0 重新开始计数。例 6.21 给出一种参数化的 mod-m 计数器的描述方法，其中包括了两个参数：M 和 N，M 用于指定计数范围，N 用于表示需要的寄存器位宽，$N=\log_2 M$。

【例 6.21】 mod-m 计数器。

```
module mod_m_counter
    #(
        parameter N=4, // number of bits in counter
                    M=10
    )
    (
        input wire clk, reset,
        output wire max_tick,
        output wire [N-1:0] q
    );
    reg [N-1:0] r_reg;
    wire [N-1:0] r_next;
    //寄存器
    always @ (posedge clk, posedge reset)
        if(reset)
            r_reg <= 0;
        else
            r_reg <= r_next;
    //次态逻辑
    assign r_next=(r_reg==(M-1))? 0 : r_reg+1;
    //输出逻辑
    assign q=r_reg;
```

assign max_tick = (r_reg == (M-1)) ? 1'b1 : 1'b0;

endmodule

例 6.21 使用连续赋值语句实现次态逻辑,当计数值等于 M-1 时,计数值清 0,否则加 1。对于规则时序逻辑电路,由于其次态逻辑都相对简单,一般可以直接采用连续赋值语句实现。

6.6.3　LED 显示时分复用电路

本小节介绍一种用于 LED 显示的时分复用电路的设计。假设 4 个 7 段显示数码中每个数码管使用独立的使能信号(位选),但共享 8 个数据线(段选),所有信号都是低电平有效。图 6.12 给出同时使用 4 个数码管显示数字的示意图。为了在最右侧的数码管上显示数码"3",使能信号必须对应编码"1110",7 位的数据编码必须为 0000110。采用图 6.12 所示的连接方式,在同一时刻只能使能 1 个数码管,即在同一时刻只能有 1 个数码管显示数字。通过依次使能 4 个数码管中的 1 个,达到时分复用的目的。图 6.13 给出使能信号的时序图,如果使能信号的刷新频率足够高,人眼将无法区分 LED 点亮和关闭间隔,造成所有 4 个数码管同时点亮的错觉,这种显示方式称为 LED 的动态显式。采用这种方案,将使用的 FPGA 的 I/O 数从 32 个减少到 12 个,下面讨论 LED 显示时分复用电路的设计。

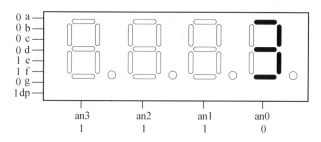

图 6.12　7 段显示 LED 动态显示原理

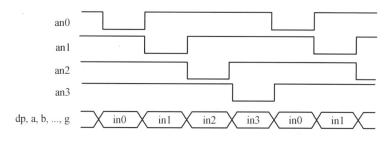

图 6.13　LED 显示时分复用电路时序图

图 6.14 给出了 LED 显示时分复用电路的电路符号和实现框图,该电路包括 4 个数据输入端口 in3、in2、in1 和 in0,分别表示 4 个数码管的段选,使能输出 an 用于使能 4 个数码管中的 1 个,输出 sseg 是对应的显示编码。

使能信号的刷新速率必须足够高,以使人眼无法区分 LED 的点亮和关闭,但是刷新速率又不能太高,否则无法保证 LED 被完全地点亮和关闭。通常情况下,刷新频率在 1 000 Hz 比较合适。本设计使用一个 18 位的计数器达到此目的,18 位信号的高 2 位作为时分复用的选择信号。

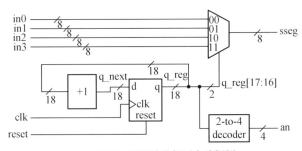

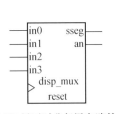

(a)LED 显示时分复用电路符号   (b)LED 显示时分复用电路框图

图 6.14   LED 显示时分复用电路

【例 6.22】   LED 显式时分复用电路的 Verilog HDL 描述。

```verilog
module disp_mux (
    input wire clk, reset,
    input [7:0] in3, in2, in1, in0,
    output reg [3:0] an,
    output reg [7:0] sseg
);
    localparam N = 18;
//内部信号声明
reg [N-1:0] q_reg;
wire [N-1:0] q_next;
//N 为计数器
always @ (posedge clk,    posedge reset)
    if (reset)
        q_reg <= 0;
    else
        q_reg <= q_next;
// 次态逻辑
assign q_next = q_reg+1;
// 输出逻辑
always @ *
    case (q_reg[N-1:N-2])
        2'b00:begin
                an = 4'b1110;
                sseg = in0;
            end
        2'b01:begin
                an = 4'b1101;
```

```
                sseg = in1 ;
            end
        2′b10：begin
                an = 4′b1011；
                sseg = in2 ;
            end
        default：begin
                an = 4′b0111；
                sseg = in3 ;
            end
    endcase
endmodule
```

例 6.22 中，假设输入为 LED 显示的段选码，直接设计了时分复用电路。如果输入信号不是段选码，而是二进制数，为正确显示数字必须引入显示译码器，具体实现过程如例 6.23 所示。首先通过 4 选 1 数据选择器选择 1 个需要显示的数字，然后通过 7 段显示译码器对其进行译码，如图 6.15 所示，该方案只需要 1 个译码电路，并且数据选择器的位宽也从 8 位减少到 4 位。除了时钟和复位信号，电路还包括 4 个 4 位宽的输入 hex3、hex2、hex1、hex0 和 4 位宽连接小数点信号线，该 4 位信号组成一个 4 位宽的信号 dp_in。

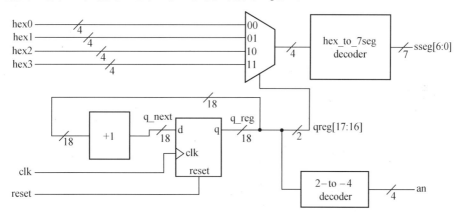

图 6.15　LED 显示电路框图

【例 6.23】　十进制数字显示时分复用电路。

```
module disp_hex_mux (
    input wire clk, reset,
    input wire [3：0] hex3,hex2, hex1 , hex0,
    input wire [3：0] dp_in,
    output reg [3：0] an,
    output reg [7：0] sseg
);
```

```verilog
localparam N = 18;
// 内部信号声明
reg [N-1:0] q_reg;
wire [N-1:0] q_next;
reg [3:0] hex_in;
reg dp;
// 寄存器
always @ (posedge clk, posedge reset)
    if (reset)
        q_reg <= 0;
    else
        q_reg <= q_next;
// next-state logic
assign q_next = q_reg+1;
always @ *
    case (q_reg[N-1:N-2])
        2'b00: begin
                an = 4'b1110;
                hex_in = hex0;
                dp = dp_in[0];
            end
        2'b01: begin
                an = 4'b1101;
                hex_in = hex1;
                dp = dp_in[1];
            end
        2'b10: begin
                an = 4'b1011;
                hex_in = hex2;
                dp = dp_in[2];
            end
        default: begin
                an = 4'b0111;
                hex_in = hex3;
                dp = dp_in[3];
            end
    endcase
```

```
// 7 段显示译码器
always @ ( * ) begin
    case(hex_in)
        4′h0： sseg[6:0] = 7′b0000001；
        4′h1： sseg[6:0] = 7′b1001111；
        4′h2： sseg[6:0] = 7′b0010010；
        4′h3： sseg[6:0] = 7′b0000110；
        4′h4： sseg[6:0] = 7′b1001100；
        4′h5： sseg[6:0] = 7′b0100100；
        4′h6： sseg[6:0] = 7′b0100000；
        4′h7： sseg[6:0] = 7′b0001111；
        4′h8： sseg[6:0] = 7′b0000000；
        4′h9： sseg[6:0] = 7′b0000100；
        4′ha： sseg[6:0] = 7′b0001000；
        4′hb： sseg[6:0] = 7′b1100000；
        4′hc： sseg[6:0] = 7′b0110001；
        4′hd： sseg[6:0] = 7′b1000010；
        4′he： sseg[6:0] = 7′b0110000；
        default： sseg[6:0] = 7′b0111000；   // 4′hf
    endcase
    sseg[7] = dp；
end
endmodule
```

6.7 时序逻辑电路的 Testbench

第 4.8 节介绍了组合逻辑 Testbench 的设计方法,时序逻辑电路的 Testbench 设计思想与组合逻辑电路 Testbench 基本一致,这里需要额外考虑的是时钟信号的产生方法。本节通过设计一个简单的 Testbench 对例 6.19 给出的二进制计数器进行仿真,演示一般时序逻辑电路 Testbench 设计方法。设计专业的 Testbench 是一项非常复杂的任务,已经超出本书的范围。

【例 6.24】 通用二进制计数器的 Testbench。

```
module bin_counter_tb();
    localparam   T = 20；ǁ 时钟周期
    reg clk, reset；
    reg syn_clr, load, en, up；
    reg [2:0] d；
    wire max_tick, min_tick；
```

```
wire [2:0] q;
// 实例化被测模块
univ_bin_counter #(.N(3)) uut
    (.clk(clk), .reset(reset), .syn_clr(syn_clr),
     .load(load), .en(en), .up(up), .d(d),
     .max_tick(max_tick), .min_tick(min_tick), .q(q));
// 20 ns clock running forever
always begin
    clk = 1'b1; #(T/2);
    clk = 1'b0; #(T/2);
end
// reset for the first half cycle
initial begin
    reset = 1'b1; #(T/2);
    reset = 1'b0;
end
// other stimulus
initial begin
    //=====初始化输入=====
    syn_clr = 1'b0;
    load = 1'b0;
    en = 1'b0;
    up = 1'b1;  // count up
    d = 3'b000;
    @(negedge reset);   // wait reset to deassert
    @(negedge clk);      // wait for one clock
    //===== test load =====
    load = 1'b1;
    d = 3'b011;
    @(negedge clk);      // wait for one clock
    load = 1'b0;
    repeat(2) @(negedge clk);
    //===== test syn_clear =====
    syn_clr = 1'b1;   // assert clear
    @(negedge clk);
    syn_clr = 1'b0;
    //===== test up counter and pause =====
```

```
en = 1′b1; // count
up = 1′b1;
repeat(10) @ (negedge clk);
en = 1′b0; // pause
repeat(2) @ (negedge clk);
en = 1′b1;
repeat(2) @ (negedge clk);
// ══ test down counter ══
up = 1′b0;
repeat(10) @ (negedge clk);
// ══ wait statement ══
// continue until q = 2
wait(q == 2);
@ (negedge clk);
up = 1′b1;
// continue until min_tick becomes 1
@ (negedge clk);
wait(min_tick);
@ (negedge clk);
up = 1′b0;
    // ══ absolute delay ══
#(4 * T);    //    wait for 80 ns
en = 1′b0;    //    pause
#(4 * T);    //    wait for 80 ns
// ══ stop simulation ══
    $stop;
end
endmodule
```

为了对待测模块进行仿真,Testbench 一定会包含待测模块实例语句。本例实例了 1 个 3 位计数器模块 univ_bin_counter,另外还包含了 3 个产生 clock、reset 和常规输入的 initial 和 always 块。

产生时钟信号的方法很多,使用 always 块可以产生时钟信号,例如,

```
always begin
  clk = 1′b1; #(T/2)
  clk = 1′b0; #(T/2)
end
```

注意:该 always 块并未使用敏感列表,这表示该 always 块会不断重复执行。clk 信号会被

交替的赋值为 0 和 1,每个值持续半个时钟周期。

复位信号 reset 使用 initial 块产生:

initial begin

    reset = 1′b1; #(T/2);

reset = 1′b0;

end

initial 块只在仿真开始时执行 1 次。仿真开始(时刻 0)时刻 reset 信号被赋予高电平,半个时钟周期后 reset 变为低电平。

注意:缺省情况下,线网类型变量的默认值是 x,而不是 0,所以使用短时间的复位信号对系统进行初始化是良好的设计习惯。

第 2 个 initial 块用于产生其他输入信号。首先测试 load 和 clear 信号,之后再测试计数方向是否正常工作。$ stop 是 Verilog HDL 提供的系统函数,使仿真器停止仿真。

对于使用上升沿触发的触发器构成的同步时序逻辑系统,输入信号在时钟上升沿附近必须稳定,以满足建立时间和保持时间的要求。为了能够保证这个条件,一个可行的设计方案是在时钟下降沿时改变各输入信号的值,可以使用以下代码判断时钟下降沿:

@(negedge clk)

negedge 是表示下降沿的关键词,注意每一个@(negedge clk)语句表示等待一个新的下降沿。本节给出的 Testbench 模板中,使用@(negedge clk)语句说明时间变化。对于需要等待多个时钟周期的情形,可以使用 repeat 语句:

repeat (10) @(negedge clk)

该 Testbench 的最后还演示了其他几个时序控制语句的使用,例如:

wait (q = 2)

表示当 q 等于 2 时,而

wait (min_tick)

表示等待信号 min_tick 发生变化,而延迟一定时间采用如下方法:

#(4 * T);

如果在以上的那些时序控制语句后,需要改变输入信号的值,那么必须保证信号的改变不会发生在时钟信号的上升沿,此时可以使用一个附加的

@(negedge clk)

仿真结果如图 6.16 所示。

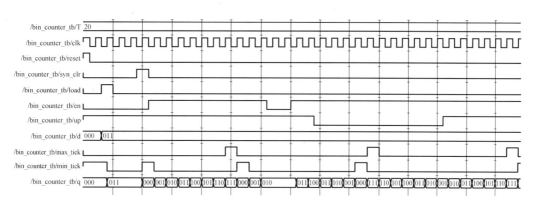

图 6.16　通用 N 位计数器的仿真结果

6.8　时序逻辑电路设计要点

对于大规模、复杂的数字系统,同步设计是最重要的设计方法。某些不好甚至是错误的设计方法并不严格遵循同步设计原则,但这些设计方法在基于 HDL 的 RTL 设计中应该严格避免。本节讨论这些不良的设计习惯或者方法,并提出相应的改进措施,这些常见的设计问题包括:

①　异步复位信号的误用;

②　门控时钟的误用;

③　导出时钟(Derived clock)的误用。

6.8.1　同步时序逻辑设计常见错误

1. 异步信号的误用

在同步系统设计中,只使用触发器的异步复位或者预置(preset)信号对系统进行初始化操作,在常规的操作中,不应该使用异步复位或者预置信号。图 6.17(a)给出了带有异步复位信号的 mod-10 计数器概念性原理图,其设计思想是在计数值达到"1010"后立即将其清 0。例 6.25 给出的是异步复位 mod-10 计数器的 Verilog HDL 描述,其综合结果如图 6.18 所示。

【例 6.25】　异步复位 mod-10 计数器的 Verilog HDL 描述。

```verilog
module mod10_counter (
    input wire clk,reset,
    output wire [3:0]q
);
    reg [3:0]r_reg,r_next;
    wire tmp;
    assign tmp=((reset==1'b1)||(r_reg==4'b1010))? 1'b1:1'b0;
    always@(posedge clk or posedge tmp) begin
        if(tmp==1'b1)
```

```
            r_reg ⇐ 4′b0000;
        else
            r_reg ⇐ r_next;
    end
    always@ ( * ) begin
        r_next = r_reg+1′b1;
    end
    assign q = r_reg;
endmodule
```

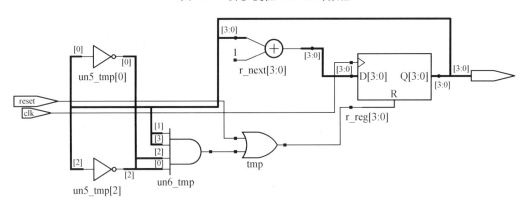

(a)实现框图　　　　　　　　　　　(b)时序图

图 6.17　异步复位 mod-10 计数器

图 6.18　例 6.25 的综合结果

例 6.25 存在几个问题，首先，从状态"1001"到状态"0000"的切换是有噪声的，如图 6.17(b)所示，在该时钟周期，计数值首先从"1001(9)"切换到"1010(10)"，然后经过比较器电路的延迟和异步复位的延迟后清 0，该时钟周期电路经历了两个状态"1010"和"0000"，而且计数值"1010"的持续时间可能非常短。其次，该设计并不可靠。复位信号由组合逻辑产生，连接到寄存器的异步复位端，因此，任何的毛刺都可能导致寄存器被清 0。最后，在常规的操作中使用异步复位操作，无法应用一般的时序分析技术，因而会导致这类设计的最高工作频率难于确定。

通过使用数据选择器将"0000"或者次态结果连接到寄存器的输入，可以避免使用异步复位端。代码参考例 6.26，其综合结果如图 6.19 所示。

【例 6.26】　具有同步载入信号的 mod-10 计数器的 Verilog HDL 描述。

```
module mod10_counter_good (
    input wire clk,reset,
    output wire [3:0]q
    );
    reg [3:0]r_reg,r_next;
    always@(posedge clk or posedge reset) begin
        if(reset==1'b1)
            r_reg <= 4'b0000;
        else
            r_reg <= r_next;
    end
    always@* begin
     if(r_reg==4'b1001)
        r_next=4'b0000;
     else
        r_next=r_reg+1'b1;
    end
    assign q=r_reg;
endmodule
```

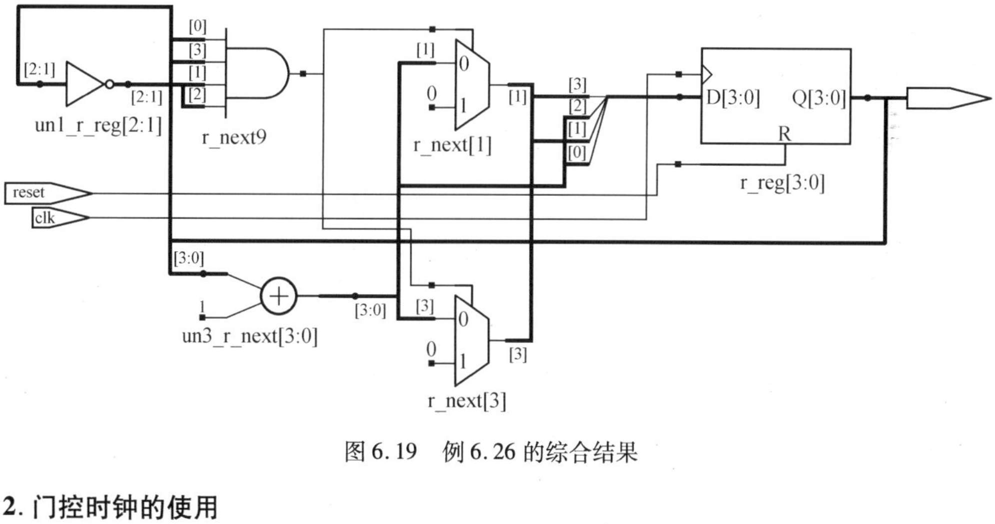

图 6.19　例 6.26 的综合结果

2. 门控时钟的使用

同步时序逻辑设计要求在设计中避免使用门控时钟,图 6.20 给出的计数器使用了门控时钟,对应的 Verilog HDL 描述如例 6.27 所示。设计者的意图是通过关闭时钟信号来暂停计数操作,这种设计方式存在如下几个问题:

首先,因为使能信号 en 的改变独立于时钟信号,可能会导致输出脉冲特别窄,从而导致计数器故障。其次,如果使能信号存在毛刺,则毛刺信号可能通过与门,被理解成时钟沿。最后,时钟信号路径上包含与门,可能会影响时钟网络的分析与设计。

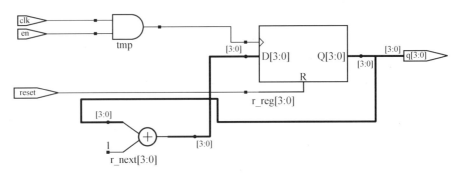

图 6.20 门控时钟计数器(例 6.27)

通过使用同步使能信号可以避免在设计中出现门控时钟。对于本例,就是将寄存器的输出通过加法器直接连接到输入端,并将使能信号作为加数之一。如果使能 en 为低电平,那么寄存器直接对其输出采样并保存,结果好像是计数器停止工作。具体实现方法参考例 6.28,其综合结果如图 6.21 所示。

【例 6.27】 门控时钟计数器的 Verilog HDL 描述。

```
module binary_counter_gated_clock (
    input wire clk,reset,en,
    output wire [3:0]q
);
reg [3:0]r_reg,r_next;
wire tmp;
assign tmp=en & clk;
always@ ( posedge tmp, posedge reset)
if( reset)
    r_reg ⇐ 4′b0000;
else
    r_reg ⇐ r_next;
always@ *
    r_next=r_reg+1′b1;
//输出逻辑
assign q=r_reg;
endmodule
```

【例 6.28】 带使能信号计数器。

```
module binary_counter_en (
    input wire clk,reset,en,
    output wire [3:0]q
);
reg [3:0]r_reg,r_next;
```

```
//状态寄存器
always@ ( posedge clk , posedge reset)
if( reset)
    r_reg ⇐ 4′b0000;
else
    r_reg ⇐ r_next;
always@ *
    if( en)
        r_next = r_reg+1′b1;
    else
        r_next = r_reg;
//输出逻辑
assign q = r_reg;
endmodule
```

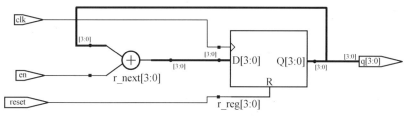

图 6.21　低电平使能信号计数器(例 6.28)

功耗是今天数字系统设计需要考虑的一个重要指标。门控时钟是低功耗设计中经常使用的技术,通过门控时钟可以减少不必要的晶体管开关动作。然而,在 RTL 设计,必须避免使用门控时钟。如果确定必须使用门控制钟,可以在综合和验证之后,使用特殊的功耗优化软件,使用门控时钟取代使能逻辑。

3. 导出时钟的使用

典型的数字系统可能包括时钟频率不同的多个子系统。例如,数字系统可能包含 1 个快速的处理器和多个相对较慢的 I/O 子系统。为了向慢速子系统提供时钟信号,可以使用时钟分频器(也就是计数器),实现框图如图 6.22 所示。这种设计方法存在严重问题:整个系统不再是同步的。如果两个子系统之间需要交互(如图 6.22(a)中的虚线所示),时序分析将变得非常复杂。同步时序电路的时序模型将无法使用,时序分析时必须考虑具有不同频率和相位的两个时钟信号。无论在 FPGA,还是 ASIC 设计中时钟网络都需要特殊处理(与普通信号不同),加入导出时钟会给设计带来更多的困难。对于该问题比较好的解决方法如图 6.23(b)所示,仍然采用原来的时钟信号驱动子系统,同时增加同步使能信号,这样时钟分频器产生的信号不再是时钟信号,而是使能信号。

下面考虑 1 个简单的定时器设计问题。假设系统时钟为 1 MHz,设计任务要求产生一个分定时器和秒定时器。第 1 个设计方案如图 6.23(a)所示,该方案首先使用一个 mod-

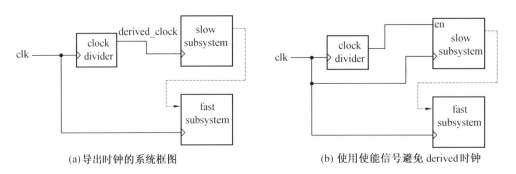

(a) 导出时钟的系统框图　　　　　　　　(b) 使用使能信号避免 derived 时钟

图 6.22　导出时钟与同步时钟

1000000 定时器产生 1 个 1Hz 的方波,该 1Hz 的方波信号用于驱动第 2 个 mod-60 计数器,第 2 个 mod-60 计数器又会产生 1 个 1/60 Hz 的方波,用于驱动第 3 个 mod-60 的定时器,产生分定时信号。mod-1000000 计数器和第 1 个 mod-60 计数器输出方波信号用作比较器的输出用于产生 50% 占空比方波信号,用于下一级计数器的时钟信号。具体实现参考例 6.29,综合结果如图 6.24 所示。

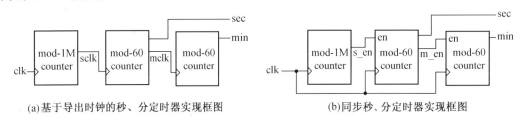

(a) 基于导出时钟的秒、分定时器实现框图　　　(b) 同步秒、分定时器实现框图

图 6.23　秒、分定时器实现框图

【例 6.29】　基于导出时钟的秒、分定时器的 Verilog HDL 描述。

```
module timer_derived_clock (
    input wire clk, reset,
    output wire [5:0]sec, min
);
    wire sclk, mclk;
    reg [19:0]r_reg;
    wire [19:0]r_next;
    reg [5:0]s_reg, m_reg;
    wire [5:0]s_next, m_next;
    //mod-1M 计数器
    always@(posedge clk, posedge reset) begin
        if(reset)
            r_reg <= 0;
        else
            r_reg <= r_next;
    end
```

assign r_next＝(r_reg＝999999)? (0):(r_reg+1);//next state logic

assign sclk＝(r_reg <500000)? 1′b0:1′b1;

//mod-60 计数器

always@ (posedge sclk, posedge reset) begin

  if(reset)

    s_reg ⇐ 0;

  else

    s_reg ⇐ s_next;

end

assign s_next＝(s_reg＝59)? (0):(s_reg+1);//next state logic

assign mclk＝(s_reg <30)? 1′b0:1′b1;

assign sec＝s_reg;

//mod-60 计数器

always@ (posedge mclk, posedge reset) begin

  if(reset)

    m_reg ⇐ 0;

  else

    m_reg ⇐ m_next;

end

assign m_next＝(m_reg＝59)? (0):(s_reg+1);//next state logic

assign min＝m_reg;

endmodule

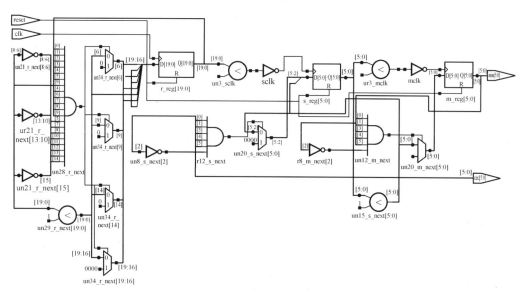

图 6.24　门控时钟分、秒计数器的综合结果(例 6.29)

为将该设计转换为同步设计,需要作两处改进:

①需要为 mod-60 计数器增加 1 个同步使能信号。如果使能信号无效,计数器停止计数保持当前状态不变。

②必须使用一个单周期的使能脉冲取代 50% 占空比时钟信号,该使能信号可以通过对计数器输出进行译码产生。

【例 6.30】 同步的秒、分计数器。

```
module timer (
    input wire clk, reset,
    output wire [5:0] sec, min
    );
    wire sclk_en, mclk_en;
    reg [19:0] r_reg;
    wire [19:0] r_next;
    reg [5:0] s_reg, m_reg;
    wire [5:0] s_next, m_next;
    //寄存器
    always@(posedge clk, posedge reset) begin
        if(reset==1'b1) begin
            r_reg <= 20'b0;
            s_reg <= 6'b0;
            m_reg <= 6'b0;
        end
        else begin
            r_reg <= r_next;
            s_reg <= s_next;
            m_reg <= m_next;
        end
    end
    assign r_next=(r_reg==999999)? (0):(r_reg+1);
    assign s_en=(r_reg==500000)? 1'b1:1'b0;
    //次态逻辑
    assign s_next=((s_reg==59)&&(s_en==1'b1))? (0):(s_en? (s_reg+1):s_reg);
    assign m_en=((s_reg==30)&&(s_en))? 1'b1:1'b0;
    assign m_next=((m_reg==59)&&(m_en==1'b1))? (0):(m_en? (s_reg+1):m_reg);
    //输出逻辑
    assign sec=s_reg;
    assign min=m_reg;
endmodule
```

6.8.2　同步时序逻辑设计要点

同步时序逻辑设计时,注意以下问题:

① 寄存器和组合逻辑单独描述;

② 寄存器采用具有边沿敏感列表的 always 块实现,在 always 块内采用非阻塞赋值语句;

③ 组合逻辑采用电平敏感的 always 块实现,内部采用阻塞赋值语句;

④ 遵循例 6.1 所示的同步时序逻辑 Verilog HDL 描述模板;

⑤ 避免使用门控时钟;

⑥ 避免使用导出时钟。

本章小结

为了描述方便,本节将数字电路分为三类:规则时序逻辑电路、有限状态机和 FSMD,这里再次强调:这种分类的界限并不十分清晰,分类的目的只是描述问题方便。时序逻辑电路分为摩尔状态机和米利状态机,典型结构包括次态逻辑、状态寄存器和输出逻辑三个部分,其中次态逻辑和输出逻辑都是组合逻辑电路,状态寄存器用于表示电路的状态。

本书强调在使用 Verilog HDL 描述时序逻辑时,存储元件和组合逻辑分开,独立描述。建议采用标准方式描述时序逻辑电路,具体描述方式如下:

module module_name

　(

　//端口信号声明;

　);

//参数以及内部信号声明

reg [N−1:0]state_reg, state_next;

//状态寄存器(标准描述方式)

always@(posedge clk, posedge reset) begin

　if(reset)

　　state_reg ⇐ 0;

　else

　　state_reg ⇐ state_next;

end

//次态逻辑和输出逻辑;如果次态逻辑足够复杂,可以将组合逻辑和次态逻辑独立描述

always@(state_reg, inputs1, inputs2, . . . , inputsn) begin

　　//定义次态逻辑和输出逻辑,一般使用 case 语句

　　case(state_reg)

　　//次态逻辑定义

end

endmodule

对于规则时序逻辑,由于其次态逻辑一般是简单、规则的电路,比如加法器、移位器等。因此,在具体描述时一般不需要采用 always 块,只需采用连续赋值语句即可。

习题与思考题 6

6.1　设计 JK 触发器。要求采用 D 触发器和组合逻辑电路设计 JK 触发器。(1)给出电路的 Verilog HDL 描述;(2)设计 Testbench,验证设计功能是否正确。

6.2　设计序列检测器。要求从连续输入的码流中检测连续输入 3 个 1,即"111",如果输入码流中包括"111",则置位输出 1 个时钟周期。要求:(1)画出设计的状态转换图;(2)给出设计的 Verilog HDL 代码。

6.3　设计格雷码计数器。提示:考虑习题 5.7 的格雷码加 1 电路。

6.4　设计分频电路。电路输入为时钟信号 clock 和复位信号 reset 以及控制信号 c,根据 c 取值不同,输出 pulse 信号实现对 clock 的 2、4、6、8 分频。

6.5　设计分频电路。除了时钟 clock(其频率用 m 表示)、复位 reset 信号,该分频电路还具有 1 个额外的控制输入信号 c(无符号二进制数,其值用 m 表示),电路具有 1 个输出信号 pulse。电路的输出信号 pulse 的频率等于 $f/2^m$。例如,如果 c = 0101,那么,输出 pulse 的频率等于 $f/2^5$。

6.6　考虑线性反馈移位寄存器电路的设计。提示:关于线性反馈移位寄存器内容请参考文献[8]、[9]。

6.7　试述阻塞赋值和非阻塞赋值的区别。

6.8　总结时序逻辑电路和组合逻辑电路描述方法的异同。

6.9　设计 BCD 码加法器。

第7章

同步时序逻辑电路的时序分析

7.1 引 言

行为级和 RTL 级功能仿真并不考虑电路器件的任何延迟信息,其目的只是验证电路的功能是否正确,并不会验证设计是否满足时序约束,也不会验证设计是否满足性能要求(最高工作频率等)。综合工具会对设计进行简单的时序分析,但是因为综合过程无法获取电路真实延时信息,只能根据预先定义的模型估计电路的时序参数,所以综合工具进行的时序分析的准确性受到很大限制。

随着 EDA 技术的发展,目前会有许多专门的时序分析工具用于处理数字电路的时序分析问题。时序分析软件自动对电路进行时序分析,并给出时序分析的详细报表。本章介绍电路时序分析的基本原理,这些内容是读者理解、分析时序报表,并根据时序分析结果对设计进行优化的基础。

7.2 Verilog HDL 的抽象层次

随着数字系统规模的不断扩大,一个数字系统设计任务往往包含大量数据需要处理和管理,单纯依靠一个人甚至一个设计团队无法管理如此复杂的设计任务。将系统划分为不同的抽象层次进行管理是设计复杂数字系统的有效方法。通常一个数字系统设计任务会包含大量的数据以及信息,但并不是每个设计步骤(任务)都需要全部这些数据和信息,也就是说,数字系统设计的某些步骤只需要一部分的数据和信息。因此,有必要对设计任务进行抽象(abstraction),针对具体设计任务提供全部设计数据中必要的数据和信息。抽象的目的是减少设计过程需要管理的数据和信息。抽象层次较高的模型只包含绝大多数的关键信息(设计功能);而抽象层次较低的模型则需要包含电路的更多细节,而对于电路实现的功能则无需考虑。尽管低抽象层次模型更为复杂,但是低抽象层次模型更准确也更接近于实际电路。实际设计往往从抽象级别较高的模型开始,并将精力集中于设计的一些关键特征(输入输出映射关系)。

通常情况下,可以将整个系统描述划分为系统级、寄存器传输级、门级和开关级等不同的抽象层次,其中门级和开关级属于结构级设计,其余属于行为级描述。抽象层次的划分与设计过程中采用的基本单元(building block)有关。例如,晶体管级描述的基本单元是晶体管,而门级描述的基本单元为逻辑门,寄存器传输级设计的基本单元为功能模块(functions module)。

除了以上介绍的抽象层次,设计者可以从行为、结构以及物理实现三个角度描述整个设计,而每个角度又可以从不同的抽象层次进行描述,将设计角度和抽象层次结合在一起,就得到了著名的 Y-chart 图,如图 7.1 所示。在 Y-chart 图中,每个轴表示一个设计角度,每个轴上,从中心向外抽象层次逐渐提高。

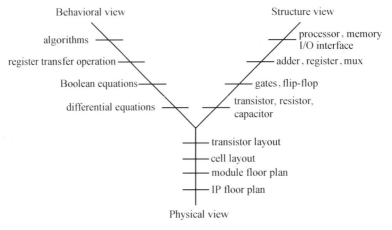

图 7.1　Y-chart 图

1. 晶体管级描述

晶体管级描述是数字设计的最低抽象层次,其基本单元是晶体管、电阻以及电容。晶体管级模型通常使用微分方程甚至电流-电压图描述。SPICE 是晶体管级设计最常用的仿真软件,通过 SPICE 软件,设计者可以获得输入输出信号的时序图以及相关信息。

在晶体管级,数字电路会被处理成模拟电路,即所有的信号都会被认为是连续的。对于包含成百上千万门的数字系统来说,从晶体管开始设计是无法想象的。因此,只有一些集成度不是很高的基本逻辑元件的设计才会使用晶体管级设计。一些 IC 制造常见或者 EDA 公司的元件库多在晶体管级进行设计。对于普通的数字系统设计人员而言,一般不会要求在晶体管级进行设计。

2. 门级描述

门级描述的基本单元是逻辑门,比如与门、或门以及异或门等。门级描述中,不再认为信号是连续的,而是将其抽象成数字信号,即只能取值 0 或者 1。因为信号只能取值逻辑 0 或者逻辑 1,所以可以用布尔方程描述输入和输出之间的关系。

注意:数字抽象只是将连续信号"理解"成离散的数字信号,以简化电路分析和设计过程,实际数字电路信号的取值依然是连续的。

3. 寄存器传输级

寄存器传输(Register Transfer Lecel, RTL)最初是数字电路的一种设计方法,寄存器传输设计方法中,设计者必须详细说明数据在不同寄存器之间处理以及传输的过程。寄存器传输级设计使用中等规模的功能模块作为基本单元,所以术语寄存器传输现在也被用于描述基于中等规模功能模块抽象层次的设计。本书的大部分内容都讲述 RTL 级描述数字系统设计。

图 7.2 给出 RTL 级数字系统的典型结构,其中所有存储元件(寄存器)使用同一个时钟信号,在时钟信号的上升沿,寄存器对组合逻辑的输出进行采样,并将采样结果保存到寄存器。第 5 章介绍组合逻辑电路时,说明了组合逻辑电路输出信号稳定需要一定时间(传播延迟)以及组合逻辑电路的输出可能存在毛刺等问题。但是由于寄存器传输级同步时序逻辑设计中,只在时钟上升沿采样组合逻辑的输出,只有时钟周期足够长,在时钟上升沿采样时,组合逻辑的输出已经达到了稳定。图 7.2 给出了数字系统设计中的一些重要参数,比如建立时间 T_{su}、时钟偏斜(Clock Slew)等,这些概念会在本书的后续章节给出详细介绍。

第 6.3.2 节介绍了同步时序电路的典型结构(见图 6.5)。注意:图 6.5 和图 7.2 本质上是一致的,将多个图 7.2 所示的电路并行叠加起来,其结构即等价于图 6.5,这也恰好说明寄存器传输级设计可以简化数字系统时序分析过程的原因。

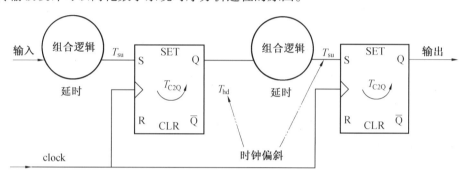

图 7.2　RTL 级描述的典型结构

7.3　同步时序电路的时序分析方法

最高工作频率(maximal clock rate)是时序电路的主要性能参数,电路的最高工作频率由组合逻辑的传播延迟、寄存器的时钟到输出延迟(T_{C2Q})以及寄存器的建立时间(T_{su})决定。其他的时序分析问题还包括寄存器的保持时间以及与 I/O 相关的时序参数的分析等。本节介绍同步时序电路的时序分析的基本原理。

7.3.1　建立时间和最高工作频率

状态寄存器 state_reg 的输出信号反馈到次态逻辑的输入端由次态逻辑对其进行处理,次态逻辑的输出会形成新的寄存器输入信号。为了分析时序,必须讨论该反馈环,并分析 state_reg 和 state_next 信号。state_reg 信号是寄存器的输出同时也是次态逻辑的输入。state_next 信号是寄存器的输入同时也是次态逻辑的输出。

时序逻辑电路典型的时序图如图 7.3 所示,图中给出了 1 个时钟周期内的 state_reg 和 state_next 信号。时刻 t_0,时钟信号从 0 变为 1。假设在建立时间和保持时间范围内 state_next 已经稳定,经过寄存器的时钟到输出延迟(T_{C2Q})之后,寄存器的输出 state_reg 在时刻 t_1 有效($t_1 = t_0 + T_{C2Q}$)。state_reg 是次态逻辑的输入,次态逻辑会对该 state_reg 做出响应。定义次态逻辑最长和最短的传播延迟分别为 $T_{next(min)}$ 和 $T_{next(max)}$。图 7.3 中,state_next 信号在 t_2($t_2 = t_1 +$

$T_{next(min)}$)时刻改变,在t_3($t_2 = t_1 + T_{next(max)}$)时刻稳定,在时刻$t_5$下一个时钟上升沿到来,以上过程重复,$t_5$由时钟周期($T_c$)决定($t_5 = t_0 + T_c$)。

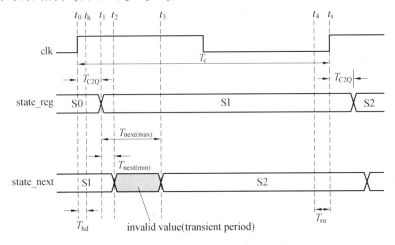

图 7.3 同步时序电路的典型时序

现在开始讨论建立时间的影响。建立时间约束要求,在下一个时钟周期到来的t_5时刻之前T_{su}时间范围内,信号 state_next 必须已经稳定,令$t_4 = t_5 - T_{su}$,即信号 state_next 必须在时刻t_4前保持稳定,即

$$t_3 < t_4$$

根据图 7.3,可得

$$t_3 = t_0 + T_{C2Q} + T_{next(max)}$$

且

$$t_4 = t_5 - T_{su} = t_0 + T_c - T_{su}$$

将以上两式代入不等式,可得

$$t_0 + T_{C2Q} + T_{next(max)} < t_0 + T_c - T_{su}$$

即

$$T_{C2Q} + T_{next(max)} + T_{su} < T_c$$

为了避免违反建立时间约束,系统的最小时钟周期为

$$T_{c(min)} = T_{C2Q} + T_{next(max)} + T_{su}$$

时钟周期是时序电路最主要的参数。通常情况下,使用最高时钟速率(maximal clock rate or frequency)或者最小时钟周期刻画时序电路的性能。

7.3.2 保持时间

保持时间对于电路性能的影响与建立时间不同。在时钟有效沿之后的一段时间内输入信号必须保持稳定,如图 7.3 所示,state_next 信号必须在t_0和t_h之间保持稳定,其中$t_h = t_0 + T_{hd}$。注意:state_next 信号最早在t_2时刻发生改变,为满足保持时间约束,必须有

$$t_h < t_2$$

因为

$$t_2 = t_0 + T_{C2Q} + T_{next(min)}$$

$$t_h = t_0 + T_{hd}$$

所以

$$t_0 + T_{hold} < t_0 + T_{C2Q} + T_{next(min)}$$

即

$$T_{hd} < T_{C2Q} + T_{next(min)}$$

参数 $T_{next(min)}$ 依赖于次态逻辑的复杂性。某些应用中,比如移位寄存器,寄存器的输出直接连接到其他寄存器的数据输入端,因此次态逻辑的传播延迟就是连接线的延迟,该值可以忽略不计。因此,最坏情况下,上式可以改写成

$$T_{hd} < T_{C2Q}$$

注意到以上的约束不等式中只包含触发器本身的时序参数,与次态逻辑没有任何关系。通常情况下,制造商能够保证其制造的器件满足该条件。因此,如果时钟沿到达所有寄存器的时间相同,设计不必担心违反保持时间约束。

7.3.3　输出相关时序参数

反馈闭环是时序电路时序分析的核心,前面已经做了详细分析。除此之外,数字系统还包括输入和输出,本小节介绍输出相关的时序分析方法。时序逻辑电路的输出分为摩尔型和米利型两种。摩尔型输出由系统状态决定,米利型输出则由系统内部状态和外部输入共同决定。在一个数字电路中可能同时存在两种类型的输出,如图 7.4 所示。与两种类型输出相关的主要时序参数 T_{C2O},表示时钟有效沿后输出信号有效需要的时间。T_{C2O} 等于 T_{C2Q} 与 T_{Q2O} 的和,其中 T_{Q2O} 表示输出逻辑的传播延迟,即

$$T_{C2O} = T_{C2Q} + T_{Q2O}$$

对于米利型输出,存在输入到输出的连接路径,此时,从输入到输出的传播延迟等于组合逻辑的传播延迟。

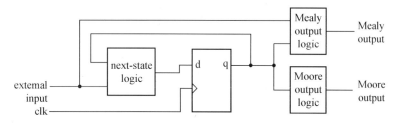

图 7.4　米利型和摩尔型输出相关的时序参数

7.3.5　输入相关的时序参数

在大规模的数字系统中,系统往往包含多个同步的子系统。因此,某个子系统的输入可能来自另外一个由同一个时钟信号控制的子系统,图 7.5 给出一个示意性的框图。注意两个子系统由同一个时钟信号控制。在时钟信号的上升沿,子系统 1 对输入采样,经过 $T_{C2O(system1)}$ 时间延迟后,子系统 1 的新输出值有效,该信号是子系统 2 的次态逻辑输入。其时序分析方法与第 7.3.1 节介绍的方法一样。

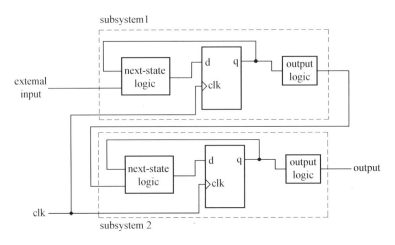

图 7.5　输入相关的时序参数

为了满足建立时间约束,两个电路的时序参数必须满足以下条件

$$T_{\text{C2O(system1)}} + T_{\text{next(max)}} + T_{\text{su}} < T_{\text{c}}$$

注意 $T_{\text{next(max)}}$ 表示次态逻辑的传播延迟,这里提到的 $T_{\text{next(max)}}$ 是外部输入的传播延迟,而第 7.3.2 介绍的 $T_{\text{next(max)}}$ 是内部寄存器输出到 state_next 的传播延迟。

7.4　组合逻辑的传播延迟

所有的数字器件(数字电路)都是由晶体管组成,这些晶体管工作在开关状态。晶体管的开关是需要时间的,因此实际的数字器件都是有延迟的,本节从介绍数字器件的延迟开始,通过实例介绍数字系统的最高工作频率的计算方法,虽然这些计算方法在实际电路设计中都可以由综合软件实现,但这些内容对于数字系统设计依然很重要,原因如下:

① 更好地理解综合软件的工作原理;

② 如果综合结果不能满足设计的时序需求,设计者可以按照本节介绍的方法提出进一步的优化方案。

数字电路由晶体管构成,对于时序分析而言,采用何种类型的晶体管并不重要,重要的是晶体管的功能以及时序参数。晶体管的开关延迟导致数字逻辑电路也会产生延迟。数字逻辑电路的延迟一般采用传播延时(propagation delay)度量,传播延迟定义为:从输入发生改变时刻起,到输出发生改变时刻止所经历的时间,本书用 T_{pd} 表示。分析晶体管时序参数以及晶体管的开关如何影响电路时序参数已经超出本书的范围,读者只需要理解门电路的传播延迟是由于其内部的晶体管的开关需要时间而产生的。

第 7.3 节针对典型的数字系统结构讨论了数字系统时序分析的基本原理。完整的数字电路可能会包含其他类型的传播路径,虽然在实际电路中其他类型的延迟路径很少出现。但出于完整性考虑,本节从最基本的组合逻辑电路的传播延迟等基本概念开始,针对具体电路结构讨论组合逻辑电路传播延迟的确定方法。

7.4.1　组合逻辑传播延迟的定义

本节以反相器为例,详细讨论传播延迟的概念。反相器具有一个输入和一个输出,如果输入是逻辑高,则输出为逻辑低,相反如果输入是逻辑低,则输出是逻辑高。当输入从高电平变为低电平,输出信号在经过一定的延时之后会从低电平变为高电平。信号在低电平、高电平之间的切换不能立即完成,需要一定的时间,分别定义为上升时间(Rising Time)和下降时间(Falling Time),如图 7.6 所示。数字系统分析中高电平和低电平是理想的抽象方法,实际电路中高、低电平对应着实际的电压值(范围)。为确切定义上升时间和下降时间,这里首先定义上升时间和下降时间的 50% 点。当信号从低电平对应的电压值上升到高电平对应的电压值 1/2 时的时刻称为上升时间的 50% 点,下降时间的 50% 点定义与此类似。反相器的传播延迟定义为:从输入信号发生电平改变的 50% 点时刻起,到相应的输出信号也发生改变的 50% 点为止所需要的时间。

输出处于高电平时的传播延迟与其处于低电平时的传播延迟可能不同。如果上升时间的 50% 点与下降时间的 50% 点时间长,这会导致反相器具有更长的传播延迟,对于以上不同的传播延迟,可以采用不同的符号进行表示。如果输出从高电平变为低电平,对应的传播延迟表示为 T_{phe},如果输出从低电平变为高电平,对应的传播延迟表示为 T_{plh}。出于简单考虑,采用以上两种传播延迟的最坏情况作为整个反相器的传播延迟 T_{pd}。

虽然不同逻辑门的实现方式不同,但是逻辑门电路的传播延迟的定义类似,多输入门电路可能具有多个传播延迟,例如,与门(AND)至少具有两个输入,如图 7.7 所示。为了确定整个与门的传播延迟,必须分别针对每个输入考虑传播延迟 T_{phl} 和 T_{plh}。

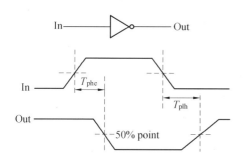

图 7.6　反相器传播延迟的定义

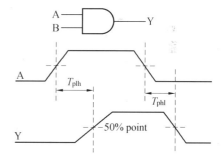

图 7.7　多输入与门传播延迟的定义

对于两输入与门,共有 4 种传播延迟:A2Y_T_{plh}、A2Y_T_{phl}、B2Y_T_{plh} 和 B2Y_T_{phl}。出于分析问题简单的目的,定义 4 个传播延迟中的最坏情况延迟为整个与门的传播延迟。对于具有更多输入的逻辑门电路,处理方式是一样的。典型情况下,器件的数据手册(Datasheet)会给出该电路的最坏情况延迟,并记为整个门电路的传播延迟。

7.4.2　传播延迟产生的后果

数字电路由基本逻辑门组成,由于门电路存在一定的传播延迟,可能会导致电路的输出产生错误或者不期望的输出,一般称为毛刺(Glitches)。毛刺指理想情况下不会出现,但是由于噪声或者其他原因影响而意外出现的错误逻辑电平。对于两输入与门,只有当两个输入信号同时为高电平时输出才会出现逻辑高。如果与门的两个输入分别是某个变量的原变量和反变量,那么理想情况下,该与门的输出永远不会出现高电平,如图 7.8 所示。假设反相器的传播延时为 T_{pd},由于信号的传播需要一定时间,在某些情况下,可能会导致与门输出一个短暂的高电平。假定输入信号 X 为低电平,反相器的输出为高电平。如果输入 X 变为高电平,由于反相器信号传播需要一定的时间,可能会导致与门的两个输入短暂同时为高电平的情况,从而导致与门输出端出现短暂的高电平。

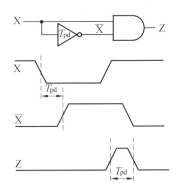

图 7.8 组合逻辑电路的毛刺

因为传播延迟的存在,将多个门电路组合到一起时可能会导致输出端出现毛刺,当然毛刺会在信号稳定后消失,因此,如果信号的传输没有结束,不能认为组合逻辑的输出是有效的,这也是绝大多数的数字系统都使用时钟的原因。时钟上升沿时,所有的输入信号加入到组合电路中,如果时钟周期设置合理,到下一次时钟上升沿到来时,毛刺已经结束,组合逻辑电路的输出已经达到稳定。时钟周期可以通过电路的传播延迟来确定,相关内容已经在第 7.3 节中作了详细介绍。

7.4.3　传播延迟的计算

电路的传播延迟 T_{pd} 可以通过电路输入到输出路径的延迟来确定,将路径中所有门电路的传播延迟相加,可以得到整条路径的传播延迟,针对电路中的每一条输入输出路径重复以上过程。当所有路径的传播延迟计算出来以后,选择其中最大的作为整个电路的传播延迟 T_{pd}。

【例 7.1】　组合逻辑电路传播延迟的计算。

图 7.9 给出采用基本逻辑门(与门、或门以及非门)实现的异或逻辑电路。电路中与门、或门以及非门的传播延迟如表 7.1 所示。本小节以该异或逻辑电路为例,介绍如何确定组合逻辑电路的传播延迟。

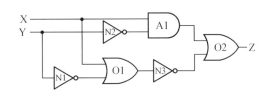

图 7.9 组合逻辑传播延迟的计算

图 7.9 所示的异或门电路共包含 4 条独立的从输入到输出的路径。第一条路径从输入信号 X 开始,经过与门 A1、或门 O2 到达输出 Z,整条路径的传播延迟 25+20 = 45 ns。第二条路径从 X 开始,经过 O1、N3 和 O2 到达输出,整条路径的传播延时位 20+10+20 = 50 ns。

从 Y 输入起始也包含两条路径。第一条路径通过反相器 N2、与门 A1 以及或门 O1,延迟值 10+25+20 = 55 ns。最后一条路径,从 Y 开始,通过非门 N1、或门 O1 和反相器 N3,最后是或门 O2,延迟值为 10+20+10+20 = 60 ns,所有的路径以及延迟计算起始输入如表 7.2 所示。

表 7.1　逻辑门的传播延迟	
门	传播延迟
NOT	10 ns
AND	25 ns
OR	20 ns

表 7.2　组合逻辑电路传播延迟的计算		
起始输入	路径	延迟
X	A1+O2	45 ns
X	O1+N3+O2	50 ns
Y	N2+A1+O2	55 ns
Y	N1+O1+N3+O2	60 ns

最坏路径的延迟值为 60 ns。如果该电路表示一个商业化的器件,那么在该器件的数据手册上应该列出的传播延迟为 60 ns。

7.5　时序逻辑电路的传播延迟

与组合逻辑电路相比,时序逻辑电路最长延迟路径的分析更困难。时序电路包含三种类型的延迟路径。第 1 种类型的延迟路径起始于电路的数据或者控制输入端,结束于电路的输出端,但是路径只能经过组合逻辑,不能包含任何的存储元件,这种路径的延迟被称为引脚到引脚(pin-to-pin)的传播延迟。第 2 种类型的延迟路径从电路的时钟输入端开始,结束于电路的输出端,且路径至多包含一个寄存器,这种路径的延迟称为时序逻辑电路的时钟到输出(clock-to-output)传播延迟,用符号 T_{C2O} 表示。最后 1 种延迟路径起始于寄存器,结束于另一个寄存器,这种类型的延迟称为寄存器到寄存器传播延迟(register-to-register 延迟)。

7.5.1　引脚到引脚传播延迟

引脚到引脚传播延迟(T_{P2P})路径从电路输入端开始,结束于电路输出端,且只包含组合逻辑,也就是说引脚到引脚路径不包含任何的寄存器。引脚到引脚路径的传播延迟与组合逻辑电路的最长传播延迟确定方法类似。整个引脚到引脚路径的延迟等于路径上所有的逻辑门的传播延迟值的和。如果电路中不包含引脚到引脚路径,那么 T_{P2P} 对于确定电路的最高时钟频率不起任何作用。

【例 7.2】　引脚到引脚传播延迟的确定。

电路如图 7.10 所示,其中每个门电路的传播延迟 T_{pd} 列于该门电路的右下角。图中所有寄存器都相同,参数值列于图 7.10 的右下角。输入保护电路以及输出扇出电路会降低信号的传输速度,这些电路在本例中使用简单的缓冲器表示(图中缓冲器 A、B、C 和 D),本例要求确定电路的引脚到引脚传播延迟(T_{P2P})。

图 7.10 所示电路包含多条引脚到引脚延迟路径。从输入 X 和 Y 起始,都有只包含组合逻辑的引脚到引脚延迟路径。时钟输入端(clk)不包含只有组合逻辑的引脚到引脚路径,因为以 clk 开始,以输出结束的路径包含至少 1 个寄存器。

对于输入 X,引脚到引脚路径包含缓冲器 A、或门 E、与门 H 以及缓冲器 D,路径的传播延迟为该路径上的逻辑门延迟值的叠加,即 1+8+9+6＝24 ns。

$$A\_T_{pd}+E\_T_{pd}+H\_T_{pd}+D\_T_{pd}=T_{P2P}$$
$$1+8+9+6=24\,\text{ns}$$

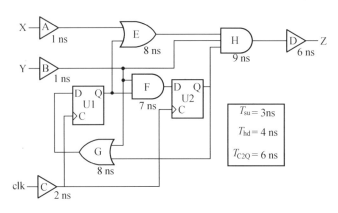

图 7.10　时序逻辑电路传播延迟的确定

对于输入 Y,路径起始于输入缓冲器 B,依次经过与门 H、输出缓冲器 D。路径中的这些门电路的传播延迟相加得到整个路径的延迟 1+9+6=16 ns。

$$B\_T_{pd}+H\_T_{pd}+D\_T_{pd}=T_{P2P}$$
$$1+9+6=16 \text{ ns}$$

两个延迟路径中延迟值较大者即为该电路最坏情况引脚到引脚延迟 T_{P2P}。路径"A+E+H+D"是最坏延迟路径,其延迟值为 24 ns。具体延迟路径和延迟值如表 7.3 所示。

表 7.3　时序逻辑电路引脚到引脚延迟确定

起始输入	路径	延迟
X	A+E+H+D	24 ns
Y	B+H+D	16 ns

7.5.2　时钟到输出延迟

时序逻辑电路的第 2 种类型的传播延迟路径称为时钟到输出延迟(clock-to-output)路径,其延迟值用 T_{C2O} 表示。时钟到输出路径起始于电路的时钟信号,终止于电路的输出,且至多只能通过一个寄存器。电路的时钟输入连接到寄存器的时钟输入端,然后通过寄存器,从寄存器的数据输出端输出。将路径中的组合逻辑路径的延迟以及寄存器的时钟到输出延迟(T_{C2Q})相加,得到整条路径的 T_{C2O} 延迟。

寄存器之前的组合逻辑延迟用 T_{comb_I2C} 表示,寄存器之后的组合逻辑延迟用 T_{comb_Q2C} 表示。

$$T_{comb\_I2C}+T_{C2Q\_FF}+T_{comb\_Q2C}=T_{C2O\_SYS}$$

某些电路分析程序采用与引脚到引脚延迟一样的方式来处理时钟到输出延迟。所以,在时序报告中可能并没有列出时钟到输出延迟路径。通常时序分析报告中列出每一输入信号的最坏情况延迟,所以通过分析时序报告,可以确定电路的时钟到输出延迟。

【例 7.3】　时序逻辑电路的时钟到输出延迟的计算。

电路如图 7.10 所示,确定电路的 T_{C2O}。图 7.10 所示的电路包含两条时钟到输出的延迟路径。两条路径都通过缓冲器 C。路径 1 通过寄存器 U1、或门 E、三输入与门 H,最终通过输出缓冲器 D。

$$C\_T_{pd}+U1\_T_{C2Q}+E\_T_{pd}+H\_T_{pd}+D\_T_{pd}=T_{C2O\_SYS}$$

$$2+5+8+9+6=30 \text{ ns}$$

第 2 条路径从缓冲器 C 开始,通过寄存器 U2,通过三输入与门 H,最后经过输出缓冲器 D。

$$C\_T_{pd}+U2\_T_{C2Q}+H\_T_{pd}+D\_T_{pd}=T_{C2O\_SYS}$$
$$2+5+9+6=22 \text{ ns}$$

以上两个延迟值中较大者就是整个电路的 T_{C2O}。路径"C+U1+E+H+D"是最坏的延迟路径,延迟值为 30 ns。具体延迟值和路径如表 7.4 所示。

表 7.4　时序逻辑的时钟到输出延迟的计算

Starting Input	Path	Delay
clk	C+U1+E+H+D	30 ns
clk	C+U2+H+D	22 ns

7.5.3　寄存器到寄存器传播延迟

时序逻辑电路的第 3 类型的传播延迟是寄存器到寄存器延迟(T_{R2R})。现代数字电路中,T_{R2R} 通常是三种类型的传播延迟中最大的,因此,电路的最小工作周期通常也是由 T_{R2R} 决定。寄存器到寄存器传播延迟路径从某个起始寄存器的输入开始,终止于目标寄存器的输入端,这里的目标寄存器与起始寄存器可以是同一个寄存器,延迟路径最多只能包含 2 个寄存器。电路中寄存器到寄存器延迟路径的数目正比于电路中寄存器的数目。具体地说,如果电路中具有 N 个寄存器,那么电路中寄存器到寄存器延迟路径至多为 2^N。因此,设计中必须考虑的寄存器到寄存器传播延迟路径会随着设计规模的增大而显著增加。

T_{R2R} 必须小于或者等于电路的时钟周期。在每个时钟周期的开始,时钟信号从低电平变为高电平,从时钟信号的改变开始,到寄存器的输入信号传输到寄存器的输出端需要一定的时间,也就是寄存器的时钟到输出延迟(T_{C2Q})。当输入信号传递到寄存器的输出端,寄存器输出端的组合逻辑电路开始工作,信号通过组合逻辑的传递,将会出现在目标寄存器的输入端,等待在下一个时钟有效沿将这些值保存到目标寄存器中,而且,信号必须能够满足寄存器的建立时间的要求。

$$T_{C2Q\_FF}+T_{comb\_R2R}+T_{su\_FF}=T_{R2R}$$

【例 7.4】　寄存器到寄存器传播延迟的确定。

电路如图 7.10 所示,确定电路的寄存器到寄存器传播延迟 T_{R2R}。

电路共有两个寄存器。以寄存器 U1 起始的寄存器到寄存器延迟路径只有 1 条,该路径经过与门 F 到达寄存器 U2,该路径延迟的确定相对容易。

$$U1\_T_{C2Q}+F\_T_{pd}+U2\_T_{su}=T_{R2R}$$
$$5+7+3=15 \text{ ns}$$

从寄存器 U2 开始,也只有 1 条寄存器到寄存器的传播延迟路径,该路径通过或门 G,之后到达寄存器 U1 的输入端

$$U2\_T_{C2Q}+G\_T_{pd}+U1\_T_{su}=T_{R2R}$$
$$5+8+3=16 \text{ ns}$$

两条寄存器到寄存器传播路径延迟路径及参数,如表 7.5 所示,两条传播延迟路径的延迟值分别为 15 ns 和 16 ns。因此,最坏的 T_{R2R} 延迟就是 16 ns,路径为"U2+G+U1"。如果所有的寄存器都具有相同的 clock-to-output 延迟和建立时间 T_{su}(实际情况通常也是如此),不同的寄存器到寄存器延迟路径中不同的就是两个寄存器之间的组合逻辑电路的延迟,这使得 T_{R2R} 的计算变得更容易。

表 7.5 时序逻辑电路寄存器到寄存器传播延迟的计算

起始输入	路径	延迟
U1	U1+F+U2	15 ns
U2	U2+G+U1	16 ns

7.5.4 时序逻辑电路的最高工作频率

3 种类型的传播延迟的最坏情况延迟(最大值)都已经确定,因此,整个电路的传播延迟容易确定。3 种延迟类型中的最大者即为整个电路的传播延迟。图 7.10 所示电路的 3 种类型传播延迟的最坏情况如表 7.6 所示。

图 7.10 所示电路的传播是时钟到输出传播延迟,其值为 30 ns。因此,对于图7.10 所示的电路,为了使其输出稳定,电路的最小时钟周期就是 30 ns,对应的系统最高工作频率就是 33.3 MHz。

表 7.6 电路最高工作频率确定

延迟类型	路径	延迟
P2P	A+E+H+D	24 ns
C2Q	C+U1+E+H+D	30 ns
R2R	U2+G+U1	16 ns

7.5.5 建立时间和保持时间的调整

除了上面介绍的最高时钟频率,时序逻辑电路必须满足内部寄存器的建立时间(T_{su})和保持时间(T_{hd})约束。电路的外部信号在内部寄存器的时钟信号有效沿之前不能违反内部寄存器的建立时间约束,在时钟有效沿之后不能违反保持时间约束。因此,需要结合电路结构和内部寄存器的建立时间和保持时间确定整个时序电路的输入信号的建立时间和保持时间。

对于建立时间,要求电路的数据信号在时钟有效沿之前的一段时间内保持不变。如果输入数据信号被延迟则可能会违反内部寄存器的建立时间,比如,输入信号通过组合逻辑门电路或者输入缓冲器,如图 7.11 所示,因此,电路输入引脚和内部寄存器之间的延迟必须加入到整个电路输入信号的建立时间中。电路的时钟输入到内部寄存器时钟输入之间的延迟值必须从内部寄存器的建立时间中减掉,这意味着如果数据输入和时钟输入到内部寄存器相应端口上的传播延迟相等,则整个时序电路的建立时间和内部寄存器的建立时间一致,没有任何变化。只有这两个路径上加入的传播延迟不同时,才需要对电路的建立时间进行调整。

实际上并不是所有的内部寄存器都与电路的输入引脚连接,以上的计算过程必须针对所有的与外部输入相连的内部寄存器进行。外部数据输入到内部寄存器的最长延迟路径认为是最坏情况,对于时钟输入到寄存器的延迟,最短的延迟路径认为是最坏情况延迟。通过最坏情况延迟,可以确定整个电路的建立时间,即

$$\left(T_{\mathrm{pd\_data(max)}} - T_{\mathrm{pd\_clk(min)}}\right) + T_{\mathrm{su\_FF}} = T_{\mathrm{su\_TOTAL}}$$

对于保持时间,如果时钟信号有延迟,那么输入信号可能会违反保持时间要求,比如时钟信号通过了一个输入缓冲器。保持时间的最坏情况与建立时间恰好相反:最长的时钟输入到寄存器时钟输入的延迟,最短的数据输入到寄存器的延迟。这两个最坏情况延迟的差就是保持时间需要调整的部分。

$$\left(T_{\mathrm{pd\_clk(max)}} - T_{\mathrm{pd\_data(min)}}\right) + T_{\mathrm{hd\_FF}} = T_{\mathrm{hd\_TOTAL}}$$

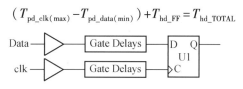

图 7.11　建立时间和保持时间的调整

【例7.5】　电路的建立时间和保持时间的确定。

电路如图 7.10 所示,确定电路的建立时间和保持时间。

电路的数据输入被连接到内部的两个寄存器。第 1 条路径从输入 Y 开始,通过内部的输入缓冲器 B,通过或门 G,之后到达寄存器 U1 的数据输入端。第 2 条路径通过输入缓冲器 B,与门 F,然后达到寄存器 U2。从输入 X 开始不存在任何的路径连接到内部寄存器。表 7.7 给出了所有的输入到内部寄存器的延迟路径和延迟值。

考虑最长的数据延迟路径和最短的时钟延迟路径。对于本例,最长的数据延迟为 $T_{\mathrm{pd\_data\_U1}}$,因此在电路的建立时间中需要加 9 ns。而最短的时钟延迟为 $T_{\mathrm{pd\_clk\_U1}}$,这会导致在建立时间修正时需要减去 2 ns。内部寄存器的建立时间 T_{su} 等于 3 ns,则经过调整的整个电路的建立时间为 10 ns。

$$\left(T_{\mathrm{pd\_data\_U1}} + T_{\mathrm{pd\_clk\_U1}}\right) + T_{\mathrm{su\_FF}} = T_{\mathrm{su\_TOTAL}}$$

$$(9-2) + 3 = 10 \text{ ns}$$

表 7.7　输入寄存器延迟计算

延迟路径	路径	延迟值	路径名
Y to U1	B+G+U1	9 ns	$T_{\mathrm{pd\_data\_U1}}$
Y to U2	B+F+U2	8 ns	$T_{\mathrm{pd\_data\_U2}}$
Clk to U1	C+U1	2 ns	$T_{\mathrm{pd\_clk\_U1}}$
Clk to U2	C+U2	2 ns	$T_{\mathrm{pd\_clk\_U2}}$

保持时间的计算需要考虑最长的时钟延迟以及最短的数据延迟。对于本例,最长的时钟延迟为 $T_{\mathrm{pd\_clk\_U1}}$,电路的保持时间中会加入 2 ns,最短的数据延迟 $T_{\mathrm{pd\_data\_U1}}$,这会导致在电路的保持时间需要减掉 8 ns,给定的内部寄存器的保持时间为 4 ns,则修正后的整个电路的保持时间为-2 ns。

$$\left(T_{\mathrm{pd\_clk(MAX)}} - T_{\mathrm{pd\_data(MIN)}}\right) + T_{\mathrm{hd\_FF}} = T_{\mathrm{hd\_TOTAL}}$$

$$(2-8) + 4 = -2 \text{ ns}$$

建立时间和保持时间的窗口为 8 ns,在该窗口内数据不能改变。保持时间前的负号表示

数据输入可以在时钟有效沿之前就可以发生变化。这对于数字电路来说并不容易理解,因此通常情况下,保持时间 T_{hd} 会被指定为 0。如果将 T_{hd} 指定为 0,则有效的建立时间和保持时间窗口会增加到 10 ns。

7.6 提高电路的最高工作频率

时序逻辑电路的延迟路径分为 3 种类型,这 3 种类型的传播延迟决定了系统的最高工作频率。提高电路最高工作频率的唯一方法是减少上述 3 种最坏延迟路径的延迟值。本节假设系统中的寄存器、门电路的传播延迟值都不能修改,研究如何通过修改电路结构来减少最坏路径的延迟。

增加电路元件可以降低电路的最坏延迟,这种方法虽然并不直观,但却是一种有效的改进电路性能的方法。例如,通过加入电路元件,使电路中不存在从输入到输出的组合逻辑路径,电路的引脚到引脚延迟可以被完全去除。同样,如果减少从寄存器的输入到输出的组合路径延迟值,可以减少电路的 T_{C2O}。通过在电路的输出端加入寄存器(输出寄存器)可以完全去除电路的引脚到引脚延迟,同时可以减少电路的时钟到输出延迟路径中的组合路径。

直觉上,在设计中加入寄存器似乎应该降低电路的最高时钟频率。但是事实上,通过在电路中加入寄存器确实可以提高电路的最高时钟频率。确定电路最高时钟频率的唯一方法是分析电路最坏延迟路径。如果最坏延迟路径的延迟减少,那么电路最高工作频率自然提高,即电路的时钟频率更高。电路分析过程中,通过加入电路元件能够完全去除电路的引脚到引脚延迟,通常也能使电路的时钟到输出达到最小值。如果在电路的所有输出端都加入寄存器,由于在输出寄存器之后没有任何的组合电路,在计算时钟到输出延迟时,不需要加入任何组合逻辑延迟。此时,唯一可能的时钟到输出延迟等于输出寄存器的时钟到输出延迟,大大简化电路分析过程。

输出寄存器只能加在电路的输出缓冲器之前,因为图 7.10 所示电路中的输出缓冲器并不是实际的逻辑门电路,本例中输出缓冲器表示的是芯片与实际电路的接口。电路设计时,通常需要输出端具有较高的扇出、较大的电压摆幅以及过压保护等功能,致使输出缓冲器具有较大的传播延迟。因此,在输出缓冲器之前加入寄存器是最佳选择。

在电路中加入输出寄存器可能会对电路 T_{R2R} 的影响,因为在电路中加入寄存器,导致有更多的寄存器到寄存器延迟需要计算。甚致在有些情况下,因为输出寄存器的加入可能会导致最坏情况 T_{R2R} 增加。如果电路的最高时钟频率由引脚到引脚或者时钟到输出延迟决定,而电路的 T_{R2R} 又没有显著提高,那么电路的最高工作频率就会提高。通常情况下,如果在电路的输出端加入寄存器,最坏情况 T_{R2R} 通常会变成电路的最大延迟。

在电路中加入输出寄存器还会产生另外一个后果,就是会增加电路的 Latency。电路的 Latency 用来衡量电路输入通过电路传输到输出端所需要的时间,其单位为时钟周期。如果是组合逻辑电路,电路的 Latency 等于 1 个时钟周期,即电路在输入有效的同一个时钟周期就能得到输出。如果在输出端加入输出寄存器,那么电路的 Latency 将增加 1 个时钟周期,等于 2 个时钟周期,即在输入加入之后的下一个时钟周期才能得到相应的输出。如果电路的所有输出端都加入寄存器,意味着电路的 Latency 会在原来的基础上增加 1 个时钟周期,即电路只能在输入信号加入之后的下一个时钟周期的开始才能够得到有效的输出。这是在输出端加入寄存器产生的不良影响,但是这种影响对于电路性能的影响并不显著。虽然电路的 Latency 增加了,但是电路的最高时钟频率也降低了,因此,两种效应可以互相弥补。

尽管电路的 Latency 增加了 1 个时钟周期,但是输入信号加入到电路以及电路输出信号的速度并没有改变。如果每个时钟周期都有新数据加入到电路,尽管电路的 Latency 增加了,实际的数据吞吐率还是保持了与原电路一致,电路的这种工作方式称为流水线方式,关于流水线设计的更多细节将在第 9.5 节介绍。

【例 7.6】　时序逻辑电路传播延迟的改进。

电路如图 7.12 所示,该电路是在图 7.10 所示的电路中加入输出寄存器得到的,本例要求计算该电路的最高时钟频率。

确定电路的最高时钟频率的方法与前面介绍的方法一样,必须首先确定电路的最坏情况引脚到引脚延迟、时钟到输出延迟以及寄存器到寄存器延迟。由于电路输出都具有寄存器,因此电路中不存在引脚到引脚延迟路径,分析过程中可以不必考虑,或者将电路的引脚到引脚延迟直接设定为 0。

电路的时钟到输出延迟的分析也会变得相对简单。分析图 7.12 所示的电路,只有一条时钟到输出的延迟路径需要考虑,因为时钟到输出延迟路径至多只能通过 1 个寄存器,因此时钟到输出的延迟路径包含的唯一寄存器只能是新加入的输出寄存器。电路包含的时钟到输出的延迟路径经过缓冲器 C,再通过寄存器 U3,最后在通过输出缓冲器 D。这样改进后电路的时钟到输出延迟为 13 ns。

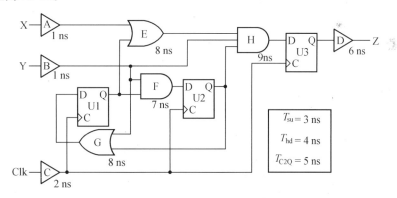

图 7.12　加入输出寄存器改进系统最高工作频率

$$C\_T_{pd} + U3\_T_{C2Q} + D\_T_{pd} = T_{C2Q\_SYS}$$
$$2 + 5 + 6 = 13\ \text{ns}$$

由于输出寄存器的加入,导致电路的寄存器到寄存器延迟路径从 2 条增加到 4 条。具体路径及其延迟参数如表 7.8 所示,最坏寄存器到寄存器延迟路径从 U1 开始,通过或门 E 和与门 H,一直到输出寄存器 U3,整个路径的延迟为 25 ns。

表7.8　加入输出寄存器后的寄存器到寄存器延迟

起始输入	路径	延迟
U1	U1+F+UW	15 ns
U2	U2+G+U1	16 ns
U1	U1+E+H+U3	25 ns
U2	U2+I1+U3	17 ns

整个电路的最高时钟频率由三种延迟路径的最坏情况延迟决定,引脚到引脚延迟为 0 ns,时钟到输出延迟 T_{C2O} 为 13 ns,寄存器到寄存器延迟 T_{R2R} 为 25 ns,因此,电路的最小的时钟周期就为 25 ns,对应的最高时钟频率为 40 MHz。

在加入输出寄存器之前,电路的最小的时钟周期由时钟到输出延迟决定,加入输出寄存器之后,时钟到输出延迟减少为 13 ns,电路的最小时钟周期不再由时钟到输出延迟决定。虽然 T_{R2R} 也有所增加,但是仍旧小于未加入输出寄存器时的最坏情况延迟 30 ns。这意味着通过加入输出寄存器,电路的最高工作频率已经显著提高。两种情况的比较如表7.9所示。

表7.9　加入输出寄存器后3类传播延迟

测试项目	原始延迟	改进后延迟
P2P	24 ns	0 ns
C2Q	30 ns	13 ns
R2R	16 ns	25 ns
Clock Period	30 ns	25 ns
Clock Frequency	33.3 MHz	40 MHz

7.7　提高电路的建立时间和保持时间

在电路中加入输出寄存器对电路的建立时间(T_{su})和保持时间(T_{hd})也会产生影响,如果电路原来存在引脚到引脚延迟路径,在电路的输出端加入输出寄存器后,从电路输入到新加入的输出寄存器之间的组合电路非常有可能成为最长的组合延迟路径。因为输出寄存器的加入,会导致建立时间保持时间窗口显著增加。为了消除这种影响,一种有效的方式就是在电路的输入端加入寄存器(输入寄存器)。加入输入寄存器会减少输入到寄存器数据输入端的延迟,从而使建立时间保持时间窗口达到最小值。输入寄存器只能加入到输入缓冲器之后,因为输入缓冲器并不是真正的缓冲器,这与前面介绍的输出缓冲器是一致的。因此,在加入输入寄存器后,电路输入到寄存器数据输入端的组合延迟路径为输入缓冲器。

【例7.7】　时序电路建立时间和保持时间的改进。

电路如图7.13所示,该电路是在图7.12所示的电路中加入输入寄存器得到的。要求重新计算电路的建立时间 T_{su} 和保持时间 T_{hd}。

在加入输入寄存器之前,通过确定输入到寄存器的最长组合延迟可以确定电路的建立时间。由于加入输出寄存器,使得从输入 X 到寄存器 U3 包含的最坏情况组合延迟变为 18 ns,该路径经过门电路 A、E 和 H。最短的时钟延迟保持不变仍为 2 ns,因此,新电路的建立时间 T_{su} 增加为 19 ns。

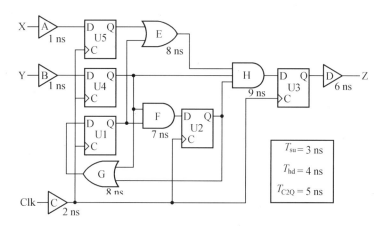

图 7.13　加入输入寄存器后电路原理图

$$\left(T_{pd\_data\_U1}-T_{pd\_clk\_U1}\right)+T_{su\_FF}=T_{su\_TOTAL}$$
$$(18-2)+3=19 \text{ ns}$$

加入输入寄存器之前,确定电路保持时间 T_{hd} 需要计算输入到寄存器最短的组合延迟,输出寄存器的加入并会影响该值。与前面的分析一样,最短的延迟路径仍然为 8 ns,这意味着电路的保持时间仍然为-2 ns,因为该值为负,通常情况下该值设为 0,因此,由于加入输出寄存器,电路的建立时间和保持时间窗口增加为 19 ns。

$$\left(T_{pd\_clk(max)}-T_{pd\_data(min)}\right)+T_{hd\_FF}=T_{hd\_TOTAL}$$
$$(2-8)+4=-2 \text{ ns}$$

在输入缓冲器后加入输入寄存器后,可以简化建立时间和保持时间的计算过程,因为输入到寄存器的延迟路径只能有 1 条。对于本例电路,每个输入对应的组合路径的延迟是 1 ns,输入到时钟的延迟为 2 ns,这意味着新的建立时间 T_{su} 为 2 ns,新的保持时间 T_{hd} 为 5 ns,建立时间和保持时间窗口为 7 ns,加入输入寄存器前后建立时间 T_{su} 和保持时间 T_{hd} 对比情况如表 7.10 所示。

表 7.10　加入输入寄存器前后的建立时间和保持时间对比

测试项目	原始值	加入输出寄存器后	加入输入寄存器后
建立时间	10 ns	19 ns	2 ns
保持时间	0 ns	0 ns	5 ns
建立时间和保持时间窗口	10 ns	19 ns	7 ns

$$\left(T_{pd\_data\_U1}-T_{pd\_clk\_U1}\right)+T_{su\_FF}=T_{su\_TOTAL}$$
$$(1-2)+3=2 \text{ ns}$$
$$\left(T_{pd\_clk(MAX)}-T_{pd\_data(MIN)}\right)+T_{hd\_FF}=T_{hd\_TOTAL}$$
$$(2-1)+4=5 \text{ ns}$$

与原电路相比,加入输出寄存器后,电路的建立时间保持时间窗口几乎是原来的 2 倍,通过加入输入寄存器,建立时间和保持时间窗口变为可能的最小值,该建立时间保持时间窗口值不可能再减小,因为该值受到电路中的寄存器的建立时间保持时间窗口限制。

本章小结

时序分析是数字电路设计的关键。同步时序逻辑电路的所有寄存器由同一个全局时钟信号控制,状态寄存器的状态更新只在时钟信号的上升沿发生,因此时序分析只需考虑电路的关键路径即可。

时序逻辑电路的最高工作频率由电路的最坏延迟路径确定。时序电路的延迟路径可以分为三类:引脚到引脚延迟、时钟到输出延迟以及寄存器到寄存器延迟。如果包含输入和输出寄存器,电路最高工作频率一般由寄存器到寄存器延迟路径决定。通过加入输入寄存器和输出寄存可以有效改进电路的性能。

习题与思考题 7

7.1 电路如图 7.14 所示,要求:(1)计算电路的引脚到引脚延迟;(2)计算电路的时钟到输出延迟 (T_{C2Q});(3)计算电路寄存器到寄存器(Register-to-Register)延迟;(4)确定电路的最高工作频率;(5)计算电路的建立时间和保持时间。提示:对于图 7.14(c),需要考虑时钟偏斜,关于时钟偏斜请参考文献[8]。

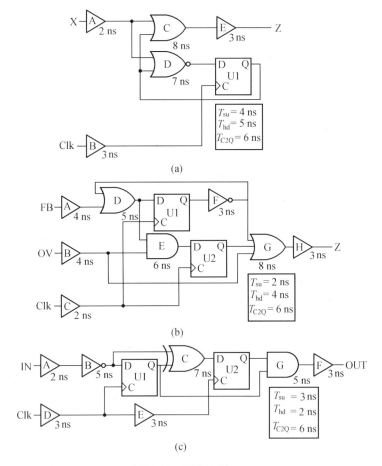

图 7.14 题 7.1 图

7.2 在所有的输出缓冲器之前加入寄存器,重新完成题 7.1。

7.3 在题 7.2 基础上,在所有输入缓冲器之后加入寄存器,重新完成题 7.1。

7.4 电路如图 7.13 所示,计算该电路的最高工作频率。

第8章

有限状态机

8.1 引 言

第 6 章讨论了规则时序逻辑电路的设计,时序逻辑电路的一个显著特点是内部包含状态寄存器,电路在不同的状态之间切换。由于状态寄存器数目有限,电路可以达到的状态有限,因此,时序逻辑电路有时称为有限状态机(Finite Sate Machine,FSM)。

规则时序逻辑电路具有规则的次态逻辑,比如加法器、移位器等。有限状态机也是时序逻辑电路,具有"随机"次态逻辑,"随机"次态逻辑是指次态逻辑电路不是规则的,相对而言比较复杂,需要从头设计。与第 6 章讨论的规则时序逻辑电路不同,有限状态机的状态转换不是简单的规则模式。尽管有限状态机的基本结构和规则时序逻辑电路基本结构相似,但二者的设计过程却大不一样。有限状态机的代码设计的起点是更为抽象的模型,比如状态转换图或者算法状态机图,两种表示方法都是以图形的方式表示有限状态机的状态转换过程。本章将讨论有限状态机的表示、时序分析以及代码设计等问题。

8.2 有限状态机

前已述及,时序逻辑电路的输出不但与当前输入有关,还与输入历史有关,对于一个具有 m 个输入,1 个输出的时序逻辑电路,可以表示为

$$y(n)=f(u_1(n),u_1(n-1),\cdots,u_2(n),u_2(n-1),\cdots,u_m(n),u_m(n-1),\cdots)$$

其中 $y(n)$ 表示 n 时刻的输出,$u_i(n)$ 表示第 i 个输入在 n 时刻取值。时序电路的输出可能与无穷多个输入历史值相关,因此,必须采用存储元件"记忆"历史状态,于是,可以将上式写成递归形式

$$y(n)=f(u_1(n),\ u_2(n),u_m(n-1),X(n-1))$$

其中 $X(n-1)=x(u_1(n-1),\cdots,u_2(n-1),\cdots,u_m(n-1),\cdots)$ 称为时序逻辑电路的状态。实际中时序逻辑电路的状态 $X(n)$ 取值组合总是有限的,即时序逻辑电路能够取得的状态是有限的。

时序逻辑电路中包含存储元件(D 触发器),用于表示电路的状态,一般称为状态寄存器。根据输入信号的历史值不同,状态寄存器取值不同,时序电路会处于不同的状态。时序逻辑电路根据电路当前状态和输入值确定其输出。

8.3　米利状态机和摩尔状态机

时序逻辑电路包含存储元件用于记忆电路的当前状态,称为状态寄存器。在 ASIC 设计以及 FPGA 设计中,存储元件都由 D 触发器构成。有限状态机的一般结构如图 8.1 所示,分为 3 个主要部分:次态逻辑、状态寄存器和输出逻辑。

(1)次态逻辑。

次态逻辑是当前状态和输入的函数,是组合逻辑电路。

注意:与第 6 章介绍的规则时序逻辑电路相比,有限状态机的次态逻辑更为复杂。因此有限状态机的次态逻辑称为"随机"逻辑,其设计方法可以遵循第 5 章介绍的组合逻辑电路设计方法进行。

(2)状态寄存器。

状态寄存器是由多个 D 触发器组成的寄存器组,用于记录时序逻辑电路的当前状态,寄存器组中的所有 D 触发器使用相同的时钟信号(同步时序逻辑)。

(3)输出逻辑。

输出逻辑也是组合逻辑电路,用来确定电路的输出。电路的输出可能只由电路的状态决定,这种类型的输出称为摩尔类型的输出。如果电路的输出由电路的输入和电路的状态共同决定则称为米利类型的输出。

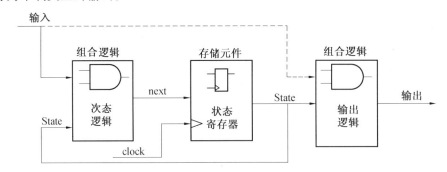

图 8.1　典型有限状态机结构

有限状态机分为摩尔状态机和米利状态机两类:如果有限状态机只包含摩尔类型的输出,则称为摩尔状态机;如果包含 1 个以上米利类型的输出,则称为米利状态机。

摩尔状态机和米利状态机具有相似的计算能力,但是对于同样的计算任务,米利机通常需要更少的状态。如果 FSM 用做控制器使用,摩尔状态机和米利状态机存在微小差别。二者在时序上的微小差别对于控制器的正确工作至关重要。本节通过 1 个简单的设计实例讨论米利状态机和摩尔状态机的区别。

注意:有限状态机的电路结构与第 6 章介绍的规则时序逻辑电路结构一致,二者的最大区别在于次态逻辑的设计。

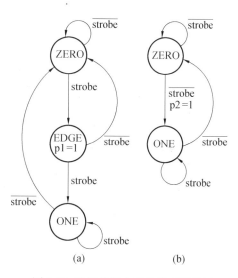

8.3.1　边沿检测电路

假设同步有限状态机的输入信号 strobe 变化相对较慢,即该输入信号可以置位较长时间(远大于同步有限状态机的时钟周期)。边沿检测电路用于检测 strobe 信号的上升沿,如果 strobe 信号出现从"0"到"1"的上升沿,该 FSM 将产生 1 个"短"脉冲,输出脉冲的宽度等于或者小于 FSM 的 1 个时钟周期。

1. 摩尔状态机

采用有限状态机设计边沿检测电路的基本思想是:采用 ZERO 和 ONE 两个状态,分别代表输入保持"0"或者"1",该 FSM 具有 1 个输入信号 strobe 和 1 个输出信号,如果 FSM 从 ZERO 状态切换为 ONE 状态,输出置位。

首先考虑采用摩尔状态机实现的边沿检测电路,其状态转换图(详细讨论参考第 8.4 节)如图 8.2(a)所示,整个有限状态机由 3 个状态组成,除了 ZERO 和 ONE 状态,还有 1 个 EDGE 状态。如果电路处于 ZERO 状态,同时 strobe 信号变为"1",表示输入信号从"0"变为"1",FSM 会从进入 EDGE 状态。在 EDGE 状态,输出信号 p1 置位。如果 strobe 信号继续保持为"1",有限状态机在下一个时钟周期进入 ONE 状态,然后一直保持在该状态,直到 strobe 信号变为 0。如果 strobe 是一个短脉冲,FSM 可能会从 EDGE 状态直接切换到 ZERO 状态。

图 8.2　边沿检测电路的状态转换图

【例 8.1】　边沿检测电路的 Verilog HDL 描述(方式 1:摩尔状态机)。

```
module edge_detect_moore (
    input wire clk, reset,
    input wire strobe,
    output wire p1
);
//电路状态符号常量,采用格雷码
localparam [1:0]
    ZERO = 2'b00,
    EDGE = 2'b01,
    ONE = 2'b10;
reg [1:0] state_reg, state_next;
//状态寄存器
    always @ (posedge clk, posedge reset)
        if (reset)
```

```
                state_reg ⇐ ZERO;
            else
                state_reg ⇐ state_next;
    //次态逻辑和输出逻辑
    always @ ( * )    begin
        state_next = state_reg;    //缺省状态赋值
        case（state_reg）
            ZERO：
                if（strobe＝1′b1）
                    state_next = EDGE;
                else
                    state_next = ZERO;
            EDGE：begin
                if（strobe＝1′b1）
                    state_next = ONE;
                else
                    state_next = ZERO;
                end
            ONE：
                if（strobe＝1′b1）
                    state_next = ONE;
                else
                    state_next = ZERO;
        endcase
        end
    assign p1 =（state_reg＝EDGE）？ 1′b1 :1′b0;
endmodule
```

2. 米利状态机

米利状态机边沿检测器的状态转换过程如图 8.2(b)所示,其中 ZERO 和 ONE 状态表示的含义与摩尔状态机一样。如果状态机处于 ZERO 状态,同时输入变为"1",输出"立即"置位。有限状态机在下一个时钟上升沿进入 ONE 状态,同时输出清 0。边沿检测器电路的时序如图 8.3 所示。

【例8.2】 边沿检测电路的 Verilog HDL 描述(方式2:米利状态机)。
```
module edge_detect_mealy（
    input wire   clk, reset,
    input wire strobe,
```

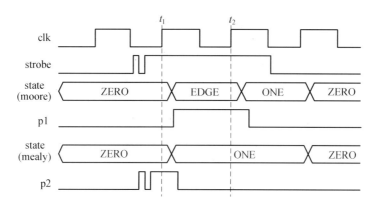

图 8.3　边沿检测电路的时序图

```
  output wire p2
);
//状态参数
localparam ZERO = 1′b0,
         ONE = 1′b1;
reg state_reg, state_next;
//状态寄存器
  always @ ( posedge clk, posedge reset )
     if ( reset )
         state_reg ⇐ ZERO;
     else
         state_reg ⇐ state_next;
//次态逻辑和输出逻辑
always @ ( * )    begin
    case ( state_reg )
       ZERO:
           if ( strobe )
              state_next = ONE;
           else
              state_next = ZERO;
       ONE:
           if ( strobe == 1′b1 )
              state_next = ONE;
           else
              state_next = ZERO;
    endcase
  end
```

assign p2 = ((state_reg = ZERO) & (strobe = 1′b1)) ？ 1′b1 : 1′b0 ；

endmodule

3. 直接实现

边沿检测电路比较简单，可以不使用有限状态机而直接实现，如图 8.4 所示，采用 1 个触发器和 1 个与门即可实现，该电路可以检测输入到同步电路的上升沿，并产生持续时间为一个时钟周期的高电平脉冲。边沿检测电路的主要应用是将脉冲信号同步到一个高速时钟域。

使用该边沿检测电路必须满足一个约束条件：输入时钟脉冲的宽度必须大于同步电路的时钟周期加上第一个触发器的保持时间，最安全的脉冲宽度是 2 倍的同步器时钟周期。

该电路还有两个变种：

①如果将反相器交换至与门的另一个输入端，那么电路就可以对输入信号的下降沿进行检测，成为一个下降沿检测器；

②如果将与门换成与非门，那么该电路的输出将是低电平时钟脉冲。

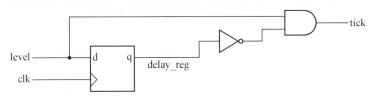

图 8.4   边沿检测电路直接实现

【**例 8.3**】   边沿检测电路的 Verilog HDL 描述（方式 3：直接实现）。

```
module edge_detect_mealy (
    input wire   clk, reset,
    input wire strobe,
    output wire p2
);
    reg delay_reg;
    //状态寄存器
    always @ ( posedge clk, posedge reset )
        if ( reset )
            delay_reg <= 1′b0;
        else
            delay_reg <= strobe;
    assign p2 = ~ delay_reg & strobe;
endmodule
```

8.3.2   米利状态机和摩尔状态机的比较

如果输入信号从"0"变到"1"，三个边沿检测器都能产生 1 个"短"脉冲，但是三种实现方式的时序存在微小差别。理解三者之间的微小差别是设计高效、正确的有限状态机以及使用

FSM 作为控制器的数字系统的关键。

摩尔状态机和米利状态机有 3 个主要区别：

①对于同样的任务，米利状态机往往需要更少的状态。这是因为米利状态机的输出由状态和外部输入共同决定，因此可以在 1 个状态指定几个输出。例如，在 ZERO 状态，根据输入 strobe 的值不同，输出 p2 可以是"0"或者"1"。因此基于米利状态机的边沿检测器只需要 2 个状态，而基于摩尔状态机的边沿检测器则至少需要 3 个状态。

②米利状态机的输出响应可能更快。因为米利状态机的响应是输入的函数，所以，无论何时只要输入满足设计条件，输出就会发生改变。例如，在基于米利状态机的边沿检测器中，如果 FSM 处于 ZERO 状态，只要 strobe 从"0"变为"1"，其输出立即变为"1"。

③摩尔状态机的输出并不直接对输入信号的改变做出响应。如果摩尔状态机在 ZERO 状态检测到输入 strobe 从"0"变为"1"，其输出并不会立即变为"1"，而是要等到 FSM 进入 EDGE 状态后，其输出才会变为 1。FSM 在下一个时钟上升沿才会进入 EDGE 状态，p1 也会响应变为"1"。考虑图 8.3 给出的时序图，米利状态机的输出 p2 在 t_1 时刻就会被采样，但是由于寄存器的时钟到输出延迟以及输出逻辑延迟的存在，摩尔状态机的输出 p1 在 t_1 时刻并不能被使用，必须等到下一个时钟上升沿（t_2 时刻）才能使用。

8.4　状态转换图和算法状态机图

有限状态机通常采用状态转换图（State Transition Graphite，STG 或者 State diagram）或者算法状态机图（algorithm state machine chart，ASM chart）表示，二者都以图形化的方式表示有限状态机的输入、输出以及状态转换关系。

8.4.1　状态转换图

第 3.3 节以及第 8.3 节已经使用了状态转换图，用于描述简单的时序逻辑电路，但并未给出详细介绍。本小节将详细介绍如何采用状态转换图描述有限状态机。通常情况下，有限状态机的设计起点是状态转换图，获取状态转换图是数字设计的关键步骤。

状态转换图是标准的有向图，包括节点和有向箭头，节点（用圆圈表示）表示电路的状态，有向箭头表示状态转换的方向，在有向箭头的旁边需要标注状态转换条件。图 8.5 给出了一个典型状态转换图，该有限状态机具有 3 个状态，2 个外部输入信号 a 和 b 以及 1 个摩尔类型的输出 y1 和 1 个米利类型的输出 y0。图中的每个节点表示一个电路的状态，电路状态由圆圈表示，在圆圈内部标注该状态的名称以及由该状态决定的摩尔类型的输出（摩尔类型的输出只由状态决定）。图中标注有向箭头的弧线或者直线表示状态转换的方向，通常会标注一个关于输入变量的逻辑表达式，表示状态转换条件，称为条件表达式。如果状态机还包含有米利类型的输出，也需要在状态转换图中给出。一般采用"/"分割，符号"/"的左侧标注条件表达式，右侧标注米利类型的输出。

注意：通常情况下，在状态装换图中只标注不等于默认值情况下的输出，如果输出值等于默认值，则不在图中给出，这样可以简化转态转换图。

下面再通过一个实例详细解释状态转换图的含义。图8.6给出一个简单的存储器控制电路有限状态机的状态转换图,该控制器电路用于处理器和存储器芯片之间,负责解释来自处理器的命令并产生相应的控制信号。来自处理器的命令 mem、rw 和 burst 构成了 FSM 的输入信号,当微处理器请求访问存储器时,信号 men 置位,信号 rw 表示存储器访问类型,该信号可以取0或者1两个值,分别表示读请求和写请求。burst 表示读操作的一种特殊模式。如果 burst 信号置位,那么将执行连续4个读操作。存储器还具有两个控制信号 oe(输出使能)和 we(写使能)。FSM 的两个输出信号 oe 和 we 会被连接到存储器芯片的输入端。出于演示的目的,本设计还人为地加入了米利类型的输出 we_me。

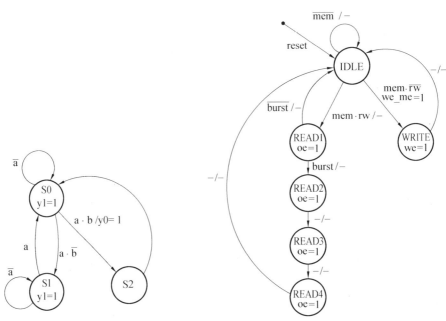

图8.5　典型的状态转换图　　　　图8.6　存储器控制器的状态转换图

初始情况下,FSM 处于 IDLE 状态,判断是否有来自处理器的 mem 命令,一旦 mem 置位,FSM 检测 rw 的值,并根据 rw 取值切换到 READ1 或者 WRITE 状态。这些输入条件可以采用逻辑表达式表示,考虑图8.6中 IDLE 状态的状态转换条件:

① $\overline{mem}$表示没有存储器操作请求;

② mem·$\overline{rw}$表示存储器读操作请求;

③ mem·rw 表示存储器写操作请求。

每个时钟上升沿,FSM 检测上述这些逻辑表达式,如果$\overline{mem}$为真(即 mem=0),FSM 保持在 IDLE 状态不变。如果 mem·rw 表达式为真(即 mem 和 rw 同时为"1"),FSM 切换到 READ1 状态,一旦 FSM 进入 READ1 状态,输出信号 oe 置位。如果 mem·$\overline{rw}$表达式为真,FSM 切换到 WRITE 状态,同时激活 we 信号。

如果 FSM 进入 READ1 状态,FSM 继续检测 burst 信号是否置位;如果 burst 信号在下一个时钟有效沿置位,FSM 会依次进入 READ2、READ3 和 READ4 状态,之后返回 IDLE 状态;否则,FSM 返回 IDLE 状态。使用符号"-"表示"不需要任何条件"。如果 FSM 进入 WRITE 状态,在下一个时钟上升沿 FSM 返回 IDLE 状态。

只有 FSM 处于 IDLE 状态,同时满足表达式 mem·$\overline{rw}$为真时,输出信号 we_me 才能置位。如果 FSM 离开 IDLE 状态,信号 we_me 信号清 0,we_me 是一个米利类型的输出,其值依赖于 FSM 的状态和输入信号。

在实际设计中,设计者通常希望在系统初始化阶段能够强迫系统进入一个已知的初始状态。因此,通常情况下 FSM 会使用一个异步的复位信号,这与普通时序逻辑电路中的寄存器的异步复位信号非常类似。有时使用一个实心点表示复位状态,如图 8.6 所示。

8.4.2 算法状态机图

算法状态机图是另外一种表示同步有限状态机的方法。ASM 图与状态转换图提供的信息相同,但是 ASM 的描述能力更强,尤其是对于复杂算法的描述,ASM 更具优势。采用 ASM 描述的算法,可以非常容易地采用 Verilog HDL 实现。

……2.3mm|ASM 图由若干 ASM 块(ASM Block)组成,每个 ASM 块包含一个状态框(state box)以及一个可选的条件判断框(decision box)和条件输出框,典型的 ASM 块如图 8.7 所示。

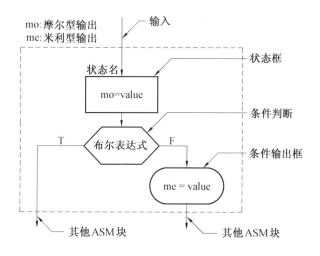

图 8.7　典型的 ASM 图

状态框表示 FSM 的状态,用矩形表示,摩尔类型的输出直接列于状态框内部;而状态名一般会标注在状态框的左上角。为了使 ASM 图更加清晰,ASM 图中一般只画出不等于默认值情况下的输出。假设输出信号有一个默认值(0 或者 1),如果在某个状态下没有明确指明输出值,表示在该状态下输出信号取默认值。

条件判断框采用菱形框表示,对输入条件进行测试以确定 FSM 离开本 ASM 块的路径(确定 FSM 的次态)。条件判断框内部包含一个关于输入信号的逻辑表达式,该表达式的作用与状态转换图中的条件表达式类似。由于布尔表达式非常灵活,因此条件判断框可以描述非常复杂的状态转换条件。根据布尔表达式取值不同,FSM 按照 true 路径或者 false 路径进入相应次态(另一个 ASM 块)。如果有必要可以在 1 个 ASM 块内部级联多个条件判断框以表示相对复杂的状态转换条件。

条件输出框采用圆角矩形表示,在条件输出框内部也只列出非默认取值的输出信号(如果输出取默认值并不需要显式地列出)。条件输出框只能放在条件判断框之后,表示只有条件判断框的条件满足时,输出信号才会置位。因为条件判断框的逻辑表达式关于输入信号,说明输出依赖于当前状态和输入信号,即条件输出框中的输出信号属于米利类型。为了提高可读性,通常也只有在输出信号置位时,才会将其列入条件输出框。如果没有条件输出框,表示输出信号取默认值。

ASM 图和状态转换图都用于表示有限状态机,因此 ASM 图和状态转换图可以互相转换。一个 ASM 块对应于状态转换图中某个状态及其相应的状态转换条件。下面通过几个实例介绍 ASM 图和状态转换图之间的转换关系。第 1 个实例如图 8.8 所示,该有限状态机非常简单,没有分支,这种情况下状态转换图和 ASM 几乎相同。

这里要讨论的第 2 个实例如图 8.9 所示,该 FSM 依然是两个状态,在 S0 状态有两个状态转换弧线和 1 个米利类型的输出 y0,a 和 $\bar{a}$ 是表示状态转换条件的逻辑表达式。在 ASM 图中条件表达式被转换成条件判断框,并使用逻辑表达式 a == 1'b1 进行条件判断。另外,状态转换图中的两个状态对应于 ASM 图中的两个 ASM 块,每一个 ASM 块对应一个有限状态机的状态。条件判断框和条件输出框并不表示状态,只表示状态转移的条件。

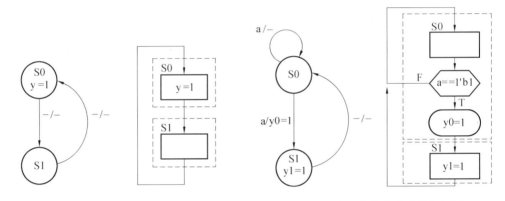

图 8.8　简单的算法状态机图　　　　图 8.9　具有 2 个状态算法状态机图

图 8.10 是这里要讨论的第 3 个实例,其中从 S0 切换到其他状态的逻辑关系较为复杂。状态转换图中的逻辑表达式 $\bar{a}$ 和 $a \cdot \bar{b}$ 直接转换为 ASM 图中的(a == 1'b0)和((a == 1'b1)、(b = 1'b0))。仔细分析发现,在 ASM 图中第 1 个条件判断框的 false 路径还包含了另一个条件判断框,第 1 个路径的 false 路径表示 a == 1,因此为了描述简单和清晰,在第 2 个条件判断框中并没有出现 a = 1。

图 8.11 给出了本节要讨论的第 4 个 FSM 实例,该 FSM 的输出非常复杂,涉及众多的关于输入信号的条件表达式。在状态转换图中需要多个关于输入的逻辑表达式来表示不同的状态转换条件,ASM 图中采用条件判断框表示这些逻辑表达式。最后,讨论在第 8.4.1 节介绍的存储器控制电路有限状态机,其状态转换图如图 8.6 所示,其 ASM 图如 8.12 所示。

用 ASM 图表示 FSM 时,遵循以下两条规则:

① 对于某个给定的输入条件,只能有 1 个退出 ASM 块的路径(状态转换条件互补);

② ASM 块的退出路径必须指向一个状态框,可以是当前的状态框,也可以是另外一个状态框。

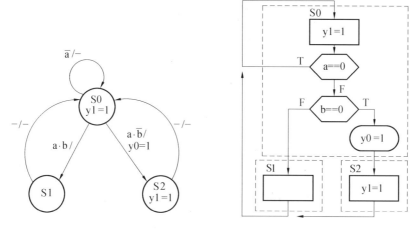

图 8.10 状态转换条件较复杂的状态转换图和 ASM 图

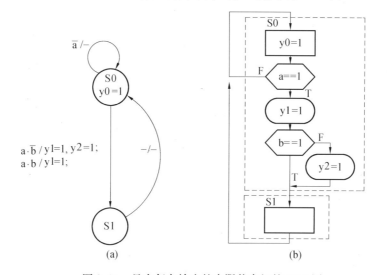

图 8.11 具有复杂输出的有限状态机的 ASM 图

图 8.13 给出在 ASM 绘制过程中的几个常见错误。图 8.13(a) 的 ASM 图违反了第 1 个原则。如果 a 和 b 同时为"1",有两条路径可以离开当前的 ASM 块;图 8.13(b) 同样也违反了第 1 条规则,因为如果条件判断框中的表达式为假,则没有对应的退出该 ASM 框的路径。同时又违反了第 2 条规则,退出路径必须指向状态框。图 8.13(c) 违反了第 2 条设计规则,下面的 1 个 ASM 块的退出路径并未指向上一个 ASM 块的状态框。其实第 2 条设计规则的本质含义是:条件判断框和条件输出框只能与唯一 1 个 ASM 框相关,不能与其他 ASM 块共享。

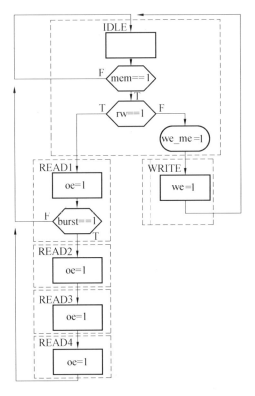

图 8.12　存储器控制器 ASM 图

8.5　有限状态机的性能和时序

8.5.1　同步有限状态机

　　状态转换图和 ASM 图给出 FSM 的状态以及状态转换条件,但是并不能表示出状态转换何时发生。对于同步有限状态机,状态转换由系统时钟的上升沿控制。米利类型和摩尔类型的输出虽然并不直接与时钟相关,但二者与输入信号和状态转换相对应,由于摩尔类型的输出只与 FSM 的状态有关,因此它也是由时钟信号控制的。

　　同步有限状态机的时序可以由 ASM 图解释和分析,每个 ASM 块表示 FSM 的 1 个状态,ASM 图的状态切换过程可以解释如下:

　　①时钟上升沿,FSM 进入一个新状态(一个新的 ASM 块)。

　　②在一个时钟周期内,FSM 会执行以下几个操作:

　　　　a.处理该状态对应的摩尔类型的输出;

　　　　b.计算条件判断框的逻辑表达式;

　　　　c.处理米利类型的输出。

　　③在下一个时钟上升沿(当前时钟周期的末尾),表示状态转换的布尔表达式的值已经稳定,退出路径已经确定,FSM 会进入下一个新的状态。

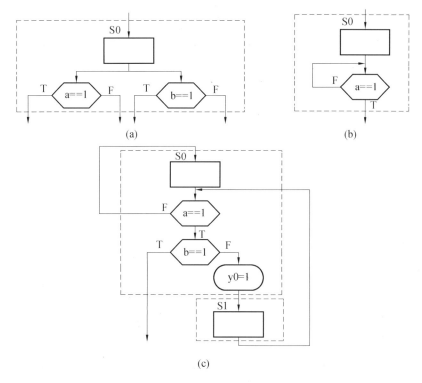

图 8.13　ASM 图绘制的常见错误

8.5.2　有限状态机的性能

前面已经指出,规则时序逻辑电路和 FSM 的框图几乎一致,所以 FSM 的时序分析与规则时序逻辑的时序分析相似,主要的时序参数如下:

① T_{C2Q},T_{su},T_{hd}:寄存器的时钟到输出延迟,建立时间和保持时间;

② $T_{next(max)}$:次态逻辑的最大传播延迟;

③ $T_{output(mo)}$:摩尔类型输出的传播延迟;

④ $T_{output(me)}$:米利类型输出的传播延迟。

与规则时序逻辑电路一样,FSM 的性能由其支持的最高时钟频率(最小的时钟周期)刻画,最小的时钟周期为

$$T_c = T_{C2Q} + T_{next(max)} + T_{su}$$

系统的最高时钟频率为

$$f_{max} = \frac{1}{T_c} = \frac{1}{T_{C2Q} + T_{next(max)} + T_{su}}$$

因为 FSM 经常被用作控制器,因此输出信号对于 FSM 来说也是非常重要的。摩尔类型的输出使用延迟参数

$$T_{co(mo)} = T_{C2Q} + T_{output(mo)}$$

刻画。米利类型的输出是状态和输入信号的函数,前者由寄存器的时钟到输出延迟刻画,所以米利类型的输出延迟由

$$T_{\mathrm{co(me)}} = T_{\mathrm{C2Q}} + T_{\mathrm{output(me)}}$$

刻画。$T_{\mathrm{output(me)}}$ 表示米利类型输出的传播延迟。

8.5.3　FSM 的时序

时序图有助于更好地理解和分析 FSM 以及输出信号的产生过程,如果 FSM 被用作系统的控制单元,时序分析显得尤为重要。理想情况下,组合逻辑电路的传播延迟被忽略,FSM 的状态和输出信号在时钟上升沿就会立刻变化。如果 FSM 的状态寄存器或者输出被连接到的 FSM 的寄存器数据输入端,由于这些寄存器也会在时钟上升沿对输入信号采样,这样无法判断寄存器采样的上个时钟沿输入值还是当前输入值。事实上,这样情况并不会发生,因为状态寄存器总是存在时钟到输出延迟。为了避免混淆,FSM 的时序分析必须考虑 T_{C2Q}。

图 8.14 给出了图 8.9 所示的 FSM 的时序图。假设 FSM 初始化后进入 S0 状态,时钟上升沿的 t_1 时刻,状态寄存器对表示次态逻辑的信号 state_next 采样,经过 T_{C2Q} 延迟(t_2 时刻),状态寄存器将采样值保存到状态寄存器并输出到其输出端 state_reg,表示 FSM 已经进入到了 S0 状态。在 t_3 时刻,输入信号从“0”变为“1”,根据 ASM 图,条件判断框中的逻辑表达式满足,ASM 块进入 true 分支。从电路角度考虑,信号 a 的改变会同时激活米利类型的输出逻辑和电路的次态逻辑。经过传播延迟 T_{next}(t_4 时刻),state_next 信号切换到 S1 状态。类似的,米利类型的输出 y_0 在经过 $T_{\mathrm{output(me)}}$ 延迟后(t_5 时刻),变为“1”。在 t_6 时刻,信号 a 会返回到“0”,次态逻辑和 y0 会相应地做出响应。注意:state_next 信号的改变对于状态寄存器没有影响。在 t_7 时刻,信号 a 再一次变为“1”,因此 state_next 和 y0 在经过传播延迟后,分别变为 S1 状态和“1”。在 t_8 时刻,一个时钟周期结束,一个新的时钟沿到来。状态寄存器采样 state_next 信号,并保存 S1 到状态寄存器。经过 T_{C2Q} 延迟,寄存器获得了新值,FSM 进入 S1 状态。信号 state_reg 的改变会触发次态逻辑,经过 T_{next} 时间延迟(t_{10} 时刻),次态逻辑的输出值稳定为 S0,这里假设 $T_{\mathrm{output(mo)}}$ 和 $T_{\mathrm{output(me)}}$ 大小接近,在经过这段时间延迟后(t_{11} 时刻),米利类型的输出 y0 被清 0,而摩尔类型的输出 y1 被激活,在整个时钟周期内信号 y1 都会保持置位状态。在 t_{12} 时刻,新的时钟沿到达。经过 T_{C2Q} 延迟,state_reg 变为 S0(t_{13} 时刻),FSM 进入 S0 状态。经过 $T_{\mathrm{output(mo)}}$ 延迟,信号 y1 被清 0(t_{14} 时刻)。

以上采用时序图对 FSM 的分析,演示了 ASM 图和常规流程图之间的区别。ASM 图中,FSM 状态的切换只会发生在时钟的上升沿,在 1 个时钟周期内,布尔表达式和次态逻辑可能会发生改变,但是对系统状态不会产生影响,新状态只会在时钟上升沿被采样。

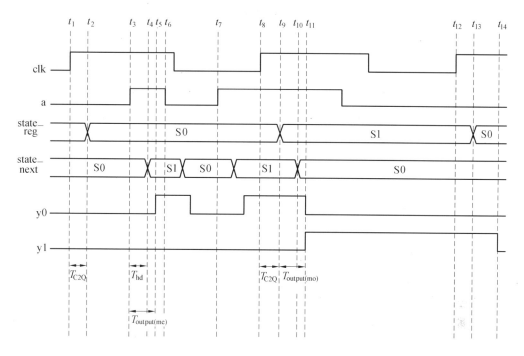

图 8.14　图 8.9 所示的状态机的时序图

8.6　状态赋值

有限状态机的状态取值方式称为状态赋值。状态赋值不同,对电路的实现影响非常大。通常采用两种不同的编码方式进行状态赋值:二进制编码(binary)和独热码(one-hot)(见图 8.15)。

二进制编码有限状态机需要的触发器较少,对于具有 n 个状态的 FSM,需要$\lceil \log_2 n \rceil$[①]个触发器。采用二进制编码的优点是节省资源,但是由于可能出现多个触发器同时翻转的情况(0101→1010),电路的抗干扰能力相对较弱。

独热码(例如,0001、1000,也就是说每次只有 1 位置位)有限状态机需要的触发器数目与有限状态机的状态数相同。采用独热码通常需要更多触发器,但次态逻辑通常要比采用二进制编码的状态机简单。FSM 性能主要取决于设计中包含的组合逻辑的规模,因此,独热码有限状态机比二进制编码有限状态机工作速度更快。

建议:对于设计具体采用独热码还是二进制编码要视设计具体要求而定,通常对于资源比较充裕的设计可以考虑采用独热码。

最后再强调一下,在进行有限状态机设计时,状态赋值最好采用参数方式定义,这样可以提高代码的可读性以及可维护性。

到目前为止,讨论有限状态机时,状态的名称都是使用符号常量表示(比如 IDLE 或者 S0

---

① 表示对 $\log_2 n$ 向上取整。

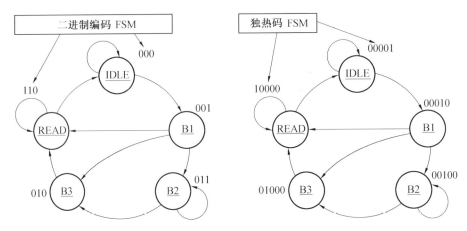

图 8.15　独热码和二进制编码

等），但是综合时每个表示状态的符号常量必须使用具体二进制编码表示，以保证 FSM 可以使用物理硬件实现。

8.6.1　状态赋值概述

同步有限状态机对延迟并不敏感，可能存在的竞争对电路的影响也不大，只要时钟周期足够长，无论采取任何的状态赋值，综合得到的电路都可以正确工作。然而，对于不同的状态赋值，FSM 的次态逻辑和输出逻辑的物理实现可能存在很大差别。合适的状态赋值可以大大降低电路规模，减少传播延迟；如果状态赋值不合适，有可能显著增加 FSM 最小时钟周期。

具有 n 个状态的 FSM 最少需要 $\lceil \log_2 n \rceil$ 个状态寄存器。有时出于其他因素的考虑，可能会使用更多的状态寄存器，常用的状态赋值策略有：

① 2 进制编码赋值：按照二进制数的计数顺序对 FSM 的状态依次赋值。这种状态赋值方案使用的寄存器最少，只需要 $\lceil \log_2 n \rceil$ 个。

② 格雷码赋值（Gray Code）：格雷码赋值采用格雷码依次对 FSM 的状态进行赋值，这种赋值方案使用的状态寄存器也是最少的。因为格雷码相继两个编码只有 1 位发生改变，如果相邻的两个 FSM 状态被赋予两个连续的格雷码，可能会大大降低次态逻辑的复杂性。

③ 独热码状态赋值：每个状态对应于 1 个有效位，因此每个状态编码中只有 1 位置位。对于具有 n 个状态的 FSM 来说，这种赋值方案需要 n 个寄存器。

④ 几乎独热码赋值：几乎独热码赋值与独热码赋值几乎相同，只是在几乎独热码赋值中会使用全 0 编码表示某个状态，一般是系统的初始状态。几乎独热码赋值对于具有 n 个状态 FSM 来说需要 $n-1$ 个寄存器。

一般而言，采用独热码和几乎独热码进行状态赋值需要数目更多的寄存器，但是经验表明，这两种赋值方案可以有效地减小次态逻辑和输出逻辑电路的规模。表 8.1 给出前面介绍的存储器控制电路 FSM 的不同状态赋值方案。

表 8.1　状态赋值编码

	二进制	格雷码	独热码	几乎独热码
IDLE	000	000	000001	00000
READ1	001	001	000010	00001
READ2	010	011	000100	00010
READ3	011	010	001000	00100
READ4	100	110	010000	01000
WRITE	101	111	100000	10000

8.6.2　Verilog HDL 中的状态赋值

设计者进行代码设计时可以直接使用符号常量表示 FSM 的状态,综合软件会根据时序约束选择合适的状态赋值方案(一般会从前面介绍的几种状态赋值方案中选择 1 种),以得到软件认为是最优的结果。当然也可以人为在代码中指定状态赋值方案,这需要在描述 FSM 的 Verilog HDL 代码中指定状态赋值,代码中通常采用 localparam 指定编码方式。

【例8.4】　图 8.5 所示 FSM 的 Verilog HDL 描述(方式 1)。

```
module fsm_eg_mult_seg (
    input wire   clk, reset,
    input wire   a, b,
    output wire y0, y1
);
// 参数化状态赋值
localparam [1:0]    S0 = 2'b00,
                    S1 = 2'b01,
                    S2 = 2'b10;
reg [1:0] state_reg, state_next;
// 状态寄存器
  always @ ( posedge clk, posedge reset)
    if (reset)
        state_reg ⇐ S0;
    else
        state_reg ⇐ state_next;
//次态逻辑
always @ ( * )
    case (state_reg)
      S0: if (a)
            if (b)
              state_next = S2;
          else
```

```
                    state_next＝S1；
             else
                    state_next＝S0；
         S1：if（a）
                    state_next＝S0；
             else
                    state_next＝S1；
         S2：state_next＝S0；
         default：state_next＝S0；
      endcase
   //摩尔类型的输出
   assign y1＝（state_reg＝s0）‖（state_reg＝s1）；
   //米利类型的输出
   assign y0＝（state_reg＝s0）& a & b；
endmodule
```

为了提高代码的可读性和可维护性,代码中使用了符号常量(symbolic constants)表示 FSM 的状态:

```
localparam［1：0］S0＝2′b00，
                S1＝2′b01，
                S2＝2′b10；
```

不同赋值策略对综合结果影响很大。按照图 8.1 所示的有限状态机的典型结构,其 Verilog HDL 描述分为 4 部分,分别对应状态寄存器、次态逻辑、摩尔型输出和米利型输出。

输出逻辑(摩尔类型和米利类型)可以采用连续赋值语句实现,也可以采用 always 语句实现,有时也可以将输出逻辑和次态逻辑也在同一个 case 语句中。

【例 8.5】 图 8.5 所示 FSM 的 Verilog HDL 描述(方式 2)。

```
module fsm_eg_2_seg （
    input wire   clk，reset，
    input wire   a，b，
    output reg y0，y1
    ）；
    localparam［1：0］S0＝2′b00，
                    S1＝2′b01，
                    S2＝2′b10；
reg［1：0］state_reg，state_next；
//状态寄存器
    always @（posedge clk，posedge reset）
      if（reset）
```

```
            state_reg <= S0;
        else
            state_reg <= state_next;
//次态逻辑和输出逻辑
always @ ( * ) begin
    state_next = state_reg;         // default next state：the same
    y1 = 1′b0;                      // default output：0
    y0 = 1′b0;                      // default output：0
    case（state_reg）
        S0：begin
                y1 = 1′b1;
                if（a）
                    if（b）begin
                            state_next = S2;
                            y0 = 1′b1;
                        end
                    else
                        state_next = S1;
            end
        S1：begin
                y1 = 1′b1;
                if（a）
                    state_next = S0;
            end
        S2：state_next = S0;
        default：state_next = S0;
    endcase
end
endmodule
```

8.6.3　未用状态的处理

有限状态机的状态赋值过程,经常会存在一些未使用的二进制编码。例如,在存储器控制器 FSM 中共有 6 个状态,但是,即使是采用二进制编码或者格雷码最少需要使用 3 个寄存器。共有 2^3 种可能的输入组合,因此有 2 个编码未被使用。如果是使用独热码,未被使用编码有 58 个。

正常情况下,FSM 不会进入这些未被使用的状态。然而,由于噪声或者外部干扰的存在可能会导致 FSM 意外进入这些未用的状态,如果 FSM 进入了这些未被使用的状态,FSM 如何工作呢？

某些应用中，可以忽略 FSM 进入未用状态的情况，设计者假设这种情况不会发生，但是一旦这种情况发生，有限状态机将不能自行恢复，整个电路就会瘫痪，无法正常工作。

另一方面，在某些应用中可以通过 FSM 的合理设计，使其能够从异常（未用状态）状态恢复到有效状态并继续工作。这种情况下，必须合理设计 FSM，如果 FSM 进入未用状态，能够自行再恢复到有效状态，这种 FSM 被称为 fault-tolerant 或者安全 FSM。在有限状态机中加入这种自行恢复机制非常直接，只需要在表示次态逻辑的 case 语句中使用 default 语句，例如：

default：state_next = IDLE；

有些设计中可能单独设计的一个独立的状态 ERROR，用于处理 FSM 进入未用状态，

default：state_next = error；

8.7　FSM 的 Verilog HDL 实现

图 8.1 给出了 FSM 典型的结构，该结构与规则时序电路的典型结构（图 6.5）基本相似。因此，二者的 Verilog HDL 描述方式也非常相似。首先确定系统中的存储元件并将其从系统中分离出来，之后再描述系统的次态逻辑和输出逻辑。在 FSM 的 Verilog HDL 描述中，一般会使用 localparam 定义电路的状态，使用 localparam 定义 FSM 的状态有以下几个好处：

①提高代码的可读性，避免使用"魔鬼数字"；

②提高代码的可维护性。

前面已经介绍，状态赋值对于 FSM 综合结果有很大影响，因此在综合时可能需要采用不同的方案进行状态赋值。采用 localparam 定义状态值，无需对代码中的每个状态值进行修改，只需修改 localparam 定义的状态值，方便进行状态赋值，提高代码的可维护性。

规则时序逻辑与 FSM 的最主要区别在于次态逻辑。规则时序逻辑的次态逻辑是规则的组合逻辑电路，如加 1 电路或者移位器等。FSM 的次态逻辑则相对复杂，必须按照 FSM 的状态转换图或者 ASM 图仔细设计其次态逻辑电路。

采用两个或者三个 always 块描述 FSM 是目前为止最佳的编码方式：

①采用两个 always 块描述 FSM，称为两段式描述，两个 always 块一个用来实现内部状态寄存器，一个用来实现次态逻辑和输出逻辑。

②采用 3 个或者更多 always 块描述 FSM 称为多段式描述，在多段式描述中将输出逻辑和次态逻辑也分开描述，有时甚至将摩尔类型的输出和米利类型的输出分开，采用单独的 always 块描述。

多段式和两段式描述是本书推荐的描述方式。注意：对于某些输出逻辑比较简单的情况，可能也会采用连续赋值语句实现。当然也可以采用 1 个 always 块描述有限状态机（一段式描述），但是这种描述方式并不好，本书不推荐采用这种描述方式。本节将通过几个实例介绍 FSM 的不同描述方式。

8.7.1　多段式 always 块实现 FSM

本小节首先考虑前面提到过的存储器控制器 FSM，按照图 8.1 给出的 FSM 典型结构，很

容易得到 FSM 的多段式描述。

【例 8.6】　存储器控制器 FSM 的 Verilog HDL 描述(方式 1:多段式描述)。

```verilog
module mem_ctrl (
    input wire clk, reset,
    input wire mem, rw, burst,
    output wire oe, we, we_me
    );
    localparam [3:0] IDEL = 4'b0000,
                     WRITE = 4'b0100,
                     READ1 = 4'b1000,
                     READ2 = 4'b1001,
                     READ3 = 4'b1010,
                     READ4 = 4'b1011;
    reg [3:0] state_reg, state_next;
    //状态寄存器
    always@(posedge clk, posedge reset) begin
        if(reset == 1'b1)
            state_reg <= IDLE;
        else
            state_reg <= state_next;
    end
    //次态逻辑
    always@(state_reg, mem, rw, burst) begin
        case(state_reg)
        IDLE: begin
            if(mem) begin
                if(rw) begin
                    state_next = READ1;
                else
                    state_next = WRITE;
                end
            end
            else
                state_next = IDLE;
        end
        WRITE:
            state_next = IDLE;
```

```
        READ1：begin
            if( burst == 1'b1 )
            state_next = READ2；
        else
            state_next = IDLE；
    end
    READ2：
        state_next = READ3；
    READ3：
        state_next = READ4；
    READ4：
        state_next = IDLE；
    default：
        state_next = IDLE；
    endcase
end
//摩尔类型输出
always@ ( state_reg) begin
    we = 1'b0；
    oe = 1'b0；
    case( state_reg)
        IDLE，WRITE：we = 1'b1；
        READ1：oe = 1'b1；
        READ2：oe = 1'b1；
        READ3：oe = 1'b1；
        READ4：oe = 1'b1；
    endcase
end
//米利类型的输出
always@ ( state_reg, mem, rw) begin
    we_me = 1'b0；
    case( state_reg)
        IDLE：
            if( mem&rw)
            we_me = 1'b1；
        WRITE，READ1，READ2，READ3，READ4：；
    endcase
```

end

endmodule

在上面的描述中共使用了 4 个 always 块。第一个 always 块用于描述内部状态寄存器,这种描述方式是 Verilog HDL 描述寄存器的标准方式。寄存器描述使用边沿敏感的敏感列表,其中包括时钟信号 clk 和异步复位信号 reset,如果复位信号有效,状态机会进入 IDLE 状态,否则在每个时钟有效沿,寄存器会采样 state_next 信号(state_next 是次态逻辑的输出)。

```
always@(posedge clk, posedge reset) begin //边沿敏感的敏感列表
    if(reset==1′b1) //复位信号有效
        state_reg ⇐ IDLE;
    else
        state_reg ⇐ state_next;
```

其余的三个 always 块分别用于描述次态逻辑、摩尔类型的输出和米利类型的输出,这三个 always 块描述的都是组合逻辑。

次态逻辑是组合逻辑电路,采用电平敏感的敏感列表,并在 always 块内部使用阻塞赋值语句。次态逻辑由当前状态 state_reg 和输入 men、rw 和 burst 决定,因此这些信号都必须出现在敏感列表中。state_reg 是状态寄存器的输出,表示 FSM 的当前状态,根据 state_reg 和输入信号的不同取值,可以确定电路的次态 state_next(state_next 表示次态逻辑的输出),该信号在时钟上升沿被寄存器采样。建议:在 always 块内部使用 case 语句描述 FSM 的状态转换过程。

下面再给出 1 个设计实例,其状态转换过程如图 8.16 所示,该 FSM 的多段式 Verilog HDL 描述参考例 8.7。

【例 8.7】　图 8.16 所示的 FSM 的 Verilog HDL 描述(方式 1:多段式)。

```
module fsm_cc4_more2 (
    output reg gnt,
    input wire dly, done, req, clk, rst_n
);
    localparam [1:0] IDLE = 2′b00,
                     BBUSY = 2′b01,
                     BWAIT = 2′b10,
                     BFREE = 2′b11;
    reg [1:0] state_reg, state_next;
    //状态寄存器
    always @ (posedge clk or posedge rst_n)
        if (!rst_n)
            state_reg ⇐ IDLE;
        else
            state_reg ⇐ state_next;
```

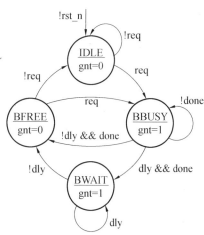

图 8.16　具有 4 个状态的有限状态机

```
//次态逻辑
always @ (state_reg or dly or done or req) begin
    state_next = state_reg; //默认情况下,FSM 保持当前状态不变
    case(state_reg)
    IDLE:
        if(req)
            state_next = BBUSY;
    BBUSY:
        if(done) begin
            if(dly)
                state_next = BWAIT;
            else
                state_next = BFREE;
        end
    BWAIT:
        if(dly == 1'b0)
            state_next = BFREE;
    BFREE:
        if(req)
            state_next = BBUSY;
        else
            state_next = IDLE;
        endcase
end
//摩尔类型的输出
always@ (state_reg) begin
    gnt = 1'b0;
    case(state_reg)
    BBUSY, BWAIT: gnt = 1'b1;
    IDLE, BFREE:;
    endcase
end
endmodule
```

8.7.2 两段式 always 块实现 FSM

两段式描述使用两个 always 块,1 个 always 块用于描述 FSM 的状态寄存器,另一个用于描述组合逻辑(次态逻辑和输出逻辑)。

【例8.8】　存储器控制器 FSM 的 Verilog HDL 描述(方式2:两段式)。

```verilog
module mem_ctrl_2always (
    input wire clk, reset,
    input wire mem, rw, burst,
    output wire oe, we, we_me
  );
  localparam [3:0] IDEL = 4'b0000,
                   WRITE = 4'b0100,
                   READ1 = 4'b1000,
                   READ2 = 4'b1001,
                   READ3 = 4'b1010,
                   READ4 = 4'b1011;
  reg [3:0] state_reg, state_next;
  //状态寄存器
  always@ (posedge clk, posedge reset)
    if(reset == 1'b1)
      state_reg <= IDLE;
    else
      state_reg <= state_next;
  //次态逻辑和输出逻辑
  always@ (state_reg, mem, rw, burst) begin
    oe = 1'b0;
    we = 1'b0;
    we_me = 1'b0;
    case(state_reg)
    IDLE: begin
        if(mem) begin
          if(rw) begin
              state_next = READ1;
          else begin
              state_next = WRITE;
              we_me = 1'b1;
            end
          end
        end
        else
          state_next = IDLE;
```

```
        end
    WRITE：begin
        state_next = IDLE；
        we = 1′b1；
    end
  READ1：begin
    if( burst = 1′b1 )
        state_next = READ2；
    else
        state_next = IDLE；
    oe = 1′b1；
  end
  READ2：begin
    oe = 1′b1
    state_next = READ3；
  end
  READ3：begin
    oe = 1′b1；
    state_next = READ4；
    end
  READ4：begin
    state_next = IDLE；
    oe = 1′b1；
    end
  default：
    state_next = IDLE；
  endcase
end
endmodule
```

与多段式描述相比,两段式描述更为紧凑,代码量更少,但是这种描述方式的可读性会有
所下降,尤其当电路的状态和输出数据都较多时,代码会变得模糊,不容易理解。

【例8.9】 图8.16所示 FSM 的 Verilog HDL 描述(方式2：两段式)。

```
module fsm_cc4_2 (
    output reg gnt，
    input dly, done, req, clk, rst_n
    )；
    localparam [1：0] IDLE = 2′b00，
```

```verilog
                    BBUSY = 2'b01,
                    BWAIT = 2'b10,
                    BFREE = 2'b11;
reg [1:0] state_reg, state_next;
//状态寄存器
always @ (posedge clk or posedge rst _ n)
    if (rst _ n)
        state_reg <= IDLE;
    else
        state_reg <= state_next;
//次态逻辑和输出逻辑
always @ (state_reg or dly or done or req) begin
    state_next = 2'bx;
    gnt = 1'b0;
    case (state_reg)
    IDLE :
        if (req)
            state_next = BBUSY;
        else
            state_next = IDLE;
    BBUSY: begin
        gnt = 1'b1;
        if (!done)
            state_next = BBUSY;
        else if ( dly)
            state_next = BWAIT;
        else
            state_next = BFREE;
    end
    BWAIT: begin
        gnt = 1'b1;
        if (!dly)
            state_next = BFREE;
        else
            state_next = BWAIT;
        end
    BFREE:
```

```
      if( req)
         state_next = BBUSY;
      else
         state_next = IDLE;
    endcase
  end
endmodule
```

总结以上 Verilog HDL 描述,提出以下注意事项:

① 采用 localparam 定义状态机的状态,建议不要采用 Verilog HDL 的宏定义′define 进行状态的定义。参数定义之后,建议在其后的代码中全部使用参数,而不再使用具体的状态编码。这样做的好处:如果有工程师希望尝试不同的状态编码方式,只需要修改参数定义部分,而对其后的 Verilog HDL 代码不需要任何的修改。

② 参数定义之后,直接声明两个寄存器类型的变量(state_reg,state_next),用来表示当前状态和次态。

③ 时序逻辑 alwaya 块中采用非阻塞赋值语句。

④ 组合逻辑 always 块的敏感列表中包含 state_reg 变量以及所有在 always 块内右侧表达式中出现的输入变量。

⑤ 组合逻辑 always 块使用阻塞赋值语句。

⑥ 在组合 always 块开始处,包含对 state_next 的缺省赋值,这样做有如下好处:

    a. 防止综合时出现锁存器;

    b. 减少后续的 case 语句代码量;

    c. 对在后续的 case 语句中 state_next 改变的情况进行强调。

8.7.3 简单的 10 状态 FSM 的设计

本节考虑一个具有 10 个状态的 FSM 的设计,本例采用两段式描述,有限状态机的状态转换图如图 8.17 所示。

【例 8.10】 简单的 10 状态 FSM 的 Verilog HDL 描述(方式 1:两段式)。

```
module fsm_cc7_2 (
  output reg y1,
  input wire jmp, go, clk, rst_n
);
  localparam S0 = 4′b0000,
             S1 = 4′b0001,
             S2 = 4′b0010,
             S3 = 4′b0011,
             S4 = 4′b0100,
             S5 = 4′b0101,
```

S6 = 4′b0110,

S7 = 4′b0111,

S8 = 4′b1000,

S9 = 4′b1001;

reg [3:0] state_reg, state_next;

//状态寄存器

always @ (posedge clk or negedge rst_n)

  if (!rst_n)

state_reg ⇐ S0;

else

state_reg ⇐ next;

always @ (state_reg or go or jmp) begin

  next = 4′bx;

  y1 = 1′b0;

  case (state_reg)

  S0:if (!go) state_next = S0;

     else if (jmp) state_next = S3;

     else state_next = S1;

  S1:if (jmp) state_next = S3;

     else state_next = S2;

  S2:state_next = S3;

  S3:begin y1 = 1′b1;

    if (jmp) state_next = S3;

    else state_next = S4;

    end

  S4:if (jmp) state_next = S3;

     else state_next = S5;

  S5:if (jmp) state_next = S3;

     else state_next = S6;

  S6:if (jmp) state_next = S3;

     else state_next = S7;

  S7:if (jmp) state_next = S3;

     else state_next = S8;

  S8:if (jmp) state_next = S3;

     else state_next = S9;

  S9:if (jmp) state_next = S3;

     else state_next = S0;

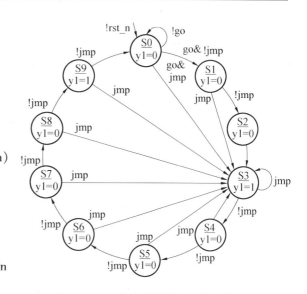

图 8.17　10 状态有限状态机状态转换图

```
        endcase
      end
endmodule
```

8.7.4 相对复杂的 10 状态有限状态机

本小节介绍另外一个 FSM 的例子，采用两个 always 块描述一个相对复杂的具有 10 个状态的有限状态机，与例 8.10 相比，本例虽然也具有 10 个状态，但其状态转换过程要复杂得多。其状态转换过程如图 8.18 所示。

【例 8.11】 相对复杂的 10 状态的有限状态机。

```
module fsm_cc8(
    output reg y1, y2, y3,
    input jmp, go, sk0, sk1, clk, rst_n
    );
    localparam S0 = 4'b0000,
               S1 = 4'b0001,
               S2 = 4'b0010,
               S3 = 4'b0011,
               S4 = 4'b0100,
               S5 = 4'b0101,
               S6 = 4'b0110,
               S7 = 4'b0111,
               S8 = 4'b1000,
               S9 = 4'b1001;
    reg [3:0] state_reg, state_next;
    always @ (posedge clk or negedge rst_n)
      if (!rst_n)
        state_reg <= S0;
      else
        state_reg <= state_next;
    always @ (state_reg or jmp or go or sk0 or sk1) begin
      state_next = 4'bx;
      y1 = 1'b0;
      y2 = 1'b0;
      y3 = 1'b0;
    case (state_reg)
    S0 : if (!go) state_next = S0;
    else if (jmp) state_next = S3;
```

```
    else state_next = S1;
S1 : begin
    y2 = 1'b1;
    if (jmp) state_next = S3;
    else state_next = S2;
    end
S2 : if (jmp) state_next = S3;
    else state_next = S9;
S3 : begin
    y1 = 1'b1;
    y2 = 1'b1;
    if (jmp) state_next = S3;
    else state_next = S4;
    end
S4 : if (jmp) state_next = S3;
    else if (sk0 && !jmp) state_next = S6;
    else state_next = S5;
S5 : if (jmp) state_next = S3;
    else if (!sk1 && ! sk0 && !jmp) state_next = S6;
    else if (!sk1 && sk0 && !jmp) state_next = S7;
    else if ( sk1 && ! sk0 && !jmp) state_next = S8;
    else next = S9;
S6 : begin
    y1 = 1'b1;
    y2 = 1'b1;
    y3 = 1'b1;
    if (jmp) state_next = S3;
    else if (go && !jmp) state_next = S7;
    else state_next = S6;
    end
S7 : begin
    y3 = 1'b1;
    if (jmp) state_next = S3;
    else state_next = S8;
    end
S8 : begin
    y2 = 1'b1;
```

```
        y3 = 1′b1;
        if (jmp) state_next = S3;
        else state_next = S9;
        end
    S9 : begin
        y1 = 1′b1;
        y2 = 1′b1;
        y3 = 1′b1;
    if (jmp) state_next = S3;
    else state_next = S0;
    end
    endcase
    end
endmodule
```

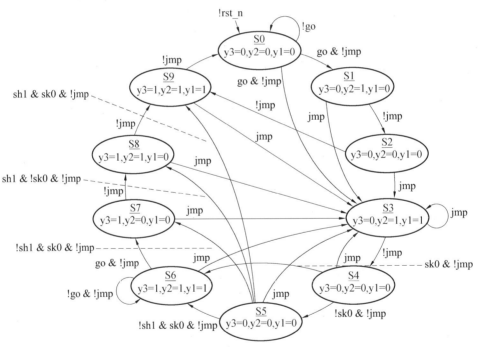

图 8.18　相对复杂的 10 状态有限状态机

8.7.5　1 段式 always 块实现 FSM

　　目前,在 FSM 设计中 1 段式编码也比较常用,1 段式编码即整个 FSM 编码中只使用 1 个 always 块,这种代码风格与 20 世纪 80 年代中期比较流行的 PLD 编程语言采用的编码风格比较相似。对于绝大多数的 FSM 设计而言,与两段式描述相比,一段式描述需要更大的代码量,条理也不是特别清楚(与典型的电路结构对应关系不明显),因而也就更容易犯错误。本书不建议采用 1 段式描述,出于完整性的考虑,本节给出 1 个设计实例,希望读者体会 1 段式描述与其他描述方式的区别。

【例 8.12】 存储器控制器 FSM 的 Verilog HDL 描述(方式 3:1 段式)。

```verilog
module mem_ctrl_1 (
    input wire clk, reset,
    input wire mem, rw, burst,
    output wire oe, we, we_me
    );
    localparam [3:0] IDEL = 4'b0000,
                     WRITE = 4'b0100,
                     READ1 = 4'b1000,
                     READ2 = 4'b1001,
                     READ3 = 4'b1010,
                     READ4 = 4'b1011;
    reg [3:0] state_reg;
    always(posedge clk, posedge reset) begin
        oe <= 1'b0;
        we <= 1'b0;
        we_me <= 1'b0;
        if(reset == 1'b1)
            state_reg <= IDLE;
        else begin
        case(state_reg)
        IDLE: begin
            if(mem) begin
                if(rw) begin
                    state_reg <= READ1;
                else begin
                    state_reg <= WRITE;
                    we_me <= 1'b1;
                end
            end
            else
                state_reg <= IDLE;
        end
        WRITE: begin
```

```
          state_reg ⇐ IDLE；
          we ⇐ 1′b1；
      end
    READ1：begin
        if(burst＝1′b1)
            state_reg ⇐ READ2；
        else
            state_reg ⇐ IDLE；
          oe ⇐ 1′b1；
      end
    READ2：begin
          state_reg ⇐ READ3；
          oe ⇐ 1′b1；
      end
    READ3：begin
        state_reg ⇐ READ4；
        oe ⇐ 1′b1；
      end
    READ4：begin
        state_reg ⇐ IDLE；
        oe ⇐ 1′b1；
      end
  endcase
  end
end
endmodule
```

1 段式 FSM 描述存在几个问题：

①由于组合逻辑电路和存储元件在一个使用边沿敏感的 always 块中采用非阻塞赋值语句描述，导致综合结果在输出信号 oe、we 和 we_me 自动加入了 1 级缓冲器，这样会引入 1 个时钟周期的延迟。

②代码条理不清。

基于以上原因本书不建议采用这种风格的代码描述 FSM。

8.8　输出缓冲器

为输出信号加入输出缓冲器可以避免毛刺并使 FSM 的时钟到输出延迟最小,其缺点是增加了 1 个时钟周期的延迟,会使输出滞后 1 个时钟周期。

通常情况下,FSM 作为系统的控制单元使用。通过加入输出寄存器对输出进行缓冲,经过缓冲的输出信号虽然增加了 1 个时钟周期的延迟,但是可以有效消除毛刺。

8.8.1　通过状态赋值实现输出缓冲

典型的状态机使用组合逻辑直接实现输出信号,如图 8.1 所示。因为摩尔类型的输出与输入信号无关,不会由于输入信号的改变而使输出信号产生毛刺。但是,FSM 状态的切换可能会在 FSM 的输出逻辑中引入毛刺。毛刺产生的原因有两个,第 1 个原因是状态寄存器的多位可能同时发生改变,比如从"111"状态变为"000",即使所有状态寄存器都由同一个时钟信号控制,由于每个寄存器的时钟到输出延迟可能存在微小差别,导致输出信号出现毛刺。寄存器的输出从"111"到"000"的转变过程可能出现短暂的中间状态,比如"110"。输出逻辑产生毛刺的第 2 个可能原因是在组合逻辑内部可能存在的冒险。

通过巧妙的状态赋值可以避免输出逻辑中出现毛刺,这样就可以彻底消除输出逻辑对系统的时钟到输出延迟的影响。为此,首先需要为每 1 个摩尔类型的输出分配 1 个寄存器并根据输出逻辑功能指定寄存器值。本小节依然考虑前面介绍的存储器控制器 FSM。首先为输出 oe 和 we 分配两个寄存器,如表 8.2 所示。因为在某些状态下输出值是一样的,比如在 read1、read2、read3 和 read4 四个状态下输出都为"10",因此还必须额外增加几个寄存器以确保每一个状态对应唯一 1 个二进制编码。本例至少需要 2 个寄存器,以区分 4 个状态,具体的状态赋值如表 8.2 的第 3 列所示。这种状态赋值方案下,输出信号 oe 等于 state_reg[3],输出 we 等于 state_reg[2],也就是说,直接连接输出到 2 个状态寄存器可以实现电路的输出逻辑,因此输出逻辑得到极大化简。这种实现方式可以避免输出信号的毛刺,同时将输出延迟 T_{co} 减小为 T_{cq}。

表 8.2　存储器控制器状态赋值方案

	$q_3 q_2$ (oe)(we)	$q_1 q_0$	$q_3 q_2 q_1 q_0$
IDLE	00	00	0000
READ1	10	00	1000
READ2	10	01	1001
READ3	10	10	1010
READ4	10	11	1011
WRITE	01	00	0100

【例 8.13】　输出缓冲有限状态机的 Verilog HDL 描述。

```
module mem_ctrl (
```

```
    input wire clk, reset,
    input wire mem, rw, burst,
    output wire oe, we
);
localparam [3:0] IDEL = 4'b0000,
                 WRITE = 4'b0100,
                 READ1 = 4'b1000,
                 READ2 = 4'b1001,
                 READ3 = 4'b1010,
                 READ4 = 4'b1011;
reg [3:0] state_reg, state_next;
always@ (posedge clk or posedge reset)
if(reset)
    state_reg <= IDLE;
else
    state_reg <= state_next;
//次态逻辑
always@ (state_reg, mem, rw, burst) begin
    case(state_reg)
    IDLE: begin
        if(mem) begin
            if(rw) begin
                state_next = read1;
            else
                state_next = write;
            end
        end
        else
            state_next = IDLE;
    end
WRITE:
    state_next = IDLE;
READ1:
    if(burst == 1'b1)
        state_next = READ1;
    else
```

```
            state_next = IDLE;
      READ2:
         state_next = READ3;
      end
      READ3:
         state_next = READ4;
      end
      READ4:
         state_next = IDLE;
      default:
         state_next = IDLE;
      endcase
      end
      //输出逻辑
      assign oe = state_reg[3];
      assign we = state_reg[2];
endmodule
```

因为状态寄存器同时作为输出缓冲器使用,某些情况下,采用这种方法可以使用更少的寄存器,缺点是状态赋值过程必须人为完成,随着电路状态数的增加和输出数目的增加,设计过程会变得异常复杂。而且,如果电路的输出信号数、内部状态数目发生变化,就必须对状态赋值过程进行修改,这使得代码设计过程非常容易出错而且难以维护。

8.8.2 超前输出电路

对摩尔类型的输出信号进行缓冲的更一般的方法是采用超前输出电路(look-ahead output circuit)。前面已经分析过,增加输出缓冲器会额外引入一个时钟周期的延迟。考虑到摩尔类型的输出由电路的状态决定,电路的当前状态是其前一个时钟周期的次态,超前输出逻辑电路的基本思想是直接使用电路次态(state_next)信号,避免次态信号经过状态寄存器,从而达到减少延迟时间的目的。

图 8.19(a)给出的是对 FSM 输出进行缓冲的一般方案,这种输出缓冲方案额外引入一个时钟周期的延迟。在延迟 1 个时钟周期后,输出的次态值(output_next)成为当前的输出(output_reg),该值是电路的期望输出。输出的次态值的获得非常直接,它是当前状态的函数,当前状态其实就是状态寄存器的输出 state_reg,状态寄存器的输入其实就是电路的次态(state_next),次态 state_next 是次态逻辑的输出。为了获得次态逻辑的输出,只需将次态逻辑的输出直接连接到输出逻辑的输入,同时断开状态寄存器的输出与输出逻辑的连接,如图 8.19(b)所示。

根据图 8.19 所示的电路框图,可以设计相应的 Verilog HDL 代码。考虑前面介绍的存储器控制器 FSM,这里不再考虑 we_me 输出信号因为它并不是一个摩尔类型的输出。图 8.19

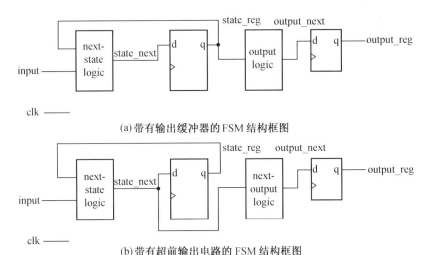

(a)带有输出缓冲器的FSM结构框图

(b)带有超前输出电路的FSM结构框图

图 8.19　摩尔类型输出的超前输出电路结构

所示框图,状态寄存器和次态逻辑都是一致的,只有摩尔类型的输出被改变了。处于比较的目的,针对两个框图分别给出其 Verilog HDL 描述。

【例 8.14】　常规结构(图 8.19(a))存储器控制器有限状态机。

```
module mem_ctrl (
    input wire clk, reset,
    input wire mem, rw, burst,
    output wire oe, we
    );
    localparam [3:0] IDEL = 4'b0000,
                     WRITE = 4'b0100,
                     READ1 = 4'b1000,
                     READ2 = 4'b1001,
                     READ3 = 4'b1010,
                     READ4 = 4'b1011;
    reg [3:0] state_reg, state_next;
    reg oe_i, we_i, oe_buf_reg, we_buf_reg;
    always@ ( posedge clk, posedge reset )
        if( reset == 1'b1 )
            state_reg <= IDLE;
        else
            state_reg <= state_next;
    always@ ( posedge clk or posedge reset ) begin
        if( reset == 1'b1 ) begin
            oe_buf_reg <= 1'b0;
```

```
                we_buf_reg <= 1'b0;
        end
        else begin
            oe_buf_reg <= oe_i;
            we_buf_reg <= we_i;
        end
    end
    always@(state_reg, mem, rw, burst) begin
        case(state_reg)
        IDLE: begin
            if(mem) begin
                if(rw)
                    state_next = READ1;
                else
                    state_next = WRITE;
                end
            end
            else begin
                state_next = IDLE;
            end
            end
        WRITE:
            state_next = IDLE;
        READ1: begin
            if(burst == 1'b1)
                state_next = READ1;
            else
                state_next = IDLE;
        READ2: begin
            state_next = READ3;
        READ3:
            state_next = READ4;
        READ4:
            state_next = IDLE;
        default:
            state_next = IDLE;
```

```
      endcase
    end
// 摩尔类型的输出
    always@（state_reg）begin
      we_i = 1′b0;
      oe_i = 1′b0;
      case（state_reg）
       IDLE，WRITE：we_i = 1′b1;
       READ1：oe_i = 1′b1;
       READ2：oe_i = 1′b1;
       READ3：oe_i = 1′b1;
       READ4：oe_i = 1′b1;
      endcase
    end
    assign we = we_buf_reg;
    assign oe = oe_buf_reg;
endmodule
```

【例 8.15】 超前输出结构有限状态机的 Verilog HDL 描述。

```
module mem_ctrl_look_ahead_buffer（
    input wire clk，reset，
    input wire mem，rw，burst，
    output wire oe_i，we_i
    );
    localparam [3:0] IDEL = 4′b0000，
                    WRITE = 4′b0100，
                    READ1 = 4′b1000，
                    READ2 = 4′b1001，
                    READ3 = 4′b1010，
                    READ4 = 4′b1011;
    reg [3:0] state_reg，state_next;
    reg oe_next，we_next，oe_buf_reg，we_buf_reg;
    always@（posedge clk，posedge reset）
      if( reset == 1′b1 )
        state_reg ⇐ IDLE;
      else
        state_reg ⇐ state_next;
```

```
always@ ( posedge clk or posedge reset ) begin
  if( reset = 1′b1 ) begin
    oe_buf_reg ⇐ 1′b0;
    we_buf_reg ⇐ 1′b0;
  end
  else begin
    oe_buf_reg ⇐ oe_i;
    we_buf_reg ⇐ we_i;
  end
end
always@ ( state_reg, mem, rw, burst ) begin
  case( state_reg )
IDLE : begin
    if( mem ) begin
      if( rw )
        state_next = READ1;
      else
        state_next = WRITE;
      end
    end
    else begin
      state_next = IDLE;
    end
  end
WRITE :
  state_next = IDLE;
READ1 :
  if( burst = 1′b1 )
    state_next = READ1;
  else
    state_next = IDLE;
READ2 :
  state_next = READ3;
READ3 :
  state_next = READ4;
READ4 :
```

```
        state_next = IDLE;
    default:
        state_next = IDLE;
    endcase
end
// 输出逻辑
always@ (state_next) begin
    we_next = 1'b0;
    oe_next = 1'b0;
    case(state_next)
    IDLE, WRITE: we_i = 1'b1;
    READ1: oe_i = 1'b1;
    READ2: oe_i = 1'b1;
    READ3: oe_i = 1'b1;
    READ4: oe_i = 1'b1;
    endcase
end
assign we = we_buf_reg;
assign oe = oe_buf_reg;
endmodule
```

通过超前输出缓冲器系统可以提供无毛刺输出并将 T_{C2O} 延迟减低为 T_{C2Q}。而且,这种方法对于 FSM 的次态逻辑以及状态赋值没有任何影响,只需对原来代码做出很小的改动,其主要问题是直接级联了次态逻辑和输出逻辑,导致电路中组合路径延迟的加大,降低系统的最高工作频率。

8.9　设计实例

本节通过 3 个较复杂典型设计实例,演示 FSM 的一般设计方法。

8.9.1　串行 BCD 码-余 3 码转换电路

第 3.4 节介绍了 BCD 码-余 3 码转换电路的传统设计方法,给出了基于米利状态机的 BCD 码-余 3 码转换电路的设计过程,本小节介绍如何采用 Verilog HDL 实现该设计。注意:采用传统设计方法设计有限状态机时,大量的工作是对状态编码进行优化,从而简化后续的设计过程。采用 Verilog HDL 进行设计时,如果需要改变状态赋值只需改变设计中表示状态的符号常量的值,综合软件能够自动得到设计的门级网表。

根据图 3.21 给出的状态转换图,例 8.16 给出 BCD 码-余 3 码转换电路的 Verilog HDL 描述。描述采用两个 always 块,1 个实现状态寄存器,一个用来实现次态逻辑和输出。

【例 8.16】　BCD 码-余 3 码转换电路的 Verilog HDL 描述。

```
module BCD_to_Excess(
        output reg B_out,
        input wire B_in, clk, reset_b
        );
    localparam S_0 = 3′b000, S_1 = 3′b001,
            S_2 = 3′b101, S_3 = 3′b111,
            S_4 = 3′b011, S_5 = 3′b110,
            S_6 = 3′b010,
            dont_care_state = 3′bx, dont_care_out = 3′bx;
    reg[2:0]state_reg, state_next;
    always @ (posedge clk or negedge reset_b) //边沿敏感的敏感列表
        if (reset_b == 0)
            state_reg <= S_0;
        else
            state_reg <= state_next;
//次态逻辑和输出(组合逻辑)
    always @ (state_reg or B_in) begin //电平敏感的敏感列表
        B_out = 0;
        state_next = state_reg; //默认赋值
        case (state_reg)
            S_0: if (B_in == 1′b0) begin state_next = S_1; B_out = 1; end
        else if (B_in == 1′b1) begin state_next = S_2; end
            S_1: if (B_in == 1′b0) begin state_next = S_3; B_out = 1; end
        else if (B_in == 1′b1) begin state_next = S_4; end
            S_2: begin state_next = S_4; B_out = B_in; end
            S_3: begin state_next = S_5; B_out = B_in; end
            S_4: if (B_in == 1′b0) begin state_next = S_5; B_out = 1; end
        else if (B_in == 1′b1) begin state_next = S_6; end
            S_5: begin state_next = S_0; B_out = B_in; end
            S_6: begin state_next = S_0; B_out = 1; end
        endcase
    end
endmodule
```

例 8.16 的综合结果如图 8.20 所示。注意:只要代码风格规范,综合软件能够识别设计中的有限状态机,图 8.20 中的有限状态机的状态转换图如图 8.21 所示,分析状态转换过程与图 8.21 给出状态转换过程完全相同。

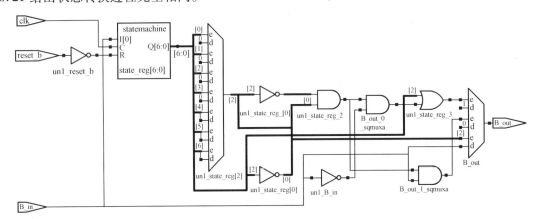

图 8.20　例 8.17 的综合结果

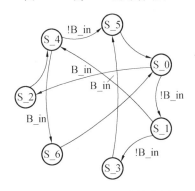

图 8.21　例 8.17 状态转换图

8.9.2　序列检测器

序列检测就是将一个指定的序列从数字信号的码流中识别出来,本例要求设计一个在连续码流输入中检测"10010"的序列检测器。设输入数字码流用 datain 表示,假定每个时钟周期会有 1 个输入加入,序列检测器连续检测输入码流,如果检测到输入码流中包含指定的"10010",则输出 dataout 置位,否则 dataout 保持低电平。

根据以上功能分析,得出序列检测器的状态转换过程如图 8.22 所示。

【例 8.17】　序列检测器的 Verilog HDL 描述。

```
module seqdet(
    input wire datain, clk, reset,
    output wire dataout
    );
    reg [2:0] state_reg, state_next;
    localparam       IDLE = 3'd0,
```

$$A = 3\,'d1,$$
$$B = 3\,'d2,$$
$$C = 3\,'d3,$$
$$D = 3\,'d4,$$
$$E = 3\,'d5,$$
$$F = 3\,'d6,$$
$$G = 3\,'d7;$$

assign dataout = (state_reg == D && x == 1'b0) ? 1'b1 :1'b0;

always @ (posedge clk or posedge reset)

    if(reset)

      state_reg ⇐ IDLE;

    else

      state_reg ⇐ state_next;

//次态逻辑

always@ (state_reg,datain) begin

    casex(state_reg)

      IDLE：if(datain == 1'b1)

          state_next = A;

          else state_next = IDLE;

      A： if (datain == 1'b0)

          state_next = B;

          else state_next = A;

      B： if (datain == 1'b0)

          state_next = C;

          else state_next = F;

      C： if(datain == 1'b1)

          state_next = D;

          else state_next = G;

      D： if(datain == 1'b0)

          state_next = E;

          else state_next = A;

      E： if(datain == 1'b0)

          state_next = C;

          else state_next = A;

      F： if(datain == 1'b1)

          state_next = A;

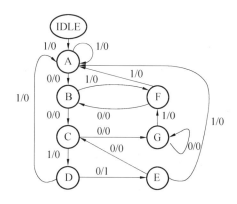

图 8.22 序列检测器的状态转换图

```
        else
            state_next = B;
    G：     if( datain == 1′b1 )
            state_next = F;
        else state_next = B;
    default：state_next = IDLE;
    endcase
```

end

endmodule

本例采用三段式描述,其中输出逻辑采用连续赋值语句实现,其余两个 always 块一个用于描述状态寄存器,一个用于描述次态逻辑。描述次态逻辑的 always 块中,只使用了一个 case 语句。注意:本例与例 8.16 稍有不同,例 8.16 为了保证综合结果不含锁存器,在 always 块开始时,对次态逻辑赋默认值,这样可以在 case 语句中不使用 default 分支;本例没有在 always 块开始处对 state_next 赋默认值,所以在 case 语句中使用了 default 语句。例 8.16 和例 8.17 所示的两种方法是避免在综合结果中包含锁存器的有效方法。

8.9.3 键盘扫描电路

数字电话、计算机以及其他数字系统使用键盘扫描电路以手动方式将信息输入到系统中。如果键盘上有按键按下,键盘扫描电路将会做出响应。首先检测是否有按键按下,之后确定具体哪个按键被按下,并为之产生一个按键编码。此外,键盘扫描电路的设计必须考虑异步输入信号的同步问题、按键抖动等问题。注意:本例假设,如果按键被按下并保持按下状态不变,键盘扫描电路不会将该种状况理解为有按键被反复按下。

本节考虑一种 4×4 矩阵键盘扫描编码电路的设计。假设矩阵键盘行线通过下拉电阻接地,行线连接到电源正极,由于按键被按下行线和列线建立连接,则相应的行线被拉高,否则,行线会被拉低。键盘扫描和编码电路控制列线,利用对列线的控制在列线上输出有效电平以检测按键按下的位置。矩阵键盘扫描电路连接示意图如图 8.23 所示。

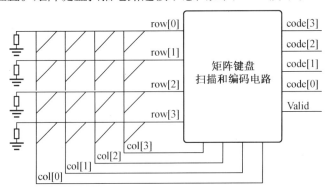

图 8.23　矩阵键盘扫描电路连接示意图

键盘扫描编码电路实现如下功能：

①检测是否有键按下；

②确定被按下的键的位置；

③产生按键编码。

整个电路使用同步 FSM 来实现，按键位置和按键扫描编码如表 8.3 所示。键盘扫描编码 FSM 的输出有：列线 col、键码 code 以及信号 valid，valid 用于表示输出的键值是否有效。设计将使用图 8.24 所示的同步电路对异步输入进行同步操作，例 8.18 给出该同步电路的 Verilog HDL 描述。

表 8.3　按键位置和按键扫描码

Key	row[3:0]	col[3:0]	code
0	0001	0001	0000
1	0001	0010	0001
2	0001	0100	0010
3	0001	1000	0011
4	0010	0001	0100
5	0010	0010	0101
6	0010	0100	0110
7	0010	1000	0111
8	0100	0001	1000
9	0100	0010	1001
A	0100	0100	1010
B	0100	1000	1011
C	1000	0001	1100
D	1000	0010	1101
E	1000	0100	1110
F	1000	1000	1111

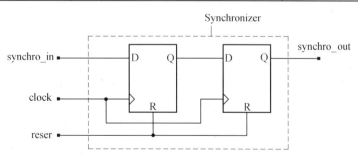

图 8.24　异步信号的同步电路

【例 8.18】　图 8.24 所示同步电路的 Verilog HDL 描述。

```
module Synchro_2 (
    output reg synchro_out,
    input wire synchro_in,
```

```
    input wire clk, reset
    );
    reg temp;
    always @ (posedge clk or posedge reset) begin
        if (reset) begin
            temp <= 0;
            synchro_out <= 0;
        end
        else begin
            temp <= synchro_in;
        synchro_out <= temp;
        end
    end
endmodule
```

为了检测是否有键按下,可以让列线同时全部输出高电平,直到检测到有行线被拉高(方法是检测行线或运算是否为1),但是具体是哪根行线被拉高还是无法确定。为了确定具体哪根行线被拉高,依次在每一条列线上输出高电平,直到检测到相应行线被拉高,同时为高电平的行线和列线相交的位置就是被按下的按键所在位置,对位置信息进行编码,得到该按键对应的编码。

键盘扫描编码电路的 ASM 图如图 8.25 所示。系统复位后时序机保持在 S_0 状态,在 S_0 状态所有列线置位,直到有一个或者多个行线出现有效电平。所有行线通过或运算形成信号 s_row 信号,如果 s_row 信号置位表示有按键被按下,时序机进入下一个状态 S_1。在 S_1 状态,时序机在第 0 列上输出有效电平(高电平),同时检测行线是否出现有效电平(高电平),如果检测到行线包含有效电平,置位输出 valid 一个时钟周期,时序机会转移到 S_5 状态。在 S_5 状态,列线会全部置成有效电平(高电平),开始下一次检测是否有按键按下。如果行线一直保持有效电平(表示按键并没有放开),状态机将一直保持在 S_5 状态。如果行线出现无效电平,时序机将返回 S_0 状态。

注意:在 S_5 状态,尽管只有与被按下的按键相对应的列线需要置位,但是在 S_5 状态,会将所有的列线置位,避免再加入额外的两个状态,因为 S_2、S_3 和 S_4 的次态必须等待行线清零。

分析键盘扫描电路 ASM 图可以发现,对于列线置位情况的解码是有优先级的,解码过程从 column_0 开始。如果有多于 1 列的信号置位,那么首先被译码的列线就会决定输出的按键编码。离开 S_0 状态的决策框对同步器的行信号进行测试,离开其他状态的决策框则可以对未经过同步器的信号进行测试,因为在这些状态行信号应该已经稳定。

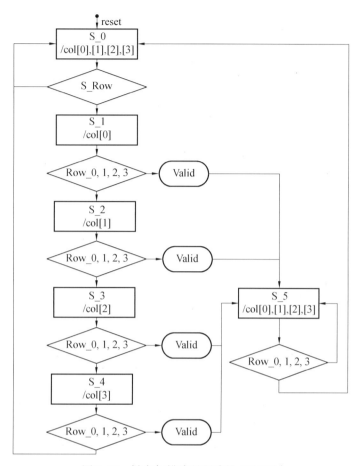

图 8.25　键盘扫描编码电路的 ASM 图

【例 8.19】　键盘扫描和编码电路的 Verilog HDL 描述。

module Hex_Keypad (

　　output reg [3:0]code, col,

　　output wire valid,

　　input wire [3:0]row,

　　input wire s_row,

　　input wire clock, reset

　　);

　reg [5:0]state_reg, state_next;

　localparam S_0 = 6′b000001, S_1 = 6′b000010, S_2 = 6′b000100;// 独热编码

　localparam S_3 = 6′b001000, S_4 = 6′b010000, S_5 = 6′b100000;

　assign

　valid = ((state_reg = S_1)|(state_reg = S_2)|||(state_reg = S_3)|||(state_reg = S_4))&&row;

　always @ (row or rol)

　　case ({row, rol})

```
        8'b0001_0001: code = 0;
        8'b0001_0010: code = 1;
        8'b0001_0100: code = 2;
        8'b0001_1000: code = 3;
        8'b0010_0001: code = 4;
        8'b0010_0010: code = 5;
        8'b0010_0100: code = 6;
        8'b0010_1000: code = 7;
        8'b0100_0001: code = 8;
        8'b0100_0010: code = 9;
        8'b0100_0100: code = 10;          // A
        8'b0100_1000: code = 11;          // B
        8'b1000_0001: code = 12;          // C
        8'b1000_0010: code = 13;          // D
        8'b1000_0100: code = 14;          // E
        8'b1000_1000: code = 15;          // F
        default: code = 0; /
        endcase
//状态寄存器
    always @ (posedge clock or posedge reset)
        if (reset)
        state_reg <= S_0;
        else
        state_reg <= state_next;
//状态逻辑
    always @ (state_reg or s_row or row) begin
        state_next = state_reg;
        col = 0;
        case (state_reg)
            S_0:      begin col = 15; if (s_row) state_next = S_1; end
            S_1:      begin col = 1;  if (row) state_next = S_5; else state_next = S_2; end
            S_2:      begin col = 2;  if (row) state_next = S_5; else state_next = S_3; end
            S_3:      begin col = 4;  if (row) state_next = S_5; else state_next = S_4; end
            S_4:      begin col = 8;  if (row) state_next = S_5; else state_next = S_0; end
            S_5:      begin col = 15; if (row == 0) state_next = S_0; end
```

```
        endcase
    end
endmodule
```

本章小结

有限状态机的典型结构与规则时序逻辑电路的典型结构相同,之所以要区分二者,目的是行文和描述方便,二者的区别仅在于次态逻辑的复杂程度,规则时序电路的次态逻辑比较简单,是一个"规则"的组合元件(component),比如加法器、移位器等。有限状态机的次态逻辑相对复杂,一般称为"随机"逻辑,需要从头设计。

状态转换图或者算法状态机图是描述有限状态机的有效方法,状态转换图适合规模不大的有限状态机的描述,对于规模较大的 FSM,由于包含的状态数较多,状态转换图会变得非常复杂,这时可以采用 ASM 图对电路进行描述。如果已经获得 FSM 的状态转换图或者 ASM 图,那么采用 Verilog HDL 描述有限状态机将不再有任何难度。

本书建议采用 2 段式或者多段式的方式描述有限状态机,这种描述方法将 FSM 中的存储元件和组合电路分开单独描述,与电路结构有较好的对应关系,可以有效提高代码的可读性以及可维护性。

习题和思考题 8

8.1　比较 1 段式、2 段式以及多段式有限状态机描述方式的异同以及各自的优缺点。

8.2　曼彻斯特编码是一种常用的二进制编码方式,要求设计曼彻斯特编码电路。提示:曼彻斯特编码电路的状态转换过程如图 8.26 所示。关于曼彻斯特编码的详细信息请参考文献[8]或者其他相关书籍。

8.3　数字通信领域,通常采用特殊的码流作为发送的起始帧。例如,Ethernet II 中使用"10101010"作为起始标志。要求设计一个有限状态机产生"10101010"码流。该 FSM 具有一个输入信号 start,输出信号 data_out。如果 start 等于 1,在接下来的 8 个时钟周期电路输出"10101010"。

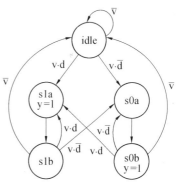

图 8.26　题 8.2 图

（1）设计状态转换图;

（2）根据状态转换图设计等价的 ASM 图;

（3）根据状态转换图设计 Verilog HDL 代码,要求输出不能包含有毛刺;

（4）使用 look-ahead 结构的输出,重新设计该 FSM。

8.4　设计有限状态机,检测输入码流中是否包含"10101010"。电路具有输入信号 dtat_in,输出信号 match。如果输入码流中包含"10101010",输出信号将置位 1 个时钟周期。

（1）设计状态转换图;

（2）根据状态转换图设计等价的 ASM 图;

（3）设计 Veriog HDL 代码;

（4）要求采用摩尔状态机和米利状态机两种方式实现以上过程。

8.5　设计曼彻斯特译码器。曼彻斯特译码器的功能是将普通二进制编码转换为曼彻斯特编码。

8.6　设计基于有限状态机的 mod-16 计数器。

8.7　设计基于有限状态机的格雷码计数器。

第9章

数据通道(FSMD)

9.1 引　言

从应用的角度讲,数字系统可以分为两类:控制主导(control-dominated)的数字系统和数据处理主导(data-dominated)的数字系统。一般情况下,采用第8章介绍的有限状态机设计方法设计控制主导的数字系统,对于某些复杂算法的实现(数据处理主导的数字系统,比如滤波器等),一般需要采用数据通道+有限状态机结构的数字系统实现,有限状态机+数据通道结构的数字系统有时也称为带有数据通道的有限状态机(Finite State Machen and Datapath,FSMD),其典型结构如图9.1所示。

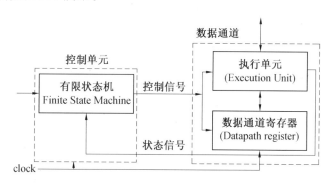

图9.1　带有数据通道的有限状态机

FSMD由有限状态机(控制通道)和数据通道组成,FSM负责检测来自外部的控制命令以及数据通道的状态信息,产生相应的控制信号,控制数据通道中的执行单元(Execution Unit)等部件的工作。数据通道主要由处理单元(算术逻辑单元(ALU)、乘法器、加法器等完成计算过程的元件)路由网络和数据通道寄存器(用于保存执行单元的中间计算结果)组成,在有限状态机的控制下,完成相应计算过程和步骤。

注意:简单的数字系统,也可以划分有限状态机+数据通道结构,但是对于功能比较简单的数字系统,一般无需这样划分,直接采用第6、7章介绍的方法设计即可。

复杂的数据处理问题,通常需要采用算法(Algorithm)实现。传统上,算法采用高级编程语言(C语言)实现,高级语言源程序经过编译翻译成机器码,并运行于通用计算机。然而,为了获得更好性能和效率,有时需要自行设计硬件电路实现某些复杂的数据处理任务。寄存器传输级设计是数字系统设计中最为常用的方法,寄存器传输级设计需要描述数据在寄存器之间的传输和处理过程,这种设计方法也支持顺序执行的算法的描述。

9.2 寄存器传输级设计

9.2.1 算法

为了完成某个任务或者解决某个问题而采取的一系列详细步骤和操作称为算法(Algorithm)。传统高级编程语言(比如 C 语言)顺序执行,因此算法很容易采用传统编程语言实现。传统编程语言程序会被编译成机器指令,然后在通用计算机上运行。下面考虑 1 个简单的算法:求数组中连续 4 个元素的和,该和除以 8 后向最接近的整数取整。下面给出该算法的一个可能实现方法,假设 a[i] 为整型数组:

```
size = 4;
sum = 0;   //第2行
for(i=0;i⩽size-1;i++)
   sum = sum+a[i];
q = sum/8;
r = sum%8;
if(r>3)
   q = q+1;
outp = q;
```

该算法首先将 4 个元素相加并将结果保存在变量 sum 中,然后分别求出 sum 与 8 做除法的商和余数。如果余数大于 3,将商加 1 作为最后的结果。本例演示了算法的两个基本特征:

① 使用变量:算法中的变量与通用计算机存储器的某个位置对应,其地址用变量名称表示。变量用于存储中间计算结果。例如,第 2 行的 sum=0 表示将 0 存储到以"sum"为地址的存储器。在 for 循环中,a[i] 与 sum 的当前值相加并被保存到 sum 中。第 4 句,用 8 除 sum 的值并将结果保存到以符号 q 为地址的存储器中。

② 顺序执行:算法顺序执行,所以程序中的语句顺序非常重要。例如,在除法操作执行之前,必须完成 4 个元素的求和。

HDL 本身是并行执行的,因此对于变量和顺序执行语句必须采用特殊的语法结构处理。在 Verilog HDL 中,顺序执行的语句必须出现在 always 块中。

9.2.2 数据流模型的结构描述

为了获得更高的计算效率,往往需要采用硬件直接实现某些算法。硬件描述语言本身用于描述并行执行的硬件电路,与顺序执行的算法有很大不同。下面考虑如何将"顺序执行的算法"转换成"硬件电路"。对应前面介绍的顺序执行的算法,可以将循环打开,将变量映射成内

部连接线并将求和操作映射成加法器。假设 sum 是 8 位宽的信号,对应的 Verilog HDL 代码如下:

```
module example1 (
    input wire [7:0]a0,a1,a2,a3,
    output reg [7:0]outp
    );
    reg [7:0]sum0,sum1,sum2,sum3;
    reg [7:0]q,r;
    always@ ( * ) begin
      sum0 = a0;
      sum1 = sum0 + a1;
      sum2 = sum1 + a2;
      sum3 = sum2 + a3;
      q = {3'b000, sum3[7:3]};
      r = {5'b00000,sum3[2:0]};
      outp = (r>3)? (q+1):q;
    end
endmodule
```

注意:sum/8 和 sum%8 都是采用拼接操作实现的,以上代码对应的电路框图如图9.2所示。

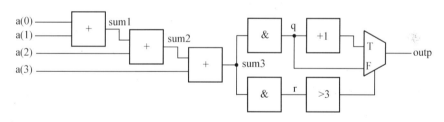

图9.2 算法的硬件电路实现

尽管图9.2所示的电路可以实现上述算法,但其实现过程与原算法描述的顺序执行操作步骤还是有很大区别。该电路是组合逻辑电路,加法和除法并行执行,实现的过程也不会使用任何变量的概念,顺序执行的概念也被隐含地嵌入到模块的互联中。在某些情况下,通过额外使用更多的硬件资源可以加快算法执行的速度。通用计算机必须通过自己的算术逻辑单元顺序执行这些操作,而硬件电路可以并行地使用加法器和除法器电路完成计算过程。

上面介绍的关于算法的 HDL 实现方法并不通用,只能应用于一些简单的算法实现。如果对前面提到的算法稍作修改,本小节介绍的硬件实现方法就会出现问题。假设对算法做如下修改:

①将数组元素由 4 个增加到 10 个。这样算法执行循环的次数会增加到 10 次,这会导致

其硬件实现需要 9 个加法器。如果数组元素的数目继续增加,则需要的加法器的数目也会相应增加。如果数组元素个数非常多,则会导致其硬件实现需要过多的加法器,这在很多情况下是不现实的。

②如果数组元素的数目并不固定,而是由一个输入信号 n 指定。对于传统编程语言实现,这并不困难,只需将第 1 句的 size=4 改为 size=n 即可。但是如果采用硬件电路实现该算法,这是非常困难的,因为硬件不能动态扩展和缩小,所以必须针对所有 n 值进行计算,之后通过数据选择器将期望的结果送给输出,这会使硬件电路异常复杂,在实际应用中并不现实。

9.2.3 寄存器传输级设计

第 9.2.2 节的例子演示的采用硬件电路直接实现顺序执行算法的方法存在极大限制。为了采用硬件电路实现顺序执行的算法,可以使用寄存器传输级设计方法,其关键特征如下:

① 使用寄存器存储中间计算结果、表示算法中的变量;

② 使用自定义的数据通道实现所有需要的寄存器传输操作;

③ 使用控制通道(通常为 FSM)控制寄存器传输操作。

前面介绍规则时序电路和 FSM 的设计时,都使用了寄存器。在规则时序电路或者 FSM 中,寄存器用于表示电路的内部状态。在寄存器传输级设计中,数据通道中寄存器通常当做存储器使用,用于保存中间计算结果,这与算法实现中使用的变量是一样的,例如,考虑以下典型的计算问题:

$$a=a+b;$$

使用两个寄存器 a_reg 和 b_reg 表示 a 和 b,该语句执行时,寄存器 a_reg 和 b_reg 的内容相加,并在下一个时钟有效沿将结果写回到寄存器 a_reg。

如果采用寄存器传输级设计实现某个算法,所有的数据处理过程以及路由网络都是由专门的硬件实现,例如,上面的语句实现时需要 1 个加法器和两个寄存器。

算法是顺序执行的一系列的步骤,数据的处理和保存都是由数据通道完成的,数据通道一般由处理单元、路由网络以及寄存器组成。但是系统通常需要一个控制器控制在每个时钟周期内,具体哪种数据处理操作会被执行,这个电路通常称为控制通道,通常采用 FSM 实现。

算法的这种实现方式要求设计者从头开始设计自己的数字系统,包括控制器 FSM 以及数据通道的设计。设计者考虑实现该算法需要的执行单元、合理设计控制器(检测外部命令、执行单元状态、协调各执行单元所执行的运算的顺序等)。算法的实现被转换成一系列的控制命令,FSM 根据控制命令输出相应的控制信号,控制数据在不同寄存器之间的传输过程。

至此,无论是规则时序逻辑、有限状态机 FSM,还是数据处理占主导的 FSM 都在寄存器传输级(Register Transfer Level,RTL)上进行设计,这也是本书重点关注寄存器传输级设计的原因。对于有限状态机,将存储元件和组合逻辑分开单独描述,按照摩尔或者米利状态机的典型结构描述即可。对于复杂的算法,将整个系统分为控制通道和数据通道两个部分。控制通道是一个典型的有限状态机,数据通道主要由执行单元、路由网络以及寄存器组成,主要负责实现各种计算过程(加法、乘法等)。

9.3　FSMD 设计原理

本节介绍 FSMD 设计的原理和基本概念,包括寄存器传输操作的表示、数据通道和控制器,并通过实例详细介绍 FSMD 的设计过程。

9.3.1　寄存器传输操作

寄存器传输级设计中的基本操作称为寄存器传输操作,使用如下的符号表示

$$r_{\text{dest}} \leftarrow f(r_{\text{src1}}, r_{\text{src}}, \cdots, r_{\text{src}n})$$

该符号表示一个赋值操作,左侧的寄存器 r_{dest} 称为目标寄存器;右侧的 $r_{\text{src1}}, r_{\text{src2}}, \cdots, r_{\text{src}n}$ 称为源寄存器;$f(\cdot)$ 表示对源寄存器执行的操作,可以理解为一个从源寄存器到目标寄存器的映射(函数),本质上是组合逻辑电路,比如加法器等,该函数是源寄存器和外部输入的函数。整个符号表示:根据 $f(r_{\text{src1}}, r_{\text{src2}}, \cdots, r_{\text{src}n})$ 计算目标寄存器 r_{dest} 的次态值,并在时钟上升沿将其值保存到目标寄存器 r_{dest}。

注意:符号←并不是 Verilog HDL 支持的赋值符号,只是本书用于表示寄存器传输操作的符号。

对于 $f(r_{\text{src1}}, r_{\text{src2}}, \cdots, r_{\text{src}n})$ 没有特别的要求,只要采用组合逻辑电路能够实现就可以了。以下给出一些典型寄存器传输操作:

① $r \leftarrow 1$:常数 1 存储到寄存器 r;

② $r \leftarrow r$:寄存器 r 的内容保存到本身,寄存器内容保持不变;

③ $r \leftarrow r \ll 3$:寄存器 r 内容左移 3 位后再保存到寄存器 r;

④ $r0 \leftarrow r1$:寄存器 $r1$ 内容保存到 $r0$ 寄存器;

⑤ $y \leftarrow a \oplus b \oplus c$:寄存器 a, b 和 c 内容相异或后结果保存到寄存器 y;

⑥ $s \leftarrow a^2 + b^2$:寄存器 a 和寄存器 b 的平方和保存到寄存器 s。

寄存器传输操作中,以上操作必须在系统时钟的控制下执行,符号

$$r_{\text{dest}} \leftarrow f(r_{\text{src1}}, r_{\text{src2}}, \cdots, r_{\text{src}n})$$

表示的操作可以解释如下:

① 时钟信号的上升沿,经过寄存器的时钟到输出(T_{C2Q})延迟,源寄存器 $r_{\text{src1}}, r_{\text{src2}}, \cdots, r_{\text{src}n}$ 的值稳定;

② 源寄存器的输出作为组合逻辑的 $f(\cdot)$ 的输入。这里假设时钟周期足够长可以满足组合逻辑的传播延迟以及目标寄存器 r_{dest} 的建立时间要求;

③ 下一个时钟上升沿,组合逻辑输出结果被采样并保存到寄存器 r_{dest}。

前面关于时序逻辑的讨论中,使用_reg 和_next 等后缀表示寄存器的当前状态和次态。寄存器传输操作中也可以使用这些符号。例如,考虑操作 $r1 \leftarrow r1 + r2$,其准确的含义为

① $r1\_next = r1\_reg + r2\_reg$;

② $r1\_reg \Leftarrow r1\_next$(在下一个时钟周期)。

注意:这里分别采用了 Verilog HDL 的阻塞赋值和非阻塞赋值两种赋值符号。

寄存器传输操作的物理实现非常容易,通常需要采用组合逻辑元件构造 $f(\cdot)$ 函数,并将其输出连接到目标寄存器。依然考虑 $r1 \leftarrow r1+r2$,它的 $f(\cdot)$ 函数只涉及 1 个加法操作,其实现方法如图 9.3(a)所示,相应的时序如图 9.3(b)所示。注意:寄存器 $r1$ 的内容直到下一个时钟有效沿才被更新。

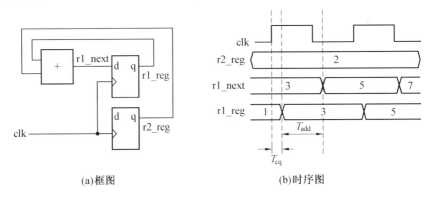

(a)框图　　　　　　　　　　　(b)时序图

图 9.3　基本寄存器传输操作实现框图以及时序图

9.3.2　数据通道

通常情况下,算法实现过程包含多个寄存器传输操作,并不是所有的目标寄存器都在同一时刻对输入数据采样,算法的实现必须依靠多个寄存器传输操作的有序执行。例如,某算法需要顺序执行以下寄存器传输操作,这些操作都以 $r1$ 为目标寄存器。第 1 步将常量 1 保存到寄存器 $r1$;第 2 步将寄存器 $r1$ 和 $r2$ 内容相加并保存到寄存器 $r1$;第 3 步执行 $r1 \leftarrow r1+1$;最后第 4 步 $r1$ 保持不变,上述 4 个步骤 $r1$ 都是目标寄存器:

① $r1 \leftarrow 1$;

② $r1 \leftarrow r1+r2$;

③ $r1 \leftarrow r1+1$;

④ $r1 \leftarrow r1$。

因为 $r1$ 有多种可能取值,所以需要通过数据选择器将合适的值送到 $r1$ 寄存器,如图 9.4 所示。通过控制数据选择器的选择输入端可以为 $r1$ 选择合适的输入信号。FSMD 系统往往包含数目众多的寄存器,对数据通道中的每个寄存器重复以上设计过程可以完成数据通道的设计,当然这种方式得到的数据通道是未经过任何优化的,在初步完成数据通道设计后,一般需要经过必要的优化过程。

9.3.3　控制通道

数据通道一般会包含多个寄存器传输操作,同一个寄存器的输入信号有不同的来源,因此需要一种机制控制在每个时钟上升沿具体执行哪些寄存器传输操作。控制单元接受来自外部的控制命令或者数据通道内部的状态信息,控制数据通道执行相应的寄存器传输操作。例如,在图 9.4 中,在每个时钟周期,控制通道必须输出合适的控制信号,以保证合适的输入($1, r_1 + r_2, r1$)传输给目标寄存器。

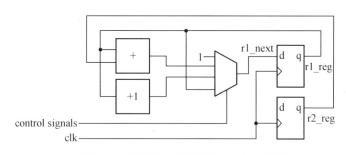

图9.4　多个操作结果使用同一个寄存器

9.3.4　FSMD 基本结构框图

FSMD 典型结构如图 9.5 所示,分为数据通道和控制器两部分。数据通道执行寄存器传输操作(Register Transfer Operation,RT 操作),典型的 FSMD 包括以下功能单元:

① 数据寄存器:用于保存中间的计算结果;

② 执行单元:执行寄存器传输操作指定的功能,典型的功能单元包括加法、减法、乘法、加 1、减 1 电路以及移位器等;

③ 路由网络:主要两个功能:

　a. 将源寄存器连接到合适的功能单元;

　b. 将功能单元的计算结果连接到合适的目标寄存器,路由网络通常有数据选择器实现。

数据通道通常包含如下的输入和输出信号:

① 数据输入(data input):外部的输入数据,也是 FSMD 要处理的数据;

② 数据输出(data output):FSMD 的处理结果;

③ 控制信号(control signals):输入到数据通道的控制信号用于指定数据通道中具体要执行的寄存器传输操作,控制信号一般来自控制单元 FSM;

④ 内部状态(internal status):数据通道的输出信号,用于表示数据通道的内部状态,比如数据通道的内部某个寄存器是否为 0,该信号输出到控制单元,用以确定进一步的控制信号,是 FSM 的输入。

控制器是一个 FSM,由内部寄存器、次态逻辑和输出逻辑组成。控制器通常包括如下的输入和输出信号:

① 外部命令(external command):来自 FSMD 外部的命令,比如操作的启动信号等,该信号是 FSM 的输入信号;

② 内部状态(internal status):FSM 的输入,来自数据通道,FSM 根据外部命令和数据通道的内部状态共同决定其次态;

③ 控制信号(control signals):FSM 的输出用于控制数据通道的操作;

④ 外部状态:FSM 输出,用于表示整个 FSMD 的状态。

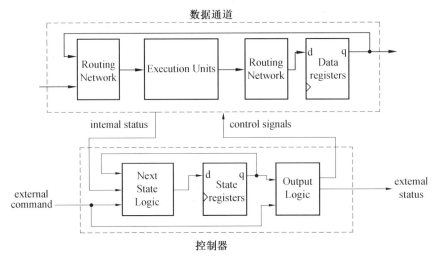

图 9.5　FSMD 结构框图

9.4　FSMD 设计方法和步骤

本节通过详细讨论一个乘加器设计过程,介绍 FSMD 设计方法和步骤,分为数据通道和控制器两部分。

9.4.1　算法的 ASM 图

第 5.9.7 节讨论了组合逻辑乘法器的设计,其实现过程类似第 9.2.2 节介绍的算法直接实现。在某些应用场合,对设计中使用的逻辑资源有严格的约束,不允许在设计中使用过多加法器。本小节考虑重新设计一个时序乘法器,约束条件是设计中只能使用 1 个加法器。假设乘法操作的两个操作数分别是 a_in 和 b_in,实现乘法操作的最简单的算法就是将 a_in 重复相加 b_in 次。例如,7 * 5 等价于将 7 连续相加 5 次,即 7 * 5 = 7+7+7+7+7。尽管这种算法并不是最高效的实现方法,但足以演示如何为顺序执行的算法设计 ASM 图。注意:获得了算法的 ASM 图,在此基础进行代码设计并不困难,因此,这里重点说明算法的 ASM 图的设计过程。

考虑一个输入信号为 a_in 和 b_in,输出为 r_out 的乘法器,所有这些信号都是无符号整数。乘法操作可以采用如下代码实现:

```
if( a_in == 0 || b_in == 0 )
   r = 0;
else
   {
     a = a_in;
     for( n = _bin; n! = 0; n-- )
         r = r+a;
   }
r_out = r;
```

注意:ASM 图无法表示循环操作,ASM 图条件判断框使用布尔表达式从两个可能路径中选择 1 个,这种情况非常类似 if 和 goto 语句。因此,为了获得比较清晰的 ASM 图,将以上采用 for 循环实现的算法修改为使用 if 和 goto 语句实现,代码如下:

```
if(a_in＝0||b_in＝0)
    r=0;
else
{
    a=a_in;
    n=n_in;
    r=0;
op:  r＝r+a;
    n＝n−1;
    if(n＝0)
        goto stop;
    else
        goto op;
}
stop：r_out＝r;
```

为了使用硬件实现该算法,必须首先定义输入和输出信号。

输入信号:

① a_in 和 b_in:输入,表示两个乘数,8 位宽的无符号整数;

② start:输入,控制命令,如果信号 start 置位,启动一次计算过程;

③ clk:系统时钟;

④ reset:异步复位信号用于系统初始化。

输出信号:

① r_out:输出,16 位宽乘积;

② ready:电路状态指示信号,该信号置位表示乘法器电路空闲,可以接受新的输入信号;也表示前一次乘法操作已经完成,结果 r_out 可用。

为了设计时序乘法器,需要额外增加两个控制信号 start 和 ready。假设该该乘法器是某个较大的系统的一部分。如果系统希望进行一次乘法操作,它首先检查 ready 信号,如果 ready 信号置位,则系统向乘法器提供两个操作数,并置位 start 信号,乘法器检测到 start 信号置位后,使用两个操作数开始计算过程,并在完成计算后置位 ready 信号以通知主系统。

图 9.6 给出时序乘法器算法实现的 ASM 图,与上面介绍的乘法算法一致,该设计使用寄存器 n,a 和 r 表示算法中的变量,使用决策框表示算法中的 if 语句。与伪代码表示不同,ASM 图允许执行并行操作。如果寄存器传输操作被安排在同一个状态,表示这些操作都是在同一个时钟周期完成,也就是说这些操作是并行执行的。例如在图 9.6 所示的乘法器 ASM 图中,

在 OP 状态,存在两个寄存器传输操作:r←r+a 和 n←n−1,这表示系统在物理实现时必须同时包含 1 个加法器和 1 个减 1 电路。通常情况下,只要数据计算之间没有前后依赖关系,系统具有足够的硬件资源,那么可以将这些寄存器传输操作安排在同一个状态并行执行。

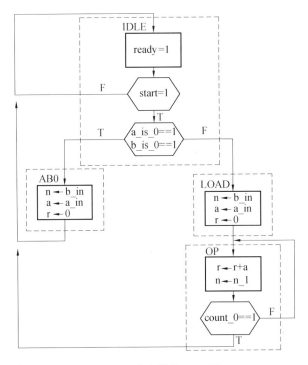

图 9.6　乘法器的 ASM 图

ASM 图包含 4 个状态。IDLE 状态表示电路处于空闲状态,该状态下 ready 信号置位。如果 start 信号置位,FSM 检测是否有某个输入为 0,如果有某个输入为 0,FSMD 进入 AB0 状态,否则进入 LOAD 状态。尽管不是必须的,这里采用寄存器 a 和 n 装载输入信号 a_in 和 b_in (加入输入寄存器)。在 LOAD 状态,r 被初始化为 0,a 和 n 初始化为外部输入 a_in 和 b_in。之后 FSM 进入循环过程(OP 状态),在 OP 状态重复 b_in 次。在 OP 状态,将 a 内容与 r 内容相加并保存到寄存器 r,并将 n 内容减 1 再保存到 n。寄存器 n 用于记录迭代的次数。当 n=0 是循环过程结束,FSM 返回到 IDLE 状态。

9.4.2　FSMD 设计方法

FSMD 的控制器是一个有限状态机,其设计过程与第 8 章介绍的有限状态机设计方法一致。在 ASM 图中,条件判断框中的逻辑表达式是关于输入信号的,共使用四个信号 start、a_is_0、b_is_0 和 count_0。start 信号是 FSMD 的外部信号(命令),其他 3 个信号是数据通道内部状态信号。控制器有限状态机的输出包括外部信号 ready 以及输入到数据通道的控制信号,这些控制信号用于指定数据通道中的寄存器传输操作。

数据通道一般由寄存器、执行单元和路由网络组成,结构一般都很复杂。但是设计者如果能够遵循以下的设计步骤,数据通道设计也并不复杂。本书建议的设计步骤如下:

(1) 列出 ASM 图中所有的寄存器传输操作;

(2) 根据目标寄存器不同,将寄存器传输操作分为不同的组;

(3) 为每一组寄存器传输操作设计具体电路;

　　① 构造目标寄存器;

　　② 设计寄存器传输操作涉及的组合逻辑电路;

　　③ 如果目标寄存器涉及多个寄存器传输操作操作,加入数据选择器和路由网络。

(4) 设计控制器。

以下以图 9.6 所示的乘法器设计过程为例,详细介绍以上的设计方法。

乘法器数据通道 ASM 图中寄存器传输操作分为以下 3 组:

① 使用寄存器 r 作为目标寄存器的寄存器传输操作:

　　$r \leftarrow r$(IDLE 状态);

　　$r \leftarrow 0$(LOAD 状态和 AB0 状态);

　　$r \leftarrow r+a$(OP 状态);

② 使用寄存器 n 作为目标寄存器的寄存器传输操作:

　　$n \leftarrow n$(IDLE 状态);

　　$n \leftarrow n\_in$(LOAD 状态和 AB0 状态)

　　$n \leftarrow n-1$(OP 状态)

③ 使用寄存器 a 作为目标寄存器的寄存器传输操作:

　　$a \leftarrow a$(IDLE 状态和 OP 状态)

　　$a \leftarrow a\_in$(LOAD 和 AB0 状态)

注意:必须为每个寄存器指定缺省的寄存器传输操作。

考虑与寄存器 r 对应的寄存器传输操作电路,其实现框图如图 9.7 所示。寄存器 r 的取值有三种可能:0、r 和 r+a,通过数据选择器将次态值传递给寄存器,数据选择器的选择输入为控制器(FSM)的状态寄存器 state_reg。如果 state_reg 信号等于 IDLE,寄存器的次态 r_next 即等于 r_reg;如果 state_reg 等于 AB0 或者 LOAD,则寄存器的次态 r_next 则等于"0";如果 state_reg 等于 OP,则寄存器 r 的次态 r_next 等于 r_reg+a_reg。

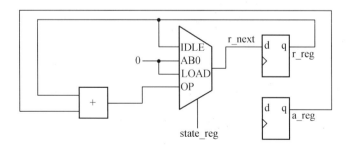

图 9.7　以寄存器 r 为目标的寄存器传输操作

对其他两个寄存器重复以上过程并使用三个比较器实现三个状态信号(count_0、a_is_0、b_is_0),可以获得完整的数据通道,如图 9.8 所示。时钟信号 clk 和异步复位信号 reset 需要连接到系统内部的所有寄存器,为了表达清楚,图中并没有画出时钟信号和异步复位信号。

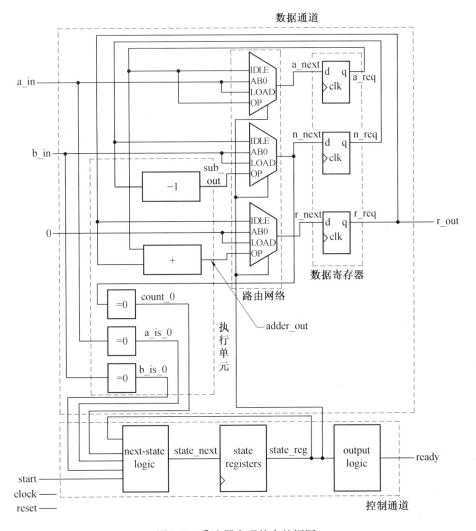

图 9.8　乘法器实现的完整框图

图 9.8 可能存在一些问题,即图 9.8 给出的实现可能有些过于复杂。例如,用于 a_next 信号的数据选择器就过于复杂,使用一个带有使能端的寄存器也可以实现上述功能。图 9.8 只是出于演示设计过程的目的。以上介绍的设计方法具有相当的普遍性,只要设计的 ASM 图正确,上面的设计方法就可以应用。

9.4.3　FSMD 的 Verilog HDL 描述

完成以上的设计过程后,可以采用 Verilog HDL 描述 FSMD。这里给出的第 1 个 Verilog HDL 代码严格遵循图 9.8 给出的框图。该框图被分为 7 个模块,包括状态寄存器、次态逻辑和输出逻辑,这三个模块组成 FSMD 的控制器,数据通道包括 4 个模块分别是数据寄存器、执行单元、路由网络和状态信号产生电路,每个模块采用 1 个 always 块。

【例9.1】 乘法器的 Verilog HDL 描述(方式1)。

```verilog
module seq_mult
  #(
    parameter WIDTH = 8
  )
  (
   input wire clk, reset,
   input wire start,
   input wire[7:0]a_in, b_in,
   output wire ready,
   output wire[15:0]r
  );
  localparam    IDLE = 2'b00,
                AB0 = 2'b01,
                LOAD = 2'b10,
                OP = 2'b11;
  reg [1:0]state_reg, state_next;
  wire a_is_0, b_is_0, count_0;
  reg [WIDTH-1:0]a_reg, a_next;
  reg [WIDTH-1:0]n_reg, n_next;
  reg [2 * WIDTH-1:0]r_reg, r_next;
  wire [2 * WIDTH-1:0]adder_out;
  wire [WIDTH-1:0]sub_out;
//状态寄存器
always@ (posedge clk or posedge reset)
if(reset == 1'b1)
  state_reg <= 0;
else
  state_reg <= state_next;
//次态逻辑
always@ (state_reg, start, a_is_0, b_is_0, count_0) begin
  case(state_reg)
  IDLE: begin
    if(start == 1'b1) begin
      if(a_is_0 == 1'b1 | b_is_0 == 1'b1)
        state_next <= AB0;
```

```
          else
            state_next ⇐ LOAD;
        end
        else
            state_next = IDLE;
        end
        AB0:
            state_next = IDLE;
        LOAD:
            state_next = OP;
        OP:
            if(count_0 == 1'b1)
            state_next = IDLE;
            else
            state_next = OP
        endcase
    end
//输出逻辑
assign ready = (state_reg == IDLE)? 1'b1:1'b0;
//数据通道:寄存器
always@ (posedge clk or posedge reset)
    if(reset == 1'b1) begin
        a_reg ⇐ 0;
        n_reg ⇐ 0;
        r_reg ⇐ 0;
    end
    else begin
        a_reg ⇐ a_next;
        n_reg ⇐ n_next;
        r_reg ⇐ r_next;
    end
//数据通道:数据选择器
always@ (state_reg, a_reg, n_reg, r_reg, b_in, b_in, adder_out, sub_out) begin
    case(state_reg)
    IDLE: begin
        a_next = a_reg;
```

```
      n_next=n_reg;

      r_next=r_reg;

    end

    AB0：begin

      a_next=a_in;

      n_next=b_in;

      r_next=0;

    end

    LOAD：begin

      a_next=a_in;

      n_next=b_in;

      r_next=0;

    end

    OP：begin

      a_next=a_reg;

      n_next=sub_out;

      r_next=adder_out;

    end

  end

    assign adder_out={8′b0000_000，a_reg}+a_reg;

    assign sub_out=n_reg−1;

    assign a_is_0=(a_in==8′b0000_0000)？1′b1:1′b0;

    assign b_is_0=(b_in==8′b0000_0000)？1′b1:1′b0;

    assign count_0=(n_next==8′b0000_0000)？1′b1:1′b0;

    //数据通道:输出

    assign r=r_reg;

  endmodule
```

9.4.4　在条件判断框中使用寄存器

采用寄存器传输方法进行数字系统设计的关键在于获得算法的 ASM 图。如果能够获得算法的 ASM 图,算法的 Verilog HDL 描述并不困难。ASM 图设计过程最容易出现的问题是在条件判断框的布尔表达式中使用寄存器。在图 9.6 所示的 ASM 中,为了避免使用寄存器,故意使用了 a_is_0、b_is_0 和 count_0 三个状态信号,但是在实际应用中,在条件判断框中使用关于寄存器或者输入信号的布尔表达式更为直接。

在图 9.6 的第 2 个决策框中,表达式 a_is_0==1′b1 ‖ b_is_0==1′b1 可以直接使用关于输入信号的表达式 a_in==1′b0|b_in==1′b0。第 3 个条件判断框中的布尔表达式 count_0==

1'b1 也比较麻烦。寄存器 n 被用作计数器,用于表示迭代的次数。当 n=0 时,迭代过程结束,其伪码如下:

    n=n−1;
    if(n==0)
        goto stop;
    else
        goto op;

在传统编程语言中,指令顺序执行。变量 n 在执行语句 n=n−1 语句时被更新,更新后的 n 值即被使用在 if(n==0)语句中。

在相应的 ASM 图中,n←n−1 操作和决策框出现在同一个 ASM 块中。因为当 FSM 退出该 ASM 块时,n 值才会被更新,因此在决策框中使用的依然是原来的 n 值,并不是更新后的 n 值。如果在条件判断框中使用条件表达式 n==0,如图 9.9(a)所示,则迭代过程就会多执行一次,导致错误的计算结果。

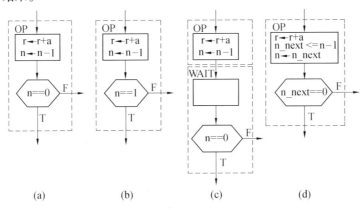

(a)　　　　　　(b)　　　　　　(c)　　　　　　(d)

图 9.9　在决策框总使用寄存器

如果在条件判断框的条件表达式使用表达式 n==1,如图 9.9(b)所示,可以修改以上错误。但是如果事先无法确定迭代结束条件,这种方法就无能为力了。另外,这种描述方式(n=1)与伪代码使用的条件(n=0)不同,容易给人造成一些误解。

通过人为地加入一个 WAIT 状态也可以解决上面的问题,由于加入了额外的 WAIT 状态,使得寄存器的值 n 在 OP 状态被更新,在 WAIT 状态才使用,如图 9.9(c)所示。虽然这种方法与原始算法一致,但是由于 WAIT 状态的引入导致迭代过程会额外增加 1 个时钟周期,这会严重减低系统的性能。

更好的设计方法是在条件判读框的布尔表达式中使用 n 的次态值,因为 n 的次态值是在 OP 状态计算的,该值在时钟周期的末尾可以使用。

注意:前面给出的 Verilog HDL 代码中,对于 count_0 信号更为精确的赋值方式应该为:

assign count_0=(n_next==8'b00000000)? 1'b1:1'b0;

为了在 ASM 图中表示该过程,必须将寄存器传输操作分成两个过程:

① r_next=$f(\cdot)$;

② r←r_next。

第 1 部分表示在当前时钟周期寄存器 r 的次态值被计算并更新。第 2 部分表示在 FSM 退出当前状态(下一个时钟有效沿)后将 r 的值更新为 r_next,可以使用以上符号取代布尔表达式 count_0 = 1′b0,如图 9.9(d)所示。在实际设计过程中,更喜欢使用这种表示方法,因为这种方法不使用前一次迭代结果,与原始的顺序执行的算法表示方法一致而且不会导致任何的系统性能下降。

9.4.5　FSMD 的 2 段式和 4 段式 Verilog HDL 描述

前面介绍的 FSMD 的多段式 always 块描述严格遵循了 FSMD 的框图。对于某些简单的 FSMD,有些模块可能非常简单,不必采用多个 always 块描述 FSMD,可以将多个模块进行合并,以得到比较紧凑的 Verilog HDL 实现。

对于图 9.5 所示 FSMD,可以将数据通道内组合逻辑在 1 个 always 块描述,控制器的组合电路采用 1 个 always 块描述,从而将整个 FSMD 描述分为 4 个 always 块:数据通道寄存器、数据通道组合逻辑、控制器状态寄存器以及控制组合逻辑电路。例 9.2 给出详细的 Verilog HDL 代码实现。

注意:代码中已经去除了表示数据通道状态的信号 a_is_0、b_is_0 和 count_0,并在控制器的布尔表达式中直接使用了信号 a_in、b_in 和 n_next 信号。

【例 9.2】　乘法器的 Verilog HDL 描述(方式 2)。

```
module seq_mult
  #(
    parameter WIDTH = 8
  )
  (
    input wire clk, reset,
    input wire start,
    input wire[WIDTH−1:0]a_in, b_in,
    output reg ready,
    output wire[2 * WIDTH−1:0]r
  );
localparam    IDLE = 2′b00,
              AB0 = 2′b01,
              LOAD = 2′b10,
              OP = 2′b11;
  reg [1:0]state_reg, state_next;
  reg [WIDTH−1:0]a_reg, a_next;
  reg [WIDTH−1:0]n_reg, n_next;
```

```
reg [2 * WIDTH-1:0] r_reg, r_next;
wire [2 * WIDTH-1:0] adder_out;
wire [WIDTH-1:0] sub_out;
//状态寄存器
always@ (posedge clk or posedge reset)
if(reset == 1'b1)
    state_reg <= 0;
else
    state_reg <= state_next;
//次态逻辑
always@ (state_reg, start, a_in, b_in, n_next) begin
    ready = 1'b0;
    case(state_reg)
    IDLE: begin
        if(start == 1'b1) begin
            if(a_in == 8'b00000000 || b_in == 8'b00000000)
                state_next = AB0;
            else
                state_next = LOAD;
            end
            else begin
                state_next = IDLE;
            end
        end
        ready = 1'b1;
    end
    AB0:
        state_next = IDLE;
    end
    LOAD:
        state_next = OP;
    end
    OP:
        if(n_next == 8'b00000000)
            state_next = IDLE;
        else
            state_next = OP;
```

```
endcase
end
//数据通道:寄存器
always@ ( posedge clk or posedge reset )
if( reset = 1'b1 ) begin
    a_reg ⇐ 0;
    n_reg ⇐ 0;
    r_reg ⇐ 0;
end
else begin
    a_reg ⇐ a_next;
    n_reg ⇐ n_next;
    r_reg ⇐ r_next;
end
//数据通道:组合逻辑
always@ ( state_reg, a_reg, n_reg, r_reg, a_in, b_in ) begin
    a_next = a_reg;
    n_next = n_reg;
    r_next = r_reg;
    case( state_reg )
    IDLE, AB0: begin
        a_next = a_in;
        n_next = b_in;
        r_next = 0;
    end
    LOAD: begin
        a_next = a_in;
        n_next = b_in;
        r_next = 0;
    end
    OP: begin
        n_next = n_reg - 1;
        r_next = {8'b00000000, a_reg} + r_reg;
    end
    endcase
end
endmodule
```

因为数据通道中的寄存器和控制器中的状态寄存器都由同一个时钟信号控制,Verilog HDL 描述时,可以将二者合并到同一个 always 块中,当然数据通道和控制器的组合逻辑也可以合并到同一个 always 块中,采样两个 always 块就可以描述整个 FSMD。

【例 9.3】 时序逻辑乘法器的 Verilog HDL 描述(方式 3)。

```verilog
module seq_mult
  #(
  parameter WIDTH = 8
)
(
    input wire clk, reset,
    input wire start,
    input wire[7:0]a_in, b_in,
    output reg ready,
    output wire[15:0]r
  );
localparam   IDLE = 2'b00,
             AB0 = 2'b01,
             LOAD = 2'b10,
             OP = 2'b11;
  reg [1:0]state_reg, state_next;
  reg [WIDTH-1:0]a_reg, a_next;
  reg [WIDTH-1:0]n_reg, n_next;
  reg [2 * WIDTH-1:0]r_reg, r_next;
  wire [2 * WIDTH-1:0]adder_out;
  wire [WIDTH-1:0]sub_out;
//状态寄存器
always@(posedge clk or posedge reset)
if(reset == 1'b1) begin
  state_reg <= 0;
  a_reg <= 0;
  n_reg <= 0;
  r_reg <= 0;
end
else begin
  state_reg <= state_next;
  a_reg <= a_next;
```

```
          n_reg <= n_next;
          r_reg <= r_next;
end
//次态逻辑
always@(state_reg, start, a_reg, n_reg, r_reg, a_in, b_in, n_next) begin
    ready = 1'b0;
    a_next = a_reg;
    n_next = n_reg;
    r_next = r_reg;
    case(state_reg)
    IDLE: begin
       if(start == 1'b1) begin
          if(a_in == 8'b00000000 || b_in == 8'b00000000)
             state_next = AB0;
          else
             state_next = LOAD;
       end
       else
          state_next = IDLE;
          ready = 1'b1;
end
    AB0: begin
       a_next = a_in;
       n_next = b_in;
       r_next = 0;
       state_next = IDLE;
end
    LOAD: begin
       a_next = a_in;
       n_next = b_in;
       r_next = 0;
       state_next = OP;
end
    OP: begin
       n_next = n_reg - 1;
       r_next = {8'b00000000, a_reg} + r_reg;
```

```
        if( n_next = 8′b00000000 )
           state_next = IDLE;
        else
           state_next = OP;
      end
   endcase
   end
   assign r = r_reg;
endmodule
```

以上给出的时序逻辑乘法器的 Verilog HDL 描述基本上遵循 ASM 图,使用 case 语句列出在每个状态下需要执行的操作,包括数据通道中需要执行的寄存器传输操作,控制器的次态逻辑以及控制器的输出逻辑等。

4 段式或者 2 段式描述只是 FSMD 众多描述方式中的两种,合并数据通道和控制器中的不同模块就可以得到不同的描述方式。FSMD 属于同步时序电路,所以更好的描述方式是将存储元件和组合逻辑分开描述。除此之外,可以根据实际需要,合并或者分离系统中的不同模块,以实现对硬件实现方式不同程度的控制。FSMD 设计中,数据通道中的执行单元通常是最复杂的,对电路的规模和性能起着决定性作用。设计过程中,对功能单元的设计应该格外注意,描述时应该对其单独描述使其能够达到预期的规模和性能要求,其余的组合逻辑电路可以作为"随机逻辑"处理,综合时软件会对其进行优化。

9.5　流水线设计

以上介绍了数据通道设计的一般方法,对于性能要求不是十分苛刻的设计,采用上述方法都可以实现,但对于性能要求较高的设计,往往需要更高的设计技巧。

本节讨论在数字系统设计中非常重要的一个设计思想:流水线设计。

9.5.1　FSMD 设计的资源共享

FSMD 设计过程实际上是合理安排(schedule)寄存器传输操作的过程,因此,通过时分复用方式可以实现资源的共享,即可以将同样的功能安排在不同的状态执行(即不同的时钟周期),实现同一逻辑资源的反复使用。例如,某个算法需要执行 3 个加法操作,在该算法的实现过程中可以不使用 3 个加法器同时执行这 3 个加法操作,而只使用 1 个加法器将 3 个加法操作分布在 3 个不同时钟周期。这种设计思想给设计者了提供更大的灵活性,在电路规模和性能之间做出选择。

FSMD 数据通道中的执行单元最为复杂,一般需要最多的逻辑资源,数据通道中许多执行单元执行相同或者相似的功能,只要将这些操作被安排在不同的状态,可以达到复用执行单元的目的。前面介绍的乘法器设计中,数据通道包括 1 个 16 位加法器和 1 个 8 位加 1 电路。在

图 9.6 的 ASM 图中,加法操作和寄存器传输操作均在 OP 状态执行,因此无法实现资源的共享。如果希望减少电路的规模,唯一可能的方式就是将两个操作安排到不同的状态以实现资源的共享。改进的 ASM 图如图 9.10 所示,将原来的 OP 状态拆分成两个新的状态 OP1 和 OP2。注意:完成 1 次迭代过程需要两个状态,因此需要两个时钟周期。因为算法的主要计算过程是通过迭代实现的,因此该实现方式几乎需要消耗 2 倍于原设计的时钟周期数才能完成同样的计算过程。

改进的数据通道如图 9.11 所示。注意该实现只使用了 1 个加法器,但是额外需要两个 2 选 1 数据选择器将期望的输入连接到加法器。加法器的输入可能是 a_reg 和 r_reg(当控制器处于 OP1 状态)或者 n_reg 和 8′b11111111(8′b11111111 是−1 的补码)。加法器的输出会被连接到寄存器 r_reg 和 n_reg 的数据输入端的数据选择器的输入端。

如果采用两段式代码描述 FSMD,综合软件可能不能发现资源共享的设计意图。为了确保正确的硬件实现,可以在 Verilog HDL 代码中指定需要共享的功能单元,例 9.4 给出了改进的 Verilog HDL 代码。该代码基本上遵循两段式的描述方式,区别在于本设计将数据通道中的功能单元单独描述。主要寄存器 n 只有 8 位宽,因此 Verilog HDL 描述需要作出一定的修改,以适应 16 位加法器的需要。

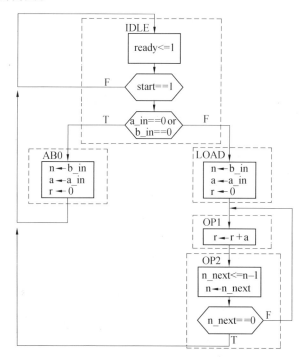

图 9.10 改进的 ASM 图

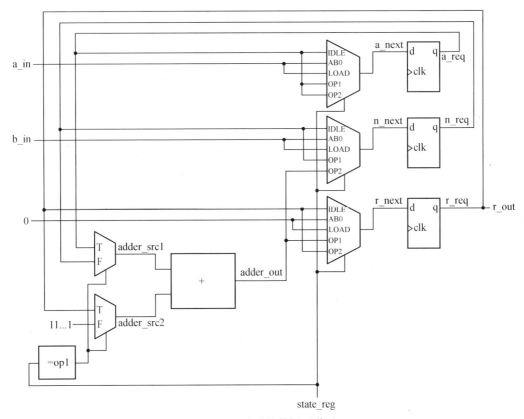

图9.11　改进的数据通道图

【例9.4】　资源共享时序逻辑乘法器的 Verilog HDL 描述。

```
module seq_mult
    #(
    parameter WIDTH = 8
    )
    (
    input wire clk, reset,
    input wire start,
    input wire[7:0]a_in, b_in,
    output reg ready,
    output wire[15:0]r
    );
localparam IDLE = 3'b000,
        AB0 = 3'b001,
        LOAD = 3'b010,
        OP1 = 3'b011,
        OP2 = 3'b100;
```

```verilog
reg [2:0]state_reg, state_next;
  reg [WIDTH-1:0]a_reg, a_next;
  reg [WIDTH-1:0]n_reg, n_next;
  reg [2*WIDTH-1:0]r_reg, r_next;
  wire [2*WIDTH-1:0]adder_src1, adder_src2;
  wire [2*WIDTH-1:0]adder_out;
//状态寄存器
always@ (posedge clk or posedge reset)
if(reset == 1'b1) begin
  state_reg <= IDLE;
  a_reg <= 0;
  n_reg <= 0;
  r_reg <= 0;
end
else begin
  state_reg <= state_next;
  a_reg <= a_next;
  n_reg <= n_next;
  r_reg <= r_next;
end
//次态逻辑
always@ (state_reg, start, a_reg, n_reg, r_reg, a_in, b_in, adder_out, n_next) begin
  ready = 1'b0;
  a_next = a_reg;
  n_next = n_reg;
  r_next = r_reg;
  case(state_reg)
  IDLE: begin
    if(start == 1'b1) begin
    if(a_in == 8'b00000000 || b_in == 8'b00000000)
      state_next = AB0;
  else
      state_next = LOAD;
  end
  else begin
    state_next = IDLE;
```

```
            end
        ready = 1'b1;
    end
        AB0: begin
            a_next = a_in;
            n_next = b_in;
            r_next = 0;
            state_next = IDLE;
        end
        LOAD: begin
            a_next = a_in;
            n_next = b_in;
            r_next = 0;
            state_next = OP1;
        end
        OP1: begin
            r_next = adder_out;
            state_next = OP2;
        end
        OP2: begin
            n_next = adder_out(WIDTH-1:0);
            if(n_next = 8'b00000000)
                state_next = IDLE;
            else
                state_next = OP1;
        end
    endcase
    end
    always@(state_reg, r_reg, a_reg, n_reg) begin
        if(state_reg == OP1) begin
            adder_src1 = r_reg;
            adder_src2 = {8'b00000000, a_reg};
        end
        else begin
            adder_src1 = {8'b00000000, n_reg};
            adder_scr2 = 0;
```

```
    end
end
    assign adder_out = adder_src1 + adder_scr2;
    assign r = r_reg;
endmodule
```

因为 8 位加 1 电路是相对简单的功能单元,例 9.4 的设计并不能显著减少电路规模,对于本例而言,功能的共享可能也没有实质性意义。但是,如果共享的功能单元比较复杂,比如组合逻辑乘法器,共享的优势就会体现出来了。

流水线是提高系统性能的重要技术,其基本思想是在同一时间并行处理多个任务。如果组合逻辑电路被分为多级,则可以通过在合适的位置插入寄存器,将其转换为流水线设计,提高系统的某些性能指标。

9.5.2　延迟和吞吐量

本小节首先介绍一些在流水线设计中经常用到的术语。数据通道的输入数据集(input dataset)指的是数据通道执行运算时需要的外部数据。数据通道的输出数据集(Output Dataset)指对于给定的输入数据集,数据通道产生的输出。例如,对于前面介绍的乘法器设计,输入数据集包括输入 a_bin 和 b_in,输出数据集包括 r。注意:设计中的 clk、reset 等信号本质上不是乘法器需要处理的数据。数据通道的 Latency 指数据通道针对输入数据集完成 1 次计算所需要的时钟周期数,Latency 的计算从输入数据集的第 1 个数据输入到数据通道开始,到输出数据集的最后一个数据从数据通道输出为止。对于某个输入数据集,全部计算时间(total computation time)等于数据通道的 Latency 与时钟周期的乘积。Initiation Period 用来衡量数据通道可以接收新数据集的频率,其定义为从第 1 个输入数据集的第 1 个数据输入到数据通道开始,到下一个输入数据集的第 1 个数据进入到数据通道为止所经过的时钟周期数。数据通道的吞吐量(Throughput)指数据通道每秒钟处理的输入数据数。降低 initiation perid(以更高的频率向数据通道提供输入数据)或者降低时钟周期可以提高数据通道的吞吐量。

设计约束(constraints)最终决定数据通道如何设计,可以分为时序约束和面积约束两类。数据通道设计过程中一类常用的约束是时序约束(Timing),也就是希望数据通道能够在最短的时间内完成计算过程。另一类常用的约束是面积约束,即希望采用最小数量的逻辑单元实现数据通道。这两类约束是互相冲突的,因为采用较少的时钟周期完成一次计算通常需要更多逻辑单元,以使计算过程能够并行执行,这通常意味着需要消耗更多的逻辑资源。

9.5.3　流水线设计概述

对组合逻辑电路进行划分,使不同的任务同时进行,可以达到提高吞吐率的目的。为了确保数据在每一级的正确传输避免可能出现的竞争问题,必须为每一级电路加入寄存器,如图 9.12 所示。

注意:在电路的最后一级一般需要加入输出寄存器。寄存器的作用非常重要,它可以确保信号在确定的时间点被送入下一级电路。时钟周期必须足够大,以适应延迟最长的一级电路。对于延迟时间较短的组合电路,即使信号已经稳定也不会立即被送入下一级电路,而是需要等待时钟上升沿的到来。每一级电路的输出都是在时钟上升沿被采样并被保存到寄存器的。这些被采样并保存的数据会作为下一级电路的输入,并在整个时钟周期保持不变。在下一个时钟上升沿到来之前,每一级电路的新的输出信号已经稳定,在时钟上升沿时被采样并传输给下一级电路。

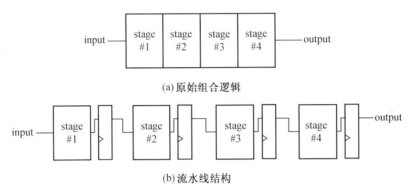

(a) 原始组合逻辑

(b) 流水线结构

图 9.12　在组合逻辑电路中加入流水线

流水线设计有两个衡量标准:延迟和吞吐率。考虑前面的 4 级流水设计,假设原始设计中 4 级电路的传播延迟分别为 T_1、T_2、T_3 和 T_4。用 $T_{\max}$ 表示 4 级组合逻辑电路的最长传播延迟,即

$$T_{\max} = \max(T_1, T_2, T_3, T_4)$$

整个电路的时钟周期需要能够满足最长的组合逻辑电路的传播延迟以及由于在每一级电路中加入寄存器而引入的额外时间消耗,包括寄存器的建立时间以及寄存器的时钟到输出延迟 T_{C2Q}。因此,最小的时钟周期为

$$T_c = T_{\max} + T_{su} + T_{C2Q}$$

最原始的非流水线的组合逻辑电路的传播延迟为

$$T_{comb} = T_1 + T_2 + T_3 + T_4$$

对于流水线设计,处理 1 个数据需要 4 个时钟周期,其传播延迟为

$$T_{pipe} = 4T_c = 4(T_{\max} + 4(T_{su} + T_{C2Q}))$$

这显然要比最初的设计要差。

设计者需要考虑的另外一个性能参数是吞吐率。如果数据处理过程不采用流水线设计,非流水线设计的最大的数据吞吐率为 $1/T_{comb}$。流水线设计的数据吞吐率可以通过计算电路连续完成 k 个数据处理所需要的时间来计算。数据处理开始后,前 3 个时钟周期流水线是空的,整个电路没有任何输出。在最初这三个时钟周期过后,电路在每一个时钟周期都会产生有效输出。因此,处理 k 个数据需 $(3T_c + kT_c)$,数据吞吐率为 $(k/(3T_c + kT_c))$,如果 k 值变得很大,流水线设计的数据吞吐率就会非常接近 $(1/T_c)$。

在理想情况下,每 1 级电路的传播延迟都是相等的(即 $T_{\max} = T_{comb/4}$),而且由寄存器引入的额外的消耗 $(T_{su} + T_{C2Q})$ 相对组合逻辑延迟都是非常小的,可以忽略不计。因此,T_{pipe} 可以简

化为

$$T_{pipe} = 4T_c \approx 4T_{max} = T_{comb}$$

因此,流水线设计的数据吞吐率为

$$\frac{1}{T_c} \approx \frac{1}{T_{max}} = \frac{4}{T_{comb}}$$

这表示流水线设计在基本不增加传播延迟的情况下,将数据吞吐率增加了 4 倍。

前面讨论的 4 级流水设计可以推广 N 级流水线设计问题。理想情况下,N 级流水线设计并不改变系统处理数据的传播延迟,但数据吞吐率可以增加 N 倍,这似乎意味可以使用更多级的流水进行系统的设计。但是,如果 N 变得特别大,每一级电路的传播延迟就会变得特别小,寄存器的 $T_{su}+T_{C2Q}$ 保持不变,因此 $T_{su}+T_{C2Q}$ 对延迟的影响就会变得越来越显著,这种情况下 $T_{su}+T_{C2Q}$ 在分析电路时就不能被忽略。在极端情况下,特别大的 N 值将会导致系统系能下降。事实上,将组合电路划分多级也是非常困难的。

讨论流水线设计的吞吐率时,设计者必须清楚数字系统获得最高吞吐率的条件。其中一个非常重要的假设就是外部输入必须以 $1/T_c$ 的速率输入到系统,以保证整个系统的每一级流水线都是满的。如果外部输入数据不能满足以上条件,那么就可能导致流水线内部出现空闲,导致系统的数据吞吐率的下降。如果外部输入数据不能持续输入,那么流水线设计反而可能降低系统的性能。

9.5.4　流水线逻辑电路的设计

对于任何的组合逻辑电路,都可以通过插入寄存器的方式实现流水线设计,但是流水线设计不一定总能提高数字系统的性能。前面分析表明,有效的流水线设计应该包括如下特征:

① 要保证设计有足够的输入数据,数据连续输入,保证每一级流水都满;

② 数据吞吐率是需要考虑的最主要的性能指标;

③ 对组合逻辑电路进行划分时,应该尽量保证每一级流水线具有相似或者相同的传播延迟;

④ 每一级电路的传播延迟应该远大于寄存器的建立时间和时钟到输出延迟。

如果适合采用多级流水的方式设计电路,可以按照如下步骤进行:

① 根据原始组合逻辑电路的框图,将原始组合电路理解成多级电路级联的方式;

② 确定系统的主要元件并估计这些元件的相关传播延迟;

③ 将电路划分为传播延迟相似或相等的多级;

④ 确定需要跨级传播的信号;

⑤ 在每一级中插入寄存器,实现流水线设计。

以上介绍了流水线设计的基本概念和方法,下面通过乘法器的设计过程,演示流水线设计的具体实现和编码方式。

在第 5.9.7 节,曾经讨论过基于加法操作的组合逻辑乘法器的设计,该算法本身就是分级结构,因此采用流水线方式实现该设计是非常自然的。这里首先考虑例 5.29 给出的乘法器设计。为了清晰起见,本例只考虑 1 个 5 位乘法器的设计,这里介绍的设计方法可以容易地扩展到 8 位甚至更高位乘法器的设计。

本设计中的两个主要部件是加法器和位乘法电路(1bit×Nbit 乘法器)。为了方便流水线设计,考虑计算过程是顺序的,其框图如图 9.13(a)所示。位乘法电路在框图中使用 BP 表示。位乘法电路只涉及按位与操作和补"0"操作,因此其传播延迟很小。合并位乘法电路和加法电路形成一级流水。整个电路的划分如图 9.13(b)所示,图中每级流水的边界使用虚线进行了分割。为了方便代码设计,每 1 级电路的每个信号都必须赋予 1 个唯一的标识(信号名)。例如,在第 0、1、2 和 3 级电路,信号 a 分别被命名为 a0、a1、a2 和 a3。因为在第 1 部分求和(pp0)的计算过程中不需要执行任何的加法操作,第 0 级和第 1 级电路可以合并为 1 级。

对于需要传递到下一级电路的信号,必须使用寄存器对信号进行保存。寄存器有两种类型,第 1 种类型的寄存器用于控制计算过程,保留中间计算结果,例如,框图中的 pp1、pp2、pp3 和 pp4,称为部分和。第 2 种类型的寄存器用于保存在每 1 级都会使用的信息,包括 a1、a2、a3、b1、b2 和 b3。在本设计中,每 1 级流水线处理的部分和均来自上 1 级电路,另外,信号 a 和 b 也必须同时输入到每一级流水电路。

注意:流水线设计中,4 个乘法器并行工作,每一个乘法器都使用属于自己的信号 a 和 b 值,信号 a 和 b 的值必须随着部分和的计算在流水线中的逐级传递。第 2 种类型的寄存器必须保存信号 a 和 b 的原始值并依次在各级电路中传递,这样才能确保为每 1 级计算提供正确的输入信号 a 和 b。

例 9.5 对组合逻辑乘法器的代码进行了改进,给出了适合流水线实现的组合逻辑乘法器的 Verilog HDL 描述。

【例 9.5】 分级结构的组合逻辑乘法电路的 Verilog HDL 描述。

```
modul emult5
    #(parameter WIDTH=5)
    (
        input wire clk, reset,
        input wire[WIDTH-1:0]a, b,
        output reg [2*WIDTH-1:0]y
    );
reg [WIDTH-1:0]a0, a1, a2, a3;
reg [WIDTH-1:0]b0, b1, b2, b3;
reg [WIDTH-1:0]bv0, bv1, bv2, bv3, bv4;
reg [2*WIDTH-1:0]bp0, bp1, bp2, bp3, bp4;
reg [2*WIDTH-1:0]pp0, pp1, pp2, pp3, pp4;
always@(*) begin
//第 0 级电路
    bv0={5b[0]};
```

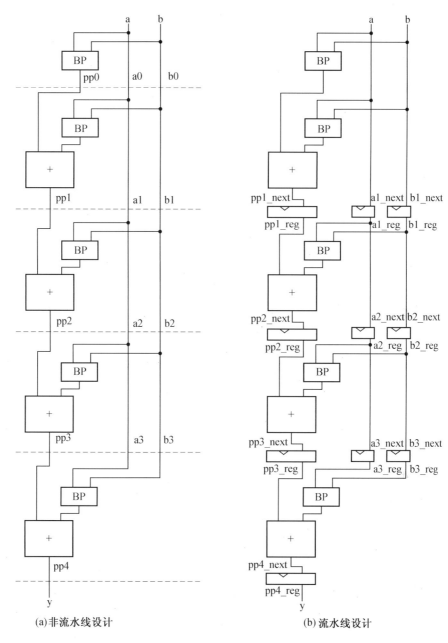

(a)非流水线设计　　　　　　　　(b)流水线设计

图 9.13　流水线结构乘法器

bp0 = {5′b00000,(bv0 & a)};

pp0 = bp0;

a0 = a;

b0 = b;

//第 1 级电路

bv1 = {5{b0[1]}};

bp1 = {4′b0000,(bv1&a0),1′b0};

```
    pp1 = pp0+bp1;
    a1 = a0;
    b1 = b0;
  //第 2 级电路
    bv2 = {5{b1[2]}};
    bp2 = {3'b000, (bv2&a1), 2'b00};
    pp2 = pp1+bp2;
    a2 = a1;
    b2 = b1;
  //第 3 级电路
    bv3 = {5{b2[3]}};
    bp3 = {2'b00, (bv3&a2), 3'b000};
    pp3 = pp2+bp3;
    a3 = a2;
    b3 = b2;
  //第 4 级电路
    bv4 = {5{b0[4]}};
    bp4 = {1'b0, (bv4&a3), 4'b0000};
    pp4 = pp3+bp4;
  end
  always@( * )
    y = pp4;
endmodule
```

将以上描述转换为流水线设计时,必须首先在设计中加入寄存器,然后重新连接每一级电路的输入输出到相应的寄存器。在流水线设计中,每 1 级流水电路不能使用前 1 级电路的输出直接作为下一级电路的输入,而是使用寄存器的输出作为本级电路的输入。类似的,每 1 级输出也不会直接连接到下一级电路,而是被连接到寄存器。例如,在非流水线设计中,pp2 信号由第 2 级电路产生,之后被直接传递到第 3 级电路使用。

```
  //第 2 级电路
  pp2 = pp1+bp2;
  //第 3 级电路
  pp3 = pp2+bp3;
```

流水线设计中,信号会被存在到寄存器,代码如下:

```
// 寄存器
if( reset == 1'b1)
  pp2_reg <= 10'b0;
```

else

  pp2_reg ⇐ pp2_next；

//第 2 级电路的次态逻辑

pp2_next=pp1_reg+bp2；

//第 3 级电路的次态逻辑

pp3_next=pp2_reg+bp3；

例 9.6 给出了 4 级流水线乘法器设计的 Verilog HDL 代码，该设计采用 2 个 always 块，存储元件和组合逻辑分开描述，一个用于描述寄存器，一个用于描述次态逻辑。

【例 9.6】 4 级流水乘法器的 Verilog DHL 描述。

```
module mult5
    #( parameter WIDTH=5)
    (
    input wire clk, reset,
    input wire[WIDTH-1:0]a, b,
    output reg [2 * WIDTH-1:0]y
    );
reg [WIDTH-1:0]a1_reg, a2_reg, a3_reg;
reg [WIDTH-1:0]a0, a1_next, a2_next, a3_next;
reg [WIDTH-1:0]b1_reg, b2_reg, b3_reg;
reg [WIDTH-1:0]b0, b1_next, b2_next, b3_next;
reg [WIDTH-1:0]bv0, bv1, bv2, bv3, bv4;
reg [2 * WIDTH-1:0]bp0, bp1, bp2, bp3, pb4;
reg [2 * WIDTH-1:0]pp1_reg, pp2_reg, pp3_reg, pp4_reg;
reg [2 * WIDTH-1:0]pp0, pp1_next, pp2_next, pp3_next, pp4_next;
always@ ( posedge clk, posedge reset)
if( reset==1'b1) begin
    pp1_reg ⇐0; pp2_reg ⇐0;
    pp3_reg ⇐0; pp4_reg ⇐0;
    a1_reg ⇐ 0; a2_reg ⇐ 0;
    a3_reg ⇐ 0;
    b1_reg ⇐ 0; b2_reg ⇐ 0;
    b3_reg ⇐ 0;
end
else begin
    pp1_reg ⇐ pp1_next; pp2_reg ⇐ pp2_next;
    pp3_reg ⇐ pp3_next; pp4_reg ⇐ pp4_next;
```

```
    a1_reg ⇐ a1_next; a2_reg ⇐ a2_next;
    a3_reg ⇐ a3_next;
    b1_reg ⇐ b1_next; b2_reg ⇐ b2_next;
    b3_reg ⇐ b3_next;
end
//次态逻辑
always@(∗) begin
    bv0 = {5{b[0]}};
    bp0 = {5'b00000,(bv0 & a)};
    pp0 = bp0;
    a0 = a;
    b0 = b;
    bv1 = {5{b[1]}};
    bp1 = {4'b0000,(bv1 & a0),1'b0};
    pp1_next = pp0+bp1;
    a1_next = a0;
    b1_next = b0;
// stage 2
    bv2 = {5{b1_reg[2]}};
    bp2 = {3'b000,(bv2&a1_reg),2'b00};
    pp2_next = pp1_reg+bp2;
    a2_next = a1_reg;
    b2_next = b1_reg;
//stage 3
    bv3 = {5{b2_reg[3]}};
    bp3 = {2'b00,(bv3 and a2_reg),3'b000};
    pp3_next ⇐ pp2_reg+bp3;
    a3_next = a2_reg;
    b3_next = b2_reg;
//stage 4
    bv4 = {5{b3_reg[4]}};
    bp4 = {1'b0,(bv[4]&a3_reg),4'b0000};
    pp4_next = pp3_reg+bp4;
//输出逻辑
end
always@(∗)
```

```
      y = pp4_reg;
endmodule
```

通过加入或者去除缓冲寄存器,可以调整流水线的级数,例如,如果去除第1级和第3级缓冲器就可以实现1个2级流水的乘法器。注意:在对组合逻辑进行划分时,应尽量保证每一级组合逻辑具有相同或者相似的延迟。例9.7是修改后的代码。

【例9.7】　2级流水乘法器的Verilog HDL描述。

```
module mult5
    #( parameter WIDTH = 5 )
    (
        input wire clk, reset,
        input wire[4:0]a, b,
        output reg [2 * WIDTH-1:0]y
    );
reg [WIDTH-1:0]a2_reg;
reg [WIDTH-1:0]a0, a1, a2_next, a3;
reg [WIDTH-1:0]b2_reg;
reg [WIDTH-1:0]b0, b1, b2_next, b3;
reg [WIDTH-1:0]bv0, bv1, bv2, bv3, bv4;
reg [2 * WIDTH-1:0]bp0, bp1, bp2, bp3, bp4;
reg [2 * WIDTH-1:0]pp2_reg, pp4_reg;
reg [2 * WIDTH-1:0]pp0, pp1, pp2_next, pp3, pp4_next;
always@ ( posedge clk or posedge clk ) begin
if( reset == 1′b1 ) begin
    pp2_reg ⇐ 0; pp4_reg ⇐ 0;
    a2_reg ⇐ 0; b2_reg ⇐ 0;
end
else begin
    pp2_reg ⇐ pp2_next; pp4_reg ⇐ pp4_next;
    a2_reg ⇐ a2_next; b2_reg ⇐ b2_next;
end
end
always@ ( * ) begin
    bv0 = {5{b[0]}};
    bp0 = {5′b00000, (bv0 & a)};
    pp0 = bp0;
    a0 = a;
```

```
    b0 = b;

    bv1 = {5{b[1]}};

    bp0 = {4'b0000,(bv1 & a0),1'b0};

    pp1 = pp0+bp1;

    a1 = a0;

    b1 = b0;
// stage 2
    bv2 = {5{b1[2]}};

    bp2 = {3'b000,(bv2&a1),2'b00};

    pp2_next = pp1+bp2;

    a2_next = a1;

    b2_next = b1;
//stage 3
    bv3 = {5{b2_reg[3]}};

    bp3 = {2'b00,(bv3 and a2_reg),3'b000};

    pp3_next <= pp2_reg+bp3;

    a3 = a2_reg;

    b3 = b2_reg;
//stage 4
    bv4 = {5{b3[4]}};

    bp4 = {1'b0,(bv[4]&a3),4'b0000};

    pp4_next = pp3+bp4;
//output logic
end
always@(*)
    y = pp4_reg;

endmodule
```

9.5.5　流水线设计的综合

恰当地划分组合逻辑电路,是实现流水线设计的关键。为了实现恰当划分组合电路的目标,必须清楚元件的传播延迟。然而,因为综合时软件还会对系统中使用的器件进行变换、合并以及优化,而且在布局和布线时还会引入导线延迟,这些信息在 RTL 级设计时都是无法确定的。除非是电路结构非常规则(比如前面提到的基于加法器的乘法器),否则对电路进行划分是非常困难的。有时,可能需要事先对系统中的主要元件甚至子系统进行综合以获得对传播延迟的粗略估计,并使用这些信息指导系统的划分过程。

某些专业的综合软件支持 retiming 技术,可以在某种程度上自动完成组合逻辑电路的划分过程。例如,考虑如图 9.14(a)所示的某 3 级流水线电路,其中组合逻辑电路采用"云"型符号表示,并标注有相应的传播延迟值。图 9.14(a)给出的划分方法并不是最优的,因为每 1 级电路的传播延迟并不相等。在某些综合软件中,优化只能针对组合逻辑电路,图 9.14(a)所示的电路中的 3 个组合逻辑是独立处理的。随着 EDA 技术的发展,现在某些具有 retiming 能力的综合软件可以对整个电路进行分析,然后移动部分组合逻辑使组合逻辑的划分达到平衡,如图 9.14(b)所示。Retiming 技术对具有随机结构的组合逻辑以及组合逻辑结构难于确定的电路非常有用。

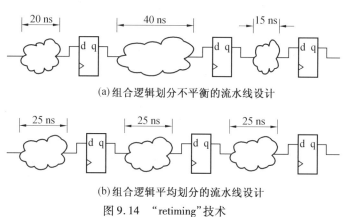

(a)组合逻辑划分不平衡的流水线设计

(b)组合逻辑平均划分的流水线设计

图 9.14　"retiming"技术

9.6　FSMD 设计实例

本节通过一个 FSMD 设计实例,演示前面介绍的 FSMD 设计方法。

9.6.1　问题描述

本例要求设计一个数字电路,该电路的数据通道包括一个 64×8 的存储器以及辅助电路,实现功能如下:系统具备两个工作模式 normal 模式和 zero 模式。nomal 模式下,电路的地址输入(addr[5:0])被直接连接到存储器的地址输入(addr),电路将数据(din[7:0])写入存储器的指定地址。在 zero 模式下,系统将存储器某个连续地址范围清 0,地址范围通过数据端口给出,并保存到系统的寄存器中。

9.6.2　数据通道

数据通道与控制器连接关系如图 9.15 所示。数据通道包括两个寄存器 R1 和 R2,用于存储 zero 模式下,需要清 0 的存储器地址的下界和上界。计数器 UP-COUNTER 用于在 zero 模式下产生存储器的访问地址。在 zero 模式下,UP-COUNTER 在每个时钟周期自动加 1,产生需要清 0 的存储器地址。比较器 COMPARATOR 用于比较 UP-COUNTER 的输出与地址上界(R2)的值是否相等,以指示是否完成所有存储器地址的清 0。数据选择器 M1 和 M2 用于区分工作在 zero 模式和 normal 模式时存储器的地址和数据。工作在 zero 模式时,存储器的地址来自 UP-COUNTER,存储器的数据直接选择 0;工作在 normal 模式时,存储器地址直接来自系统输入 addr[5:0]，数据也来自系统的数据输入 din[7:0]。JK 触发器的作用是设定系统忙标志 busy。表 9.1 给出系统输入输出信号的详细说明。

前以述及，控制器的作用是控制数据通道中的各个元件的协调工作，关于控制器控制信号的含义如表 9.2 所示。

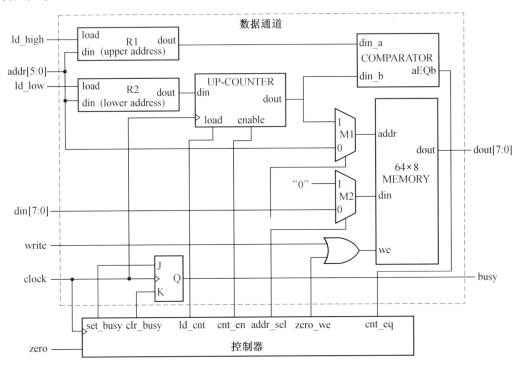

图 9.15 数据通道与控制器连接框图

表 9.1 系统输入输出引脚说明

引脚名	方向	功能描述
ld_high	输入	R1 寄存器使能端
addr[5:0]	输入	normal 模式下，存储器地址
ld_low	输入	R2 寄存器的使能端
din[7:0]	输入	normal 模式下，存储器数据
write	输入	系统写使能信号
clock	输入	系统时钟信号
zero	输入	指示系统工作于 zero 模式
busy	输出	系统忙标志
dout[7:0]	输出	存储器的数据输出端口

表 9.2 控制器输入输出信号功能描述

引脚名	方向	功能描述
zero	输入	外部输入,该信号置位系统进入 zero 模式
cnt_eq	输入	来自数据通道的输入信号,该信号置位表示 zero 模式结束
set_busy	输出	表示 zero 模式开始
clear_busy	输出	表示 zero 模式结束
load_cnt	输出	计数器装载使能,该位有效,R2 的值被加载到计数器
addr_sel	输出	数据选择 M1 和 M2 的选择输入端
zero_we	输出	控制器输出,存储器写使能
cnt_en	输出	计数器的使能端

例 9.8 按照图 9.15 所示的电路结构给出该数据通道的 Verilog HDL 实现,首先给出各个子模块的 Verilog HDL 描述;最后,通过模块实例语句实现整个数据通道。对规模较大的设计,模块实例是常用的实现方式。

【例 9.8】 数据通道的 Verilog HDL 描述。

```verilog
//寄存器
module register1 (
    input wire clk,reset,
    input wire load,
    input wire [5:0]din,
    output reg [5:0]dout
    );
    always@(posedge clk, posedge reset) begin
        if(reset==1'b1)
            dout <= 6'b00_0000;
        else if(load)
            dout <= din;
endmodule
//加法计数器
module up_counter (
    input wire clk,reset,
    input wire load,enable,
    input wire [5:0]din,
    output reg [5:0]dout
    );
    always@(posedge clk, posedge reset)
        if(reset)
            dout <= 8'h00;
```

```
        else if( load)
            dout ⇐ din;
        else if( enable)
            dout ⇐ dout+1'b1;
endmodule
//比较器
module comparator (
    input wire [5:0]din_a,din_b,
    output wire a_eq_b
    );
    assign a_eq_b =( din_a ═ din_b)? (1'b1):(1'b0);
endmodule
//参数化 2 选 1 数据选择器,两个数据选择器 M1 和 M2 的数据位宽不同
module mux2to1
    #( parameter N=8)
    (
    input wire [N−1:0]a,b,
    input wire s,
    output wire[N−1:0]m
    );
    assign m =( s ═ 1'b1)? a:b;
endmodule
module ram64x8 (
    input wire clk,
    input wire [5:0]addr,
    input wire [7:0]din,
    input wire we,
    output wire [7:0]dout
    );
    reg [7:0]mem[63:0];
    assign dout=mem[addr];
    always@ ( posedge clk)
        if( we)
            mem[addr] ⇐din;
endmodule
//JK 触发器,考虑到 JK 触发器在实际应用中并不常见,本例自行设计 JK 触发器模块
```

```verilog
module my_jkfilpflop (
    input wire clk,reset,
    input wire j,k,
    output wire q
    );
    reg q_reg,q_next;
    always@( posedge clk, posedge reset)
      if(reset)
        q_reg <= 1'b0;
      else
        q_reg <= q_next;
    always@( q_reg, j,k) begin
      case({j,k})
      2'b00: q_next=q_reg;
      2'b01: q_next=1'b0;
      2'b10: q_next=1'b1;
      2'b11: q_next= ~ q_reg;
      default: q_next=1'bx;
      endcase
    end
    assign q=q_reg;
endmodule
//数据通道顶层模块
module datapath (
    input wire clk,reset,
    input wire ld_high,ld_low,write,
    input wire [5:0]addr,
    input wire [7:0]din,    //外部输入
    input wire set_busy,clr_busy,ld_cnt,cnt_en,addr_sel,zero_we,
    output wire cnt_eq,
    output wire [7:0]dout,
    output wire busy
    );
    wire [5:0]sig1;
    wire [5:0]sig4,sig3,sig2;
    wire [7:0]sig5;
```

register1 R1 (. clk(clk) , . reset(reset) , . load(ld_high) , . din(addr) , . dout(sig1)) ;

register1 R2 (. clk(clk) , . reset(reset) , . load(ld_low) , . din(addr) , . dout(sig2)) ;

up_counter

u1(. clk(clk) , . reset(reset) , . load(ld_cnt) , . enable(cnt_en) , . din(sig2) , . dout(sig3)) ;

comparator u2 (. din_a(sig1) , . din_b(sig3) , . a_eq_b(cnt_eq)) ;

mux2to1 #(. N(6)) M1 (. a(sig3) , . b(addr) , . s(addr_sel) , . m(sig4)) ;

mux2to1 M2 (. a(8′h00) , . b(din) , . s(addr_sel) , . m(sig5)) ;

ram64x8 MEMORY (. clk(clk) , . addr(sig4) , . din(sig5) , . we(write | zero_we) , . dout(dout)) ;

my_jkfilpflop u3 (. clk(clk) , . reset(reset) , . j(set_busy) , . k(clr_busy) , . q(busy)) ;

endmodule

9.6.3 控制器设计

本小节介绍控制器 FSM 的设计。首先确定控制器的输入和输出信号,进而确定那些输出摩尔类型的,那些输出是米利类型的。控制器的 ASM 图如图 9.16 所示。正常情况下,系统工作在 normal 模式,也就是 S0 状态。每个时钟有效沿,控制器判断输入信号 zero 是否置位,以决定控制器是否进入 S1 状态,如果 zero 置位,进入 S1 状态,否则保持在 S0 状态。

注意:控制器在 S0 状态一旦检测到 zero 为 1,那么条件输出(圆角矩形)set_busy 就会被置位,也就是说,set_busy 是米利类型的输出。

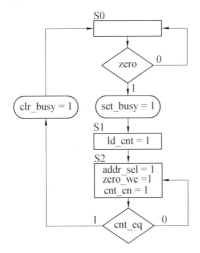

图 9.16 控制器的 ASM 图

如果控制器检测到 zero 置位,控制器进入 S1 状态,在 S1 状态,控制器置位 ld_cnt 信号,将需要清零的首地址加载到计数器,其实 S1 状态的目的是初始化计数器,这里假定计数器的初值已经被正确地装载到寄存器 R2。控制器在 S1 状态保持 1 个时钟周期后,进入 S2 状态。

控制器将会一直保持在 S2 状态,系统工作在 zero 模式[①],并且将一直保持在 S2 状态,直

---

① 也可认为在 S1 状态,系统就进入了 zero 模式。

到 zero 模式结束。在 S2 状态,控制器检测信号 cnt_eq 是否置位,cnt_eq 来自数据通道的比较器,如果 cnt_eq 等于 1,表示 zero 模式结束。另外,在 S2 状态,摩尔类型的输出 addr_sel,zero_we 和 cnt_en 必须置位。addr_sel 置位保证将数据 0 连接到存储器数据端口,计数器的输出连接到存储器的地址端口,cnt_en = 1 保证计数器可以正常计数,zero_we = 1 保证存储器的写使能等于 1。控制器完整的描述参考例 9.9。

【例 9.9】　控制器有限状态机的 Verilog HDL 描述。

```verilog
module ramfsm_ex3 (
    output wire addr_sel, cnt_en, ld_cnt, zero_we, set_busy, clr_busy,
    input wire clk, reset,
    input wire zero,
    input wire cnt_eq
    );
    reg [1:0] state_reg, state_next;
    localparam S0 = 2'b00,
               S1 = 2'b01,
               S2 = 2'b10;
    always @ ( posedge clk or posedge reset )
        if ( reset == 1'b1 )
            state_reg <= S0;
        else state_reg <= state_next;
//次态逻辑
    always @ ( * ) begin
        case ( state_reg )
        S0:
        if ( zero == 1'b1 )
                state_next = S1;
            else
                state_next = S0;
        S1: state_next = S2;
        S2: if ( cnt_eq == 1'b1 )
                state_next = S0;
            else
                state_next = S2;
        default: state_next = S0;
        endcase
    end
```

//输出逻辑

　　assign set_busy = (state_reg ＝ S0 && zero ＝ 1′b1) ? 1′b1 : 1′b0;

　　assign ld_cnt = (state_reg ＝ S1) ? 1′b1 : 1′b0;

　　assign addr_sel = (state_reg ＝ S2) ? 1′b1 : 1′b0;

　　assign zero_we = (state_reg ＝ S2) ? 1′b1 : 1′b0;

　　assign cnt_en = (state_reg ＝ S2) ? 1′b1 : 1′b0;

　　assign clr_busy = (state_reg ＝ S2 && cnt_eq ＝ 1′b1) ? 1′b1 : 1′b0;

endmodule

本章小结

　　有限状态机+数据通道结构的数字系统主要用于实现数据处理占主导的数字系统(也就是复杂的算法)。数据通道主要由寄存器、执行单元和路由网络组成。

　　数据通道设计的起点是状态转换图或者 ASM 图,根据系统的功能需求,确定系统需要执行的寄存器传输操作以及数据寄存器,为每个寄存器传输操作设计路由网络和执行单元。在 ASM 图中列出所有需要的执行寄存器传输操作(RT 操作)。通常情况下,复杂算法的实现需要控制器(通常是一个 FSM)协调数据通道的寄存器传输操作。

　　流水线设计是数字系统设计中常用的设计方法。通过划分组合逻辑并加入数据寄存器保存中间计算结果,可以显著提高数字系统的吞吐率。

习题与思考题 9

　　9.1　总结数据通道设计的一般步骤。

　　9.2　试述流水线设计的原理以及优势。

　　9.3　考虑第 9.6 节的 FSMD 设计问题。(1)设计控制器的 ASM 图;(2)采用行为级描述方式,实现数据通道设计;(3)基于摩尔状态机重新设计该控制器。

　　9.4　试设计模块 continuous_input_module,如图 9.17 所示,完成如下功能:模块的数据以串行方式连续输入(serial_in),控制信号 start 置位表示输入数据 serial_in 有效,serial_in 等于 8′b0000_0000 时表示一组输入数据结束。

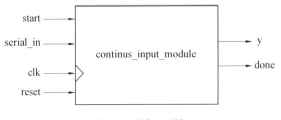

图 9.17　题 9.4 图

　　根据连续输入的数据的数目(连续串行输入的输入 u 数目不超过 20 个),决定模块具体执行的操作的类型,即

　　若输入数据为 4 个,依次 x_1, x_2, x_3, x_4,则输出

$$y = x_1 + x_2 + x_3 + x_4$$

　　若输入数据为 3 个,依次 x_1, x_2, x_3,则输出

$$y = x_1 + x_2 + x_3$$

若输入数据少于 3 个或者多于 4 个,则将输入数据 x 分为高 4 位 x_{ih} 和低 4 位 x_{il},$y = \sum_{i=1}^{n} x_{ih} x_{il}$,完成一次数据处理后,输出信号 done 置位 1 个时钟周期。

提示:借鉴计算机体系结构中的流水的思想,可以考虑数据一边输入一边送入相关的功能部件进行计算,主要是加法器和乘法器,应该尽可能选择低位数的加法器和乘法器以减少设计成本。本实验共涉及 3 个加法器和 2 个乘法器。

要求:(1)给出该模块的 ASMD 图;(2)设计数据通道模块和控制通道模块的 Verilog HDL 代码;(3)分析该设计的最高工作频率;(4)采用流水线设计方法重新完成(1)~(3)。

9.5   设计平方根逼近电路。要求:使用简单的加法类型的执行单元设计平方根逼近电路,该电路的输出值逼近 $\sqrt{a^2+b^2}$,其中 a 和 b 是有符号整数。逼近过程由下式给出

$$\sqrt{a^2+b^2} \approx \max\big((x-0.125x)+0.5y, x\big)$$

其中 $x = \max(|a|, |b|)$,$y = \min(|a|, |b|)$。

第 10 章

FSMD 设计实践

第 9 章介绍数据通道有限状态机设计的基本原理和方法,在此基础上本章继续深入讨论数据通道有限状态机的具体设计问题。通过详细分析图像处理领域的混合方程的设计过程,进一步介绍数据通道设计的一些概念、方法以及代码编写方法等问题。

10.1 引 言

本章介绍的数据通道由定点数加法器和乘法器、保存中间计算结果的寄存器组成。术语执行单元(Execution Unit, EU)用于表示加法器、乘法器等完成计算功能的模块。本章重点关注数据通道结构的设计,将执行单元视为"黑盒(black box)处理"。

有限状态机(本章中作为控制器使用)输出一系列的控制信号控制数据通道的计算过程。数据通道则根据有限状态机的控制命令,执行一系列的计算(加法、乘法等)过程,具体设计过程需要根据设计要求的不同,考虑消耗的逻辑单元的数目(面积)与时钟周期数(速度)之间的平衡。本章给出几种不同的数据通道的实现方案,并对几种不同的实现方式以及面积和速度之间的折中等问题进行讨论。

如果数字系统要求较高的性能(速度),通常会采用 FSMD 结构实现。与采用通用处理器实现的数字系统相比,采用 FSMD 实现通常需要更少的时钟周期。FSMD 实现的逻辑功能是固定的,只能实现预定的功能。基于通用处理器的数字系统设计更为灵活,因为通过改变存储器中的程序就可以改变设计目标。在实际应用中,选择 FSMD 还是通用处理器实现数字系统,通常需要在设计的灵活性和性能之间作出平衡。如果数字系统足够复杂,系统设计时可以采用 cooperating 方案(专用计算逻辑+微处理器),使用 FSMD 处理关键的计算过程,通用处理器处理其他的部分。本章以 3D 图像处理以及数字信号处理领域中的常用的混合方程为例,介绍 FSMD 设计的概念和方法,本章是第 9 章内容的继续和深入。

10.2 定点数的表示及饱和算术运算

10.2.1 定点数的表示

定点数是一种二进制编码方式,其一般格式为 $X.Y$,其中 X 和 Y 分别表示小数点左侧和右侧的二进制数的位宽。对于无符号数,由 X 定义的整数部分的范围为 $[0 \sim 2^X-1)$,而分数部分的范围为 $0 \sim 1-2^{-Y}$。表 10.1 给出了 3 个具有不同 X 和 Y 值的 8 位的定点数实例。

表 10.1　定点数的表示

格式	表示范围	实例
8.0	0 to 255	$143 = 'b10001111$;$37 = 'b00100101$
5.3	0 to 31.875	$17.875 = 'b10001111$;$4.625 = 'b00100101$
0.8	0 to 0.99609375	$0.55859375 = 'b10001111$,$0.14453125 = 'b00100101$

为了将十进制无符号数转换为 $X.Y$ 格式定点数,首先将该十进制数乘以 2^Y,将乘积结果中的分数部分全部去除,然后将上述结果转换为无符号的二进制数($N.0$ 格式)即可。考虑表 10.1 所示的 5.3 格式定点数的转换过程,为了将十进制无符号数 4.625 转换成 5.3 格式的定点数,首先将 $4.625 * 2^3 = 37$,将该值看做无符号数,并将小数部分完去除(本例不包含小数部分),最后将其转换为 8 位二进制数 0b00100101,即为期望的 5.3 格式的定点数。

为了将无符号的 $X.Y$ 格式的定点数转换为十进制数,首先将 $X.Y$ 格式的二进制数看做 $N.0$ 格式的二进制数(整数),并将其转换为十进制数,其中 $N=X+Y$。然后用 2^Y 去除该十进制数值即可以获得最终的十进制值。考虑表 10.1 中格式为 5.3 的定点数的例子,定点数 0b10001111,转换为 8.0 格式的十进制数值为 143,然后将该值除以 2^3 获得最终的结果为 17.875。

如果数据通道用于处理定点数,那么数据通道中的每个执行单元处理的定点数必须具有相同的格式。具体地说,用于实现加法、乘法等计算过程的功能单元必须操作相同格式的定点数(具有相同的 X 和 Y 值)。这里只强调所有功能单元操作相同格式的定点数,至于 X 和 Y 具体取值并不重要,也就是说,只要小数点的位置对齐,具体采用什么格式的定点数并不重要。这与浮点数数据通道是不同的,浮点数数据通道执行浮点数的计算,浮点数计算小数点的位置不需要对齐。通常情况下与定点数计算模块相比,实现浮点数计算的模块(执行单元)需要更多的逻辑资源,浮点数计算多用于计算结果超出输入数据表示范围的应用中。本章的内容不涉及浮点数的编码和实现等内容。然而,因为将执行单元处理为黑盒(Black Boxex),所以本章针对定点数数据通道介绍的有关如何平衡时钟周期(速度)和执行单元的逻辑资源消耗(面积)的方法以及其他的设计方法和概念,可以容易地移植到浮点数数据通道的设计问题中。

10.2.2　饱和算术运算

如果计算结果超出该种数值表示格式所能支持的表示范围,计算过程就会发生溢出(overflow)。无符号定点数执行加法操作时,如果最高有效位产生进位,表示发生了溢出。通常情况下数字系统都会设计某种机制对溢出情况进行处理。但是,在诸如 3D 图像、音频或者视频处理等实时性要求较高的应用中,通常没有机会(时间)对溢出进行处理。这些情况下,可以使用饱含算术运算。饱含算术运算在计算过程中发生溢出时,直接将计算结果处理(饱和)成定点数表示所能达到的最大值或者最小值,因为此时定点数所能表示的最大值或者最小值最接近于正确结果。普通二进制定点数加法操作过程如图 10.1(a)所示,该加法操作的结果产生了溢出,因为计算结果超出了最大值 255。图 10.1(b)采用饱和加法器将溢出的结果处理为该数值表示方法支持的表示范围的最大值。尽管图 10.1(a)和图 10.1(b)的计算结果都不正确,但是采用饱和加法器的计算结果显然更接近于正确结果,对于不能采取措施对溢出进行处理的情形,饱和算术运算给出了更合理的计算结果。

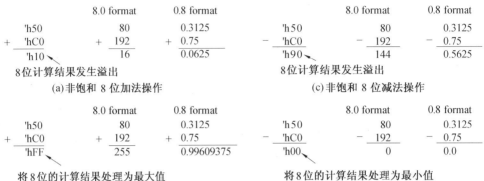

图 10.1　饱和算术运算

图 10.1(c)演示了无符号减法操作中出现向下溢出(underflow)的情况,这里的向下溢出指减法操作过程中产生向最高有效位的借位。图 10.1(d)采用饱和减法执行了同一个计算过程,饱和计算中因为发生向下溢出而将计算结果饱和成最小值 0。

饱和 8 位加法器的实现如图 10.2 所示。如果 8 位的计算结果产生进位,则会将其饱和成最大值 8'b11111111,例 10.1 给出了该饱和加法器的 Verilog HDL 实现。

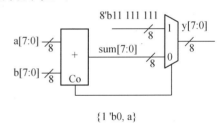

图 10.2　饱和 8 位加法器的实现

【例 10.1】　饱和 8 位加法器的 Verilog HDL 描述。

```verilog
module satadd
    #( parameter N=8)
    (
    input wire [N-1:0]a,b,
    output wire [N-1:0]y
    );
    wire [N:0]sum;
    wire cout;
    assign sum={1'b0,a}+{1'b0,b};
    assign cout=sum[N];
    assign y=(cout==1'b1)?(N{1'b1}):(sum[N-1:0]);
endmodule
```

10.2.3　乘法运算

至此,讨论了饱和加法和饱和减法运算,有些读者自然会问"乘法运算的饱和操作如何实现"? 为了回答这个问题,首先介绍两个 N 位的二进制数如何实现乘法操作。两个 N 位的二进制数相乘($N \times N$),会产生 $2N$ 位的计算结果。通常情况下,不可能对 $2N$ 位的计算结果全部保留,因为如果每次全部保留计算结果,那么接下来如果再进行其他乘法操作,仍然需要 2 倍数据宽度的寄存器才能将计算结果全部保留,只有这样才能保证计算结果没有精度损失。如果两个 N 位二进制相乘,只希望保留 N 位乘积,为了去除 $2N$ 位计算结果中的 N 位,有两种策略可以选择。如果参加运算的定点数采用 $N.0$ 格式,采用与加法操作一样的饱和策略,在计算过程产生溢出时,可以将乘积结果饱和为最大值。这种情况下,$2N$ 位乘积结果中的高 N 位直接被丢弃,低 8 位会直接饱和成最大值。

另外一种策略是采用 $0.N$ 格式的定点数,两个 $0.N$ 格式的 N 位二进制数进行乘积运算永远不会产生溢出,因为两个小于 1 的 N 位二进制数进行乘积结果永远不会大于 1。这种情况下不需要硬件饱和操作,只需要将 $2N$ 位乘积结果中的低 8 位丢弃,被丢弃的是乘积结果中的低有效位,相当于将乘积结果中的低 N 位自动饱和为 0,这也会引起一定的计算精度的损失,因为只保留整个 $2N$ 位乘积结果中 N 位。本章的所有实例都采用 0.8 格式的定点数,采用 0.8 格式表示定点数进行乘法器设计时不必进行额外的饱和操作。

10.3　混合方程

在图像处理领域

$$Cnew = Ca \times F + Cb \times (1-F) \tag{10.1}$$

方程(10.1)被称为混合方程(Blending Equation)。本章大部分内容将围绕该方程展开,通过设计不同结构的混合方程,介绍数据通道设计的基本概念。混合方程中的 Cnew、Ca 和 Cb 都表示颜色值,Ca 和 Cb 在混合因子 F 的作用下产生颜色值 Cnew,式中的颜色值 Ca、Cb 和 Cnew 都是 0.8 格式的定点数,其范围为 $[0-1.0)$,即 $0 \leqslant C < 1.0$,混合因子 F 是一个 9 位的二进制数,其范围是 $[0.0-1.0]$,即 $0 \leqslant F \leqslant 1.0$。混合因子 F 取值中包括 1,当 F 等于 1 时,Cnew 可以等于 Ca,当 F 等于 0 时,也可以等于 Cb。

当 9 位的混合因子 F 等于 1 时,其编码为 'b100000000,而当 F 不等于 1 时,F 编码为 0dddddddd,其中 dddddddd 是与 F 相等的 0.8 格式的定点数。出于对计算速度的考虑,当 F 不等于 1 或者 0 时,1−F 操作采用将 F 的低 8 位取 1 的补码实现。虽然 1 的补码运算会产生一定的误差,大小恰好等于 1 个最低有效位,但是这种误差在像素混合操作中是可以接受的,在像素混合操作中往往认为速度才是最为关键的因素。1−F 的实现如图 10.3 所示,数据选择器 mxa 以及 0 值检测逻辑用于处理 F=0.0(0b000000000)时情况,如果 F=0.0,0 值检测逻辑输出为 1,则数据选择器 mxa 输出为 1.0(0b100000000)。数据选择器 mxb 通过检测 F 的最高有效位来处理 F=1.0 的情形。如果 F 不等于 0 或者 1,该电路的输出为 F 的低 8 位的 1 的补码,

F 的最高有效位并不包含在 1 的补码操作中,因为这样可以使输出值等于 1。

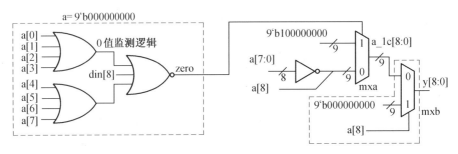

图 10.3　1-F 操作原理图

【**例 10.2**】　1-F 操作的 Verilog HDL 实现。

```
module oneminus
    #(parameter N=9)//输入数据位宽
    (
    input wire [N-1:0]a,
    output wire [N-1:0]y
    );
    reg [N-1:0]a_lc;
    always@(a) begin
        if(a==N{1'b0})
            a_lc={1'b1,(N-1){1'b0}}
        else begin
            a_lc[N-1]=a[N-1];
            a_lc[N-2:0]=~a[N-2:0];
        end
    end
    assign y=(a[N-1])?(N{1'b0}):(a_lc);
endmodule
```

混合方程中的乘法操作具有两个操作数,1 个是 8 位的颜色值 Ca 或者 Cb,另一个操作数是 9 位的混合因子 F 或者 1-F。如果 9 位的混合因子 F 不等于 1,则乘积的结果就是 9 位操作数的低 8 位和 8 位颜色操作数乘积的结果;如果 F 等于 1,则乘积结果等于 8 位的颜色操作数,因此整个乘法操作可以通过一个乘法器以及放置在乘法器输出端的数据选择器实现,通过测试 9 位混合因子的最高有效位而选择的合适的输出。该乘法器的实现如图 10.4 所示,其中的乘法器 mult8×8 直接使用 * 操作实现。

【**例 10.3**】　颜色值(8 位)与混合因子(9 位)乘法器。

```
module bmult (
    input wire [7:0]c,
    input wire [8:0]f,
```

```
    output wire [7:0]y
);
wire [7:0]mc;
mult8x8 u1(.a(c),.b(f[7:0]),.y(mc));
assign y=(f[8])?(c):(mc);
endmodule
//乘法器模块,直接采用*实现
module mult8x8 (
    input [7:0]a,b,
    output [7:0]y
);
    wire [15:0]product_result;
    assign product_result=a*b;
    assign y=product_result[7:0];
endmodule
```

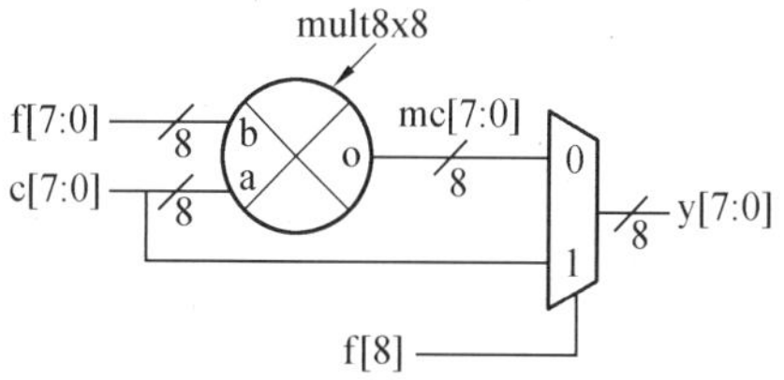

图 10.4　颜色值(8 位)与混合因子(9 位)乘法器实现框图

表 10.2 给出了三种不同情况下混合方程计算结果。Case A:混合因子 F=1.0,此时 Cnew 完全等于 Ca。Case B:混合因子 F 等于 0,此时 Cnew 值将完全等于 Cb。Case C:混合因子等于 0.5,注意此时计算的 1−F 值等于 0.496 093 75,与 1−F 值恰好相差一个 LSB 值,因为 1−F 是采用 1 的补码实现的。由于 1−F 的值等于 0.496 093 75 与 1−F 的真值 0.5 相差 1 个 LSB,这个误差值会传播到最终的计算结果,如果采用的精确的算术运算,正确的结果应该为 $0.75*0.5+(1-0.5)*0.25$。

表 10.2　混合方程计算实例

		CASE A (Cnew=Ca)	CASE B (Cnew=Cb)	CASE C Cnew=0.5* Ca+0.5*Cb
F	十进制	1.0	0.1	0.5
	二进制	′b100000000	′b000000000	′b010000000
1−F	十进制	0.0	1.0	0.49609375
	二进制	′b000000000	′b100000000	′b001111111
Ca	十进制	0.75	0.75	0.75
	二进制	′b11000000	′b11000000	′b11000000
Cb	十进制	0.25	0.25	0.25
	二进制	′b01000000	′b01000000	′b01000000
Ca*F	十进制	0.75	0.0	0.375
	二进制	′b11000000	′b000000000	′b01100000
Cb*(1−F)	十进制	0.0	0.25	0.12109375
	二进制	′b000000000	′b01000000	′b00011111
Cnew	十进制	0.75	0.25	0.49609375
	二进制	′b11000000	′b01000000	′b01111111

10.4 混合方程的直接实现

图 10.5 给出了混合方程计算过程的数据流图（Dataflow Graph，DFG），其中圆表示计算单元，连接计算单元的箭头表示数据的流向。为了引用方便，数据流图中的不同操作（数据流图中圆）会标记为 $n_1, n_2, \cdots, n_N$。高层次综合工具中会经常使用数据流图，综合工具的作用是按照给定的 latency 和 initiation Period 约束对数据通道进行综合，得出具体的电路结构。这里对 DFG 的使用并不十分正规，主要用来表示不同的计算单元之间的依赖关系，关于 DFG 的更完整的讨论可以参考相关文献。

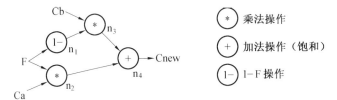

图 10.5 混合方程数据流图

DFG 给出的是不同的计算单元之间的依赖关系，数据通道原理图（Datapath Diagram）给出的是数据流图的硬件实现方式，应详细画出数据通道中包含的计算单元、寄存器以及不同的计算单元之间的连接关系。图 10.6 给出了混合方程最直观的一种实现方式，之所以说这种实现方式直观，是因为这种实现方式只是简单地将数据流图中的节点（计算单元）一对一的映射为数据通道中的执行单元。这种实现方式并不是我们所期望的，因为数据通道中存在执行单元之间的级联，产生较长的组合延迟路径，从而导致数据通道具有较大的时钟周期。假设不同模块的延迟值如下：bmult = 2.0，satadd = 1.0 以及 oneminus = 0.4（这里并未指定延迟的单位），则通过该数据通道的最长的组合延迟为 0.4+2.0+2.0 = 3.4 个时间单位。如果该数据通道输入和输出都采用寄存器，因此导致数据通道的最小的时钟周期为：$T_{C2Q}+3.4+T_{su}$，其中 T_{C2Q} 表示寄存器的时钟到输出延迟，T_{su} 表示寄存器的建立时间。如果假设 T_{C2Q} 和 T_{su} 都等于 0.1，则导致系统的最小时钟周期为 3.6 时间单位。

【例 10.4】 混合方程的 Verilog HDL 描述（方式 1：直接实现）。

```verilog
module blendlclk
#( parameter N = 8 )
(
input wire [N-1:0]ca,cb,
input wire [N:0]f,
output wire [N-1:0]cnew
);
wire [N-1:0]u2y,u3y;
wire [N:0]u1y;
oneminus u1(.a(f),.y(u1y));
```

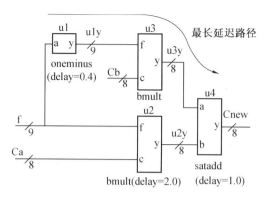

最长延迟路径 = oneminus + bmult + satadd = 0.4 +2.0 +1.0 = 3.4 time units

图 10.6　混合方程的直接实现

bmult　　　u2（．c（ca），．f（f），．y（u2y））；

bmult　　　u3（．c（cb），．f（u1y），．y（u3y））；

satadd　　 u4（．a（u3y），．b（u2y），．y（cnew））；

endmodule

对图 10.6 给出的混合方程直接实现进行改进，可以提高混合方程的性能，如图 10.7 所示。图 10.7 和图 10.6 的不同之处在于：前者在乘法器和加法器之后都加入了 D 触发器，将组合延迟路径打断，这种实现方式中 1−F 执行单元（oneminus 模块）与乘法执行单元（bmult 模块）依然是级联的，因为 1−F 操作采用 1 的补码方式实现，具有较小的延迟，因而允许 oneminus 模块与另外一个执行单元（bmult）级联。注意图 10.7 中，最大的寄存器到寄存器延迟 T_{R2R} 为 2.6，该值与图 10.6 实现方式中的最短的延迟路径相比更短，因此可以支持更高的时钟频率。

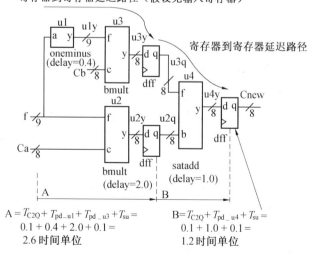

$A = T_{C2Q} + T_{pd\_u1} + T_{pd\_u3} + T_{su} =$
$0.1 + 0.4 + 2.0 + 0.1 =$
2.6 时间单位

$B = T_{C2Q} + T_{pd\_u4} + T_{su} =$
$0.1 + 1.0 + 0.1 =$
1.2 时间单位

图 10.7　（Latenchy＝2）改进的混合方程实现

【例 10.5】　混合方程的 Verilog HDL 描述（方式 2）。

```
module blend2clk
  #( parameter N = 8 )
  (
  input wire clk , reset ,
  input wire [ N−1:0 ] ca , cb ,
  input wire [ N:0 ] f ,
  output reg [ N−1:0 ] cnew
  ) ;
  wire [ N−1:0 ] u2y , u3y , u4y ;
  wire [ N:0 ] u1y ;
  reg [ N−1:0 ] u3q , u2q ;
  bmult   u2 ( . c ( ca ) , . f ( f ) , . y ( u2y ) ) ;
  oneminus u1 ( . a ( f ) , . y ( u1y ) ) ;
  bmult     u3 ( . c ( cb ) , . f ( u1y ) , . y ( u3y ) ) ;
  satadd u4 ( . a ( u3q ) , . b ( u2q ) , . y ( u4y ) ) ;
  always@ ( posedge clk or posedge reset ) begin
  if ( reset ) begin
     cnew  ⇐ { N { 1′b0 } }
     u3q   ⇐ { N { 1′b0 } } ;
     u2q   ⇐ { N { 1′b0 ] } ;
   end
  else begin
     cnew ⇐ u4y ;
     u3q   ⇐ u3y ;
     u2q   ⇐ u2y ;
   end
 end
endmodule
```

图 10.8 给出图 10.7 所示数据通道的时序图。数据通道的 Latency 为 2 个时钟周期,因为数据通道中每条路径中都级联了 2 个 D 触发器。仔细分析图 10.8 可以发现,initiation Period 为 2 个时钟周期,因为新的输入数据每隔两个时钟周期加入到数据通道一次。这种实现方式的数据通道需要花费 $2 * 2.6 = 5.2$ 个时间单位,才能为输入数据集计算出有效的输出,而图 10.6 实现方式中只需要 3.6 个时间单位就能得到输出结果。产生这种情况的原因有两个:一是加入寄存器虽然将组合延迟路径打断,但在系统的最小时钟周期计算过程中同时也引入了额外的寄存器的建立时间到输出延迟时间;二是寄存器的加入并没有将组合路径平均划分,包括加法器的寄存器到寄存器延迟路径的最短延迟只有 $0.1(T_{C2Q}) + 1.0(T_{pd\_u4}) + 0.1(T_{su}) = 1.2$ 个时间单位,而最长的延时路径为 2.6 个时间单位,也就是说,这种组合路径的划分策略并不

是最好的,最好的划分策略应该对组合路径进行平均划分。然而,由于这种实现方式最小的时钟周期为 2.6 个时间单位,使得这种实现方式比图 10.6 实现方式计算速度更快。

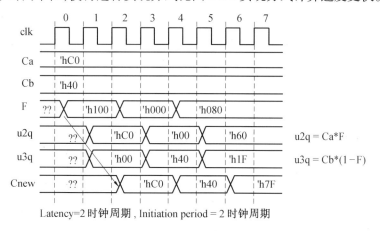

图 10.8　图 10.7 所示数据通道的时序图

时序图只是分析数据通道的一个角度。数据通道设计中经常采用另一种工具称为 Schedule table,图 10.7 所示的数据通道的 schedule Table 如表 10.3 所示。Schedule Table 表示数据流图中的不同操作(节点)与数据通道中功能单元的映射关系,注意:这里的功能单元包括输入/输出总线以及执行单元等数据通道中的逻辑资源。Schedule Table 中每一行表示在某一时钟周期,数据通道中执行的操作以及所使用的逻辑资源。如果某个逻辑资源对应的操作为空,表示该逻辑资源在相应的时钟周期空闲。输入、输出或者 DFG 中的不同节点后标注的诸如′0′或者′1′等索引值表示的是正在被处理的输入数据集的编号,即当前时钟周期正在处理的是第几个输入。所以,shchedule Table 表格中的行会出现重复的情况,因为数据通道对每个数据集执行的操作最终会重复。表 10.3 中的最后一行%ulilization 行表示的是对应的逻辑资源的利用率,每个逻辑资源的利用率只有 50%,表示每个逻辑资源在整个两个时钟周期中有 1 个时钟周期都是空闲的。

表 10.3　混合方程数据通道的 Schedule Table

CLOCK	RESOURCES							
	INPUT (CA)	INPUT (CB)	INPUT (F)	BMULT (U2)	ONEMINUS (U1)	BMULT (U3)	SATADD (U4)	OUTPUT (CNEW)
0	Ca(0)	Cb(0)	f(0)	n2(0)	n1(0)	n3(0)		
1							n4(0)	
2	Ca(1)	Cb(1)	f(1)	n2(1)	n1(1)	n3(1)		Cnew(0)
3							n4(1)	
4	Ca(2)	Cb(2)	f(2)	n2(2)	n1(2)	n3(2)		Cnew(1)
2i	Ca(i)	Cb(i)	f(i)	n2(i)	n1(i)	n3(i)		Cnew(i−1)
2(i+1)							n4(i)	
% utilization	50%	50%	50%	50%	50%	50%	50%	50%

10.5 输入寄存器和输出寄存器

第 7.4.3 节已经说明在数据通道中加入输入寄存器和输出寄存器可以提高电路的最高工作频率,并改进建立时间和保持时间。本章介绍的数据通道中并未加入输入和输出寄存器,事实上,加入输入和输出寄存器也是可以的。注意:数据通道设计过程需要遵从前后统一的设计习惯。如果在数据通道 A 中加入了输出寄存器,当数据通道 A 的输出直接连接另一个没有输入寄存器的数据通道 B 时,那么数据通道 B 到数据通道 A 之间的延迟应该加入到数据通道 B 执行单元的传播延迟。在大规模集成电路中,如果两个数据通道位于芯片的不同位置,从一个数据通道到另一个数据通道之间连线的传播延迟可能会非常大。对于没有输入寄存器的数据通道,如果两个数据通道间的连线的延迟过大,那么在目标数据通道的输入端应该加入寄存器(在连接目标数据通道内部的执行单元之前)。对于没有输出寄存器的数据通道和有输入寄存器的数据通道之间的连接也可以采用同样的方式处理。如果数据通道的输入来自片外或者数据通道的输出需要连接到片外,那么这些信号都需要采用寄存器进行保存,因为片外信号传播延迟总是比片内信号传播延迟要大。同样,对于没有输出寄存器的数据通道输出不应该直接连接到没有输入寄存器的数据通道,因为这样会出现两个执行单元的级联,从而导致源数据通道中执行单元的延迟会加入到目标数据通道中的执行单元延迟值中,会产生较大组合路径延迟。

10.6 流水线设计和流水线执行单元

通过对图 10.7 和图 10.8 的仔细分析,读者会发现该数据通道还可以支持 initiation period 为 1 个时钟周期的实现方式,即在每个时钟周期数据集 Ca、Cb 和 F 输入到数据通道。如果 initiation Period 等于 1 个时钟周期,在前一个输入相对应的输出出现之前,下一个输入数据就被加入到了数据通道,这意味着数据通道同时对多个数据集进行计算,其中的每个输入数据集处于不同的计算阶段。如果数据通道同时对两个输入数据集进行计算,每个数据集处于不同的计算阶段,称为流水线计算(pipelined 或者 overlapped),关于流水线计算的概念在第 9.5 节已经做了介绍,本节将深入介绍流水线概念,并介绍如何在实际的数据通道设计中使用流水线技术。

图 10.7 所示的数据通道中每个执行单元都有 50% 的时间处于空闲状态,如表 10.3 所示。这样在不额外增加执行单元的情况下,就可以实现 initiation Period 等于 1 的数据通道,将 initiation Period 降低为 1 个时钟周期,使数据通道的吞吐率加倍。采用这种实现方式的数据通道在每个时钟周期都会有数据输出,而不是原来的 2 个时钟周期才有数据输出。而且,降低 initiation Period(提高数据吞吐量)并不影响数据通道的 latency。initiation Period 等于 1 个时钟周期的数据通道时序图和 Schedule Table 分别如图 10.9 和表 10.4 所示。

注意:此时数据通道中的每个执行单元的利用率都是 100%,这也是数据通道设计时所能达到的最好的结果。

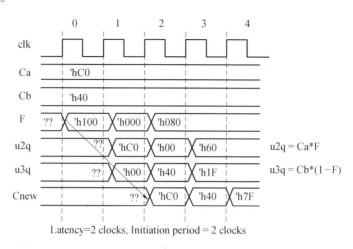

Latency=2 clocks, Initiation period = 2 clocks

图 10.9　（Latency＝2，initiation Period＝1）混合方程数据通道的时序图

在 10.4 节已经介绍,在图 10.7 所示的数据通道加入寄存器时并没能平均划分组合逻辑路径,这是在数据通道设计中所不期望的,因为数据通道最短时钟周期由最长的寄存器到寄存器延迟 T_{R2R} 决定,而 T_{R2R} 实际上由最长的组合路径逻辑决定。对于非最大寄存器到寄存器延迟路径,其组合逻辑延尺小于最大寄存器到寄存器延迟路的组合逻辑延迟,在最大寄存器到寄存器路径组合逻辑稳定前,其余路径的组合电路输出已经稳定,因而会造成时间浪费现象。图 10.7 所示电路最长的延迟路径包含了 1－F 模块和乘法器模块,执行单元中乘法器具有最长的延迟路径,在乘法器中插入一级流水线会减少延迟路径(在乘法器组合逻辑中插入 1 个 D 触发器)。对图 10.4 所示的混合乘法器进行改进,在 8×8 乘法器模块 mult8×8 中加入 1 级流水线,如图 10.10 所示。本例假设具有 1 级流水线的无符号 8 位乘法器已经存在,并将其命名为 mult8×8pipe。注意:只在 mul8×8 中插入 1 级流水线是不够的,通过该乘法器的另外两条路径 c[7:0] 和 f[8] 也必须插入 D 触发器,以使数据可以与流水线乘法的输出同步到达整个乘法器的输出。如果流水线乘法器恰好将原来的组合路径平均分成 2 份,则乘法器的输入到输出的最长组合路径延迟变为 1.1 个时间单位,如图 10.11 所示。注意:组合路径延迟的降低(数据通道时钟频率的提高)是以增加混合方程数据通道的 Latency 为代价的,此时数据通道的 Latency 由原来的 2 个时钟周期增加到 3 个时钟周期。

表 10.4　（Latency＝2，initiation Period＝1）混合方程数据通道的 Schedule Table

CLOCK	RESOURCES							
	INPUT (CA)	INPUT (CB)	INPUT (F)	BMULT (U2)	ONEMINUS (U1)	BMULT (U3)	SATADD (U4)	OUTPUT (CNEW)
0	Ca(0)	Cb(0)	f(0)	n2(0)	n1(0)	n3(0)		
1	Ca(1)	Cb(1)	f(1)	n2(1)	n1(1)	n3(1)	n4(0)	
2	Ca(2)	Cb(2)	f(2)	n2(2)	n1(2)	n3(3)	n4(1)	Cnew(1)
3	Ca(3)	Cb(3)	f(3)	n2(3)	n1(3)	n3(3)	n4(2)	Cnew(1)
4	Ca(4)	Cb(4)	f(4)	n2(4)	n1(4)	n3(4)	n4(2)	Cnew(2)
i	Ca(i)	Cb(i)	f(i)	n2(i)	n1(i)	n3(i)	n4(i-1)	Cnew(i-2)
% utilzation	100%	100%	100%	100%	100%	100%	100%	100%

【例 10.6】 流水线乘法器的 Verilog HDL 描述。

```verilog
module bmultpipe
    #(parameter N=8)
    (
     input wire clk,reset,
     input wire [N-1:0]c,
     input wire [N:0]f,
     output wire [N-1:0]y
     );
     wire [N-1:0]mc;
     reg f8q;
     reg [N-1:0]cq;
//模块实例
     mult8x8pipe u1(.clk(clk),.reset(reset),.a(c),.b(f[N-1:0]),.y(mc));
     always@(posedge clk, posedge reset) begin
        if(reset) begin
            cq   <= {N{1'b0}};
            f8q <= 1'b0;
        end
        else begin
            cq   <= c;
            f8q <= f[N];
        end
     end
     assign y=(f8q)? (cq):(mc);
endmodule
//假定模块 mult8x8pipe 已经存在
module mult8x8pipe
    #(parameter N=8)
    (
    input wire clk,reset,
    input wire [N-1:0]a,b,
    output wire [N-1:0]y
    )/* synthesis syn_black_box */;
endmodule
```

采用图 10.10 所示的流水线乘法替代原来的乘法器,对图 10.7 所示的混合方程数据通道进行改进,得到如图 10.11 所示流水线结构的混合方程。最长的寄存器到寄存器延迟 T_{R2R} 从原来的 2.6 个时间单位降低到 1.6 个时间单位,但是 Latency 增加了 1 个时钟周期。

带有流水线乘法器的混合方程数据通道的时序如图 10.12 所示,这种实现方式的时序与图 10.9 所示的时序图唯一的区别在于其 Latency 增加了 1 个时钟周期。带有流水线乘法器的混合方程实现的 Schedule Table 如表 10.5 所示。bmultpipe 单元在 1 个时钟周期中对应两个计算过程,每个计算过程对应于两级流水线乘法器的一级。由于流水线乘法器额外增加了一个时钟周期的 Latency,导致模块 satadd 在第 2 个时钟周期前都保持空闲,这与表 10.4 的情况是不同的。

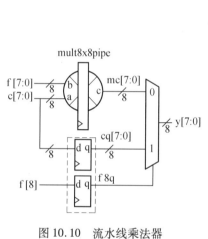

图 10.10　流水线乘法器

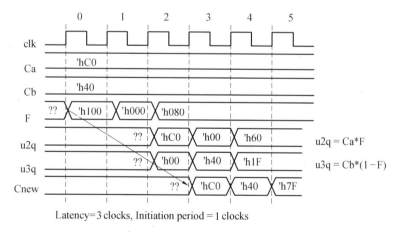

图 10.11　(Latency=3)数据通道时序图

图 10.12　(Latency=3,Initiation Period=1)

通过对 Latency=2 和 Latency=3 的两种实现方式的对比和分析,读者可能会问:什么情况下基于流水线设计的数据通道体现不出优势? 答案比较简单:只要输入数据是连续的数据流,基于流水线的数据通道都会具有较高效率。如果数据通道的应用环境不能提供连续的输入数据,会导致流水线出现空或者部分空的情况,最终导致数据通道的吞吐量严重下降。

表 10.6 从时钟周期、Latency、initiation Period 以及吞吐量的角度比较了几种不同实现方式的优劣。

表 10.5　带流水线乘法器的混合方程实现方式的 Schedule Table

CLOCK	RESOURCES							
	INPUT (CA)	INPUT (CB)	INPUT (F)	BMULT (U2)	ONEMINUS (U1)	BMULT (U3)	SATADD (U4)	OUTPUT (CNEW)
0	Ca(0)	Cb(0)	f(0)	n2(0)	n1(0)	n3(0)		
1	Ca(1)	Cb(1)	f(1)	n2(1) n2(0)	n1(1)	n3(1) n2(0)		
2	Ca(2)	Cb(2)	f(2)	n2(2) n2(1)	n1(2)	n3(2) n2(1)	n4(0)	
3	Ca(3)	Cb(3)	f(3)	n2(3) n2(2)	n1(3)	n3(3) n2(2)	n4(1)	Cnew(0)
4	Ca(4)	Cb(4)	f(4)	n2(4) n2(3)	n1(4)	n3(4) n2(3)	n4(2)	Cnew(1)
1	Ca(1)	Cb(1)	f(1)	n2(i) n2(i-1)	n1(i)	n3(1) n2(i-1)	n4(1-)	Cnew(i-3)
% utilization	100%	100%	100%	100%	100%	100%	100%	100%

表 10.6　不同实现方式的数据通道性能比较

DATAPATII	CLOCK PERIOD	LATENCY	INITLATION PERIOD	THROUGIIPUT
(a)图 10.6	3.6	1	1	0.28
(b)图 10.7	2.6	2	2	0.19
(c)图 10.7	2.6	2	1	0.38
(d)图 10.11	1.6	3	1	0.63

数据通道吞吐量的计算式为

$$Throughput = \frac{1}{initiation\_period \times clock\_period} \tag{10.2}$$

吞吐量用来衡量单位时间内数据通道处理输入数据集的数目,这里假设流水线一直是满的。降低 initiation period 或者时钟周期(clcok period)都可以提高数据通道的吞吐量,如表 10.6 中的(c)行和(d)行所示。然而,吞吐量的提高是有代价的。通常情况下,降低 initiation Period 需要消耗更多的逻辑资源,但是在本章介绍的简单的设计实例中并不需要增加额外的硬件资源。

10.7　资源共享数据通道的设计

第 10.4 节~第 10.6 节介绍了数据通道设计的直接方法和基本概念,其设计思想非常简单,就是将数据流图中的每个节点都分配了相应的执行单元。然而,在复杂的数据通道设计中,由于对逻辑资源使用的约束,可能会将数据流图中的多个节点映射成为同一个执行单元,即采用 1 个执行单元完成多个节点的计算。表 10.7 给出只允许使用 1 个乘法器实现混合方程约束下,数据通道的 Schedule Table,这种实现方式没有采用流水线设计方式,也没有采用流水线执行单元(pipelineed),Latecny 和 initiation Period 都等于 3 个时钟周期。数据流图中的计算节点 n2 和 n3 采用同一个乘法器单元实现。注意:本例首先执行 n2 之后再执行 n3,具体实现时,二者的执行顺序是任意的。

表 10.7　具有 1 个乘法器的数据通道的 Schedule Table

CLOCK	RESOURCES						
	INPUT (CA)	INPUT (CB)	INPUT (F)	BMULT (U2)	ONEMINUS (U1)	SATADD (U4)	OUTPUT (CNEW)
0	Ca(0)	Cb(0)	f(0)	n2(0) Ca*f→tA	n1(0)		
1				n3(0) Cb*u1→tB			
2						N4(0) rA+rB→rC	
3	Ca(1)	Cb(1)	f(1)	n2(1) Ca*f→rA	n1(1)		Cnew(0)
3(i+0)	Ca(1)	Cb(1)	f(1)	n2(i) Ca*f→tA	n1(1)		Cnew(i−1)
3(i+1)				n3(i) Cb*u1→rB			
3(i+2)						n4(i) rA+B→rC	
% utilization	33%	33%	33%	67%	33%	33%	33%

由于多个计算过程,共享同一个执行单元,给数据通道设计带来了一系列的新问题。首先,乘法器的两个输入信号必须按照时钟周期改变,时钟周期 3(i+0),乘法器的操作数为 Ca 和 F,而在时钟周期 3(i+1)时操作数为 Cb 和 1−F。这意味着在乘法器的每个输入端需要 1 个数据选择器,以在两组操作数之间选择合适的操作数。另外,还需要 1 个寄存器在时钟周期 3(i+1)保存乘法器的计算结果,该计算结果在时钟周期 3(i+2)进行 n4 节点(加法)的运算时需要,根据 Schedule Table 表 10.7 实现的数据通道如图 10.13 所示,这种实现方式中,依然在组合路径中插入了寄存器将组合路径打断,同时将中间计算结果保存在寄存器中。寄存器具有同步使能端 LD,只有当 LD 置位,同时在时钟有效沿时寄存器才能接收新的数据,与之相反,不包含使能端的寄存器在每个时钟有效沿都接收新的数据,该数据通道使用了 3 个寄存器 rA、rB 和 rC。在表 10.7 中采用表示寄存器传输级操作(Register Transfer Level Operation)的符号表示寄存器写操作,例如,在时钟周期 0,执行单元 u2 对应的 RTL 级的符号为"ca*f→rA",其含义为将输入总线上的操作数 Ca 和 F 的乘积结果存入寄存器 rA。注意:寄存器 rA 和 rB 的数据输入端都连接到乘法器的输出端 u2y,但是其同步使能端分别由信号 ld_n2 和信号

ld_n3控制。信号 ld_n2 在时钟周期 3(i+0)置位,将节点 n3 的结果保存到寄存器 rA,而信号 ld_n3 在时钟周期 3(i+1)置位,保存 n3 的计算结果到寄存器 rB。信号 ld_cnew 在时钟周期 3(i+2)置位,将 satadd 的计算结果保存到输出寄存器。数据选择器的选择信号 msel 在时钟周期 3(i+0)清零,将 Ca 和 F 传递给乘法器,而在时钟周期 3(i+1)信号 msel 置位,将 Cb 和 1−F 传递给乘法器作为操作数。注意:数据通道中的寄存器 rB 也可以使用 D 触发器实现,因为 rB 的值总是在下一个时钟周期就会使用。数据通道计算过程中,Cnew(i−1)的值一直保存在寄存器 rC 中,如果其他数据通道使用该数据通道的输出值,那么寄存器 rC 是必须的,如果没有其他的数据通道使用该值,那么也可以采用 D 触发器取代寄存器 rC。

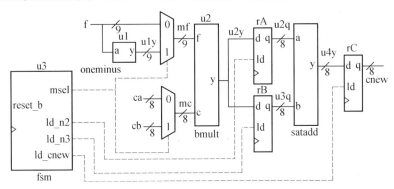

图 10.13   单乘法器数据通道的实现

【例 10.7】   单乘法器数据通道以及有限状态机的 Verilag HDL 描述。

```verilog
module blend1mult (
    input wire clk,reset,
    input wire [7:0]ca,cb,
    input wire [8:0]f,
    output reg [7:0]cnew
    );
    wire [7:0]u2y,u4y,ma;
    wire [8:0]mf,u1y;
    reg [7:0]u3q,u2q;
    wire msel,ld_n2,ld_n3,ld_cnew;
    assign mf=(msel==1'b1)? (u1y):(f);
    assign ma=(msel==1'b1)? (cb):(ca);
    bmult u2(.c(ma),.f(mf),.y(u2y));
    oneminus u1(.a(f),.y(u1y));
    satadd u4(.a(u3q),.b(u2q),.y(u4y));
    fsm u3(.clk(clk),.reset(reset),.msel(msel),.ld_n2(ld_n2),.ld_n3(ld_n3),.ld_cnew(ld_cnew));
    always@ (posedge clk, posedge reset)
```

```verilog
      if( reset = 1′b1)
         u2q ⇐ 8′b0000_0000;
      else if( ld_n2)
         u2q ⇐ u2y;
   always@ ( posedge clk, posedge reset)
      if( reset = 1′b1)
         u3q ⇐ 8′b0000_0000;
      else if( ld_n3)
         u3q ⇐ u2y;
   always@ ( posedge clk, posedge reset) begin
      if( reset = 1′b1)
         cnew ⇐ 8′b0000_0000;
      else if( ld_cnew)
         cnew ⇐ u4y;
   end
endmodule
//有限状态机
module fsm (
   input wire clk, reset,
   output reg msel,ld_n2,ld_n3,ld_cnew
   );
   localparam S0 = 2′b00,
             S1 = 2′b01,
             S2 = 2′b11;
   reg [1:0]state_reg, state_next;
   always@ ( posedge clk, posedge reset)
      if( reset)
         state_reg ⇐ S0;
      else
         state_reg ⇐ state_next;
   always@ ( state_reg) begin
      state_next = state_reg;
      msel = 1′b0;
      ld_n2 = 1′b0;
      ld_n3 = 1′b0;
```

```
            ld_cnew = 1′b0;
        case(state_reg)
        S0 : begin
                ld_n2 = 1′b1;
                state_next = S1;
            end
        S1 : begin
                msel = 1′b1;
                ld_n3 = 1′b1;
                state_next = S2;
            end
        S2 : begin
                ld_cnew = 1′b1;
                state_next = S0;
            end
        default : state_next = S0;
        endcase
    end
endmodule
```

有限状态机 FSM 负责在每个时钟周期产生合适的数据通道控制信号 msel、ld_n2、ld_n3 以及 ld_cnew。图 10.13 中控制信号采用虚线表示,以区别由执行单元产生的数据信号。图 10.14 给出了 FSM 的 ASM 图,该有限状态机需要 3 个状态,因为数据通道的重复计算过程需要 3 个时钟周期。

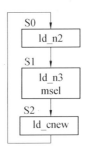

图 10.14 控制器 FSM 的 ASM 图

FSM 的实现需要 2 个 D 触发器,采用格雷码对状态进行编码;另外一种可以选择的编码方式是独热码。FSM 需要 1 个异步复位输入端,复位信号有效,FSM 被初始化为 S0 状态;采用高电平有效还是低电平有效的复位信号,与具体的实现方式有关。

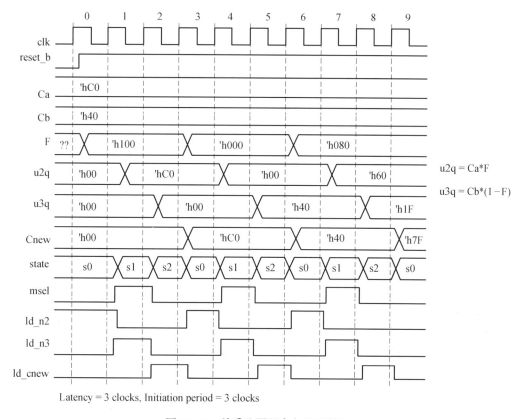

Latency = 3 clocks, Initiation period = 3 clocks

图 10.15　单乘法器混合方程时序图

10.8　带有握手信号的数据通道

前面的设计实例中一直假设数据以连续的数据流形式通过数据通道。然而，在很多的情况下，数据的输入并非是连续的，数据通道必须等待外部输入数据（Ca、Cb 以及 F）有效，并且需要输出状态信号，用于表示当前的输出是否有效。数据通道设计中通常使用握手信号（Handshaking Signal）实现这样的目的。本节对例 10.7 给出的控制器（FSM）进行改进，设计带有握手信号的数据通道，例 10.8 给出的 FSM 在例 10.7 的基础上增加了两个握手信号 irdy（输入信号就绪）和 ordy（输出信号就绪），其 ASM 图如图 10.16 所示。

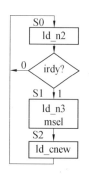

图 10.16　控制器 FSM 的 ASM 换图

【例 10.8】　具有握手信号的数据通道的 Verilog HDL 描述。

```
module fsm (
    input wire clk, reset, irdy,
```

```verilog
 output reg msel,ld_n2,ld_n3,ld_cnew,ordy
);
localparam S0 = 2'b00,
           S1 = 2'b01,
           S2 = 2'b11;
reg [1:0] state_reg, state_next;
always@ (posedge clk, posedge reset) begin
   if(reset)
     begin state_reg <= S0; ordy <= 1'b0; end
   else
     begin state_reg <= state_next; ordy <= ld_cnew; end
end
always@ (state_reg, irdy) begin
   state_next = state_reg;
   msel = 1'b0;
   ld_n2 = 1'b0;
   ld_n3 = 1'b0;
   ld_cnew = 1'b0;
   case(state_reg)
   S0: begin
           ld_n2 = 1'b1;
           if(irdy)  state_next = S1;
       end
   S1: begin
           msel = 1'b1;
           ld_n3 = 1'b1;
           state_next = S2;
       end
   S2: begin
           ld_cnew = 1'b1;
           state_next = S0;
       end
   default: state_next = S0;
   endcase
```

end

endmodule

例 10.8 给出的 FSM 会一直保持在 S0 状态(复位后,FSM 的默认状态)直到信号 irdy 置位,irdy 信号置位表示输入总线上已经包含了有效的输入数据,FSM 一旦检测到 irdy 置位,会自动切换到状态 S1。FSM 在 S1 状态维持 1 个时钟周期,置位信号 ld_n3、msel,并在下一个时钟周期切换至 S2 状态。当有效的输出数据被放置在 cnew 输出总线后,ordy 信号会置位 1 个时钟周期,其置位过程通过延迟信号 ld_cnew 一个时钟周期实现(ordy⇐ld_cnew;),ld_cnew 信号在状态 S2 置位。图 10.17 给出的是改进后的数据通道完成一个计算过程的时序图。irdy 信号置位表示输入数据有效并启动计算过程。当 cnew 总线上包含有效的计算结果时 ordy 信号置位。对于模块 blend1mult 的改进也不复杂,出于完整性的考虑例 10.9 给出了完整的 blend1mult 模块代码。

【例 10.9】　改进的 blend1mult 模块的 Verilog HDL 描述。

```
module blend1mult (
    input wire clk,reset,irdy,
    input wire [7:0]ca,cb,
    input wire [8:0]f,
    output reg [7:0]cnew,
    output wire ordy
    );
    wire [7:0]u2y,u4y,ma;
    wire [8:0]mf,u1y;
    reg [7:0]u3q,u2q;
    wire msel,ld_n2,ld_n3,ld_cnew;
    assign mf=(msel==1′b1)? (u1y):(f);
    assign ma=(msel==1′b1)? (cb):(ca);
    bmult u2(.c(ma),.f(mf),.y(u2y));
    oneminus u1(.a(f),.y(u1y));
    satadd u4(.a(u3q),.b(u2q),.y(u4y));
    fsm u3 (.clk(clk),.reset(reset),.msel(msel),.ld_n2(ld_n2),.ld_n3(ld_n3),
        .ld_cnew(ld_cnew),.irdy(irdy),.ordy(ordy));
    always@(posedge clk, posedge reset)
        if(reset==1′b1)
            u2q ⇐ 8′b0000_0000;
        else if(ld_n2)
```

```
    u2q ⇐ u2y;
always@(posedge clk, posedge reset)
  if(reset == 1'b1)
    u3q ⇐ 8'b0000_0000;
  else if(ld_n3)
    u3q ⇐ u2y;
always@(posedge clk, posedge reset)
  if(reset == 1'b1)
    cnew ⇐ 8'b0000_0000;
  else if(ld_cnew)
    cnew ⇐ u4y;
endmodule
```

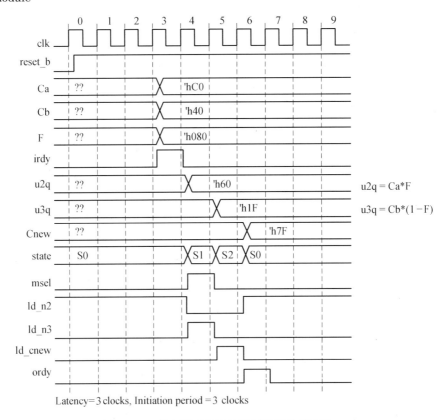

图 10.17　带有握手信号的数据通道的时序图

10.9　具有输入总线的数据通道

前面介绍的混合方程数据通道的各种实现方式中,每个输入信号 F、Ca 和 Cb 都使用了独立的输入总线。然而,输入总线与执行单元一样,都是宝贵的资源,设计中通常不会为每个输入都使用独立的总线。表 10.8 给出输入信号共享同一总线,Latency = 4,initiation Period = 4 约束下数据通道的 Schedule Table。数据通道的输入信号 F、Ca 和 Cb 共享输入总线,在相继的几个时钟周期中三个信号被输入到数据通道中。整个数据通道只有一个乘法器,该乘法器在 4(i+0)时钟周期是空闲的,因为在 4(i+0)时钟周期输入信号无效。在这种实现方案中同时又增加了一个寄存器 rF,用于保存 F 值,在时钟周期 4(i+1)和 4(i+2)中对 n2 和 n3 进行计算时会用到 F 值。在前面的例子中,假设 F 使用独立的输入总线,并在整个计算过程保持其值不变。

表 10.8　输入总线数据通道设计 Schedule Table

CLOCK	RESOURCES					
	INPUT	REGISTER	BMULT	ONEMINUS	SATADD	OUTPUT
	(DIN)	(RF)	(U2)	(U1)	(U4)	(CNEW)
0	f(0)	din→rF				
1	Ca(0)	f(0)	n2(0)	n1(0)		
			din*rF→rA			
2	Cb(0)		n3(0)			
			din*u1→rB			
3					n4(0)	
					rA+rB→rC	
4	f(1)	f(1)→rF				Cnew(0)
4(i+0)	f(i)	din→rF				
4(i+1)	Ca(i)	f(i)	n2(i)	n1(i)		Cnew(i−1)
			din*rF→rA			
4(i+2)	Cb(i)		n3(i)			
4(i+3)					n4(i)	
					rA+rB→rC	
% utilization	75%	25%	50%	25%	25%	25%

图 10.18 给出了混合方程数据通道的一种实现方式,该实现方式中所有输入信号共享同一总线。9 位宽的数据总线 din,用于向数据通道传递 F、Ca 和 Cb 的值。图 10.13 中乘法器 bmult 输入端的数据选择器已经不再需要了,因为 Ca 和 Cb 输入值以分时复用的方式送到数据总线 din。

数据通道控制器(有限状态机)的算法状态机图(ASM chart)如图 10.19 所示,该 FSM 与图 10.16 所示有限状态机以同样的方式使用了握手信号,该设计的实现参考例 10.10。

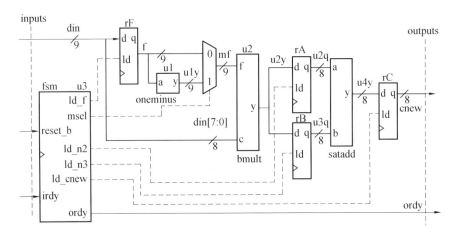

图 10.18　输入总线形式混合方程数据通道

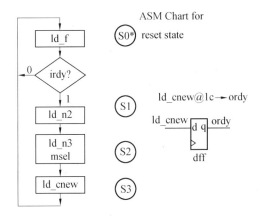

图 10.19　控制器的 ASM 图

【例 10.10】　具有输入输出总线的数据通道及其控制器的 Verilog HDL 描述。

```
module dflipflop//寄存器模块
    #( parameter N = 8 )
    (
    input wire clk, reset,
    input wire ld,
    input wire [ N-1 : 0 ] d,
    output wire [ N-1 : 0 ] q
    );
    reg [ N-1 : 0 ] state_reg, state_next;
    always@ ( posedge clk , posedge reset )
        if( reset )
            state_reg <= { N{ 1'b0 } };
```

```
        else
            state_reg ⇐ state_next;
    always@ ( state_reg,ld, d )
        if( ld )
            state_next = d;
        else
            state_next = state_reg;
    assign q = state_reg;
endmodule
module mux2to1( //2 选 1 数据选择器
    input wire [ 8 :0 ]a,b,
    input wire sel,
    output wire [ 8 :0 ]y
    );
    assign y = ( sel )? ( a ):( b );
endmodule
module datapath (
    input wire clk,reset,
    input wire [ 8 :0 ]din,
    input wire ld_f,msel,ld_n2,ld_n3,ld_cnew,
    output wire [ 7 :0 ]cnew
    );
    wire [ 8 :0 ]f,u1y,mf;
    wire [ 7 :0 ]u2y,u2q,u3q,u4y;
    dflipflop #( . N( 9 ) ) rF( . clk( clk ),. reset( reset ),. ld( ld_f ),. d( din ),. q( f ) );
    oneminus u1( . a( f ),. y( u1y ) ); //参考例 10. 2
    mux2to1 uu0( . a( u1y ),. b( f ),. sel( msel ),. y( mf ) );
    bmult u2( . c( din[ 7 :0 ] ),. f( mf ),. y( u2y ) );//参考例 10. 3
    dflipflop #( . N( 8 ) ) rA( . clk( clk ),. reset( reset ),. ld( ld_n2 ),. d( u2y ),. q( u2q ) );
    dflipflop #( . N( 8 ) ) rB( . clk( clk ),. reset( reset ),. ld( ld_n3 ),. d( u2y ),. q( u3q ) );
    satadd u4( . a( u2q ),. b( u3q ),. y( u4y ) );//参考例 10. 1
    dflipflop #( . N( 8 ) ) rC( . clk( clk ),. reset( reset ),. ld( ld_cnew ),. d( u4y ),. q( cnew ) );
endmodule
//控制器有限状态机
```

```
module fsm (
    input wire clk, reset,
    input wire irdy,
    output wire ordy,
    output reg msel, ld_f, ld_n2, ld_n3, ld_cnew
);
localparam S0 = 2'b00,
          S1 = 2'b01,
          S2 = 2'b10,
          S3 = 2'b11;
reg [1:0] state_reg, state_next;
reg ordy_reg;
wire ordy_next;
always@ (posedge clk, posedge reset)
    if(reset)
        state_reg <= S0;
    else
        state_reg <= state_next;
always@ (state_reg, irdy) begin
    ld_n2 = 1'b0; ld_n3 = 1'b0;
    ld_cnew = 1'b0;
    msel = 1'b0; ld_f = 1'b0;
    state_next = state_reg;
    case(state_reg)
    S0: begin if(irdy) state_next = S1; else state_next = S0; ld_f = 1'b1; end
    S1: begin state_next = S2; ld_n2 = 1'b1; end
    S2: begin state_next = S3; ld_n3 = 1'b1; msel = 1'b1; end
    S3: begin state_next = S0; ld_cnew = 1'b1; end
    endcase
end
always@ (posedge clk, posedge reset)
    if(reset)
        ordy_reg <= 1'b0;
    else
```

```
        ordy_reg ⇐ ordy_next;
    assign ordy_next = ld_cnew;
    assign ordy = ordy_reg;
endmodule
//顶层模块
module blend1mult (
    input wire clk,reset,
    input wire irdy,
    input wire [8:0]din,
    output wire [7:0]cnew,
    output wire ordy
    );
    wire ld_f,msel,ld_n2,ld_n3,ld_cnew;
    datapath datapath_u1(.clk(clk),.reset(reset),
        .din(din),
        .ld_f(ld_f),.msel(msel),.ld_n2(ld_n2),.ld_n3(ld_n3),.ld_cnew(ld_cnew),
        .cnew(cnew)
        );
    fsm control_u2(
        .clk(clk),.reset(reset),
        .irdy(irdy),
        .ordy(ordy),
        .msel(msel),.ld_f(ld_f),.ld_n2(ld_n2),.ld_n3(ld_n3),.ld_cnew(ld_cnew)
        );
endmodule
```

10.10　递归计算、初始化和计算

混合方程是非递归方程(non-recursive equation),即该方程的输出值并不依赖于前次的输出值。式(10.3)给出了一个递归方程的实例

$$Y = Y@1 \times a1 + X \times b0 \tag{10.3}$$

该方程的输出 Y 依赖于当前的输入 X 和前一次的输出值 Y@1。符号 Y@1 表示数据通道前一次的输出,并不是将输出值延迟 1 个时钟周期。将方程(10.3)推广为一般形式

$$Y = Y@1 \times a1 + Y@2 \times a2 + \cdots + Y@n \times an) +$$

$$(X \times b0 + X@1 \times b1 + \cdots + X@k \times bk) \tag{10.4}$$

方程(10.4)中不但包含输出信号 Y 的前 n 次输出值(Y@1,Y@2,...,Y@n),还包括输入信号的前 k 次值(X,X@1,...,X@k),无限冲击响应滤波器(Infinite Impulse Response, IIR)的一般结构如式(10.4)所示,ai(a1,a2,…,an)和 bi(b0,b1,…,bk)称为滤波系数(Filter coefficients),滤波系数的值由所设计的滤波器性能指标(低通、带通、高通滤波器的截止频率(cutoff frequencies)、roll-off constraints 等)决定。式中的每一个乘积项称为滤波器抽头(filter tap),通常增加滤波抽头数可以改进滤波器的质量。

对于非递归方程,其数据通道实现有一个显著特征:通过增加额外的诸如输入数据总线、执行单元和寄存器等逻辑资源并采用流水线技术,总能设计 Initiation Period 等于 1 个时钟周期的数据通道。然而,对于递归方程的数据通道,如果执行单元之间不能级联,最小的 Initiation Period 由方程的迭代关键路径(iteration critical loop)决定,迭代关键路径是指数据流图中包含前次输出的最短路径。图 10.20 给出了方程(10.3)的数据流图(DFG),其迭代关键路径包含节点 n2 和 n3。因为不允许执行单元之间的级联,每个节点的执行需要 1 个时钟周期,导致对于该数据流图最小的 Initiation Period 等于 2 个时钟周期。

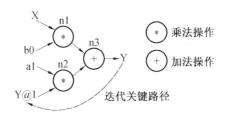

图 10.20 方程(10.3)数据流图

表 10.9 给出方程(10.3)一种实现方式的 Schedule Table,该实现方式满足最小的 Initiation Period 等于 2 个时钟周期,并假设所有的系数在数据通道初始化阶段通过共享的输入总线被加载到数据通道,初始化是数据通道的计算过程开始前执行的一系列操作。

表 10.9 方程(10.3)数据通道 Schedule Table

CLOCK	RESOURCES				
	INPUT	MULT(U)	MULT(U2)	SATADD(U3)	OUTPUT
0	x(0)	n1(0)b0 * din→rA	n2(0)a1 * rY→rB		
1				n3(0)rA 1 rB→rY	
2	x(1)	n1(1)b0 * din→rA	n2(1)a1 * rY→rB		y(0)
2(i+0)	x(i)	n1(i)b0 * din→rA	n2(i)a1 * rY→rA		y(i-1)
2(i+1)				n3(i)rA+rB→rY	
% utilization	50%	50%	50%	50%	50%

图 10.21 给出表 10.9 所示的 Schedule Table 的数据通道和 FSM,该数据通道采用 8 位宽的数据总线,采用 0.8 格式的定点数表示。控制器的 ASM 图分为 2 个部分:初始化阶段和计算阶段。握手信号 irdy 置位之后的相继的 2 个时钟周期的 S0 和 S1 状态,通过数据通道的 din 输入总线将系数 a1 和 b0 的值初始化到数据通道的系数寄存器,状态 S2 和 S3 构成数据通道

的计算过程,只要握手信号 irdy 置位,新的 X 值就会通过 din 总线输入到数据通道。如果 irdy 信号清零,计算过程结束,将 FSM 的输出信号 ld_y 延迟 1 个时钟周期形成握手信号 ordy。Verilog HDL 代码参考例 10.11。

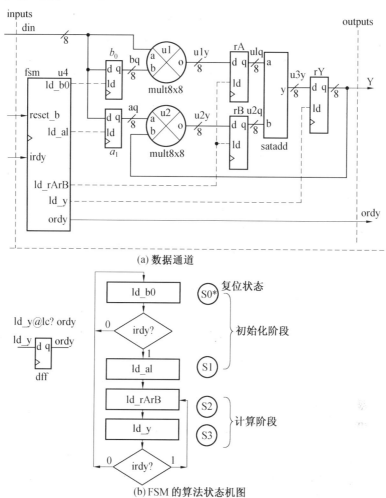

(a) 数据通道

(b) FSM 的算法状态机图

图 10.21　方程(10.3)数据通道以及 FSM 的算法状态机图

【例 10.11】　图 10.21 对应的 Verilog HDL 实现。

```
//数据通道
module datapath (
    input wire clk, reset,
    input wire [7:0] din,
    input wire ld_b0, ld_a1,
    input wire ld_rArB,
    input wire ld_y,
    inout wire [7:0] y
```

```
    );
    wire [7:0]aq,bq,u1q,u1y,u2q,u2y,u3y;
    dflipflop #(.N(8)) b0(.clk(clk),.reset(reset),.ld(ld_b0),.d(din),.q(bq));
    dflipflop #(.N(8)) a1(.clk(clk),.reset(reset),.ld(ld_a1),.d(din),.q(aq));
    mult8×8 u1(.a(din),.b(bq),.y(u1y));//参考例10.3
    mult8×8 u2(.a(aq),.b(y),.y(u2y));
    dflipflop #(.N(8)) rA(.clk(clk),.reset(reset),.ld(ld_rArB),.d(u1y),.q(u1q));
    dflipflop #(.N(8)) rB(.clk(clk),.reset(reset),.ld(ld_rArB),.d(u2y),.q(u2q));
    satadd u3(.a(u1q),.b(u2q),.y(u3y));//参考例10.1
    dflipflop #(.N(8)) rY(.clk(clk),.reset(reset),.ld(ld_y),.d(u3y),.q(y));
endmodule
//控制器模块
module fsm (
    input wire clk,reset,
    input wire irdy,
    output wire ordy,
    output reg ld_b0,ld_a1,ld_rArB,ld_y
    );
    localparam S0 = 2'b00,
               S1 = 2'b01,
               S2 = 2'b10,
               S3 = 2'b11;
    reg [1:0]state_reg,state_next;
    reg ordy_reg;
    wire ordy_next;
    always@(posedge clk, posedge reset) begin
        if(reset)
            state_reg <= S0;
        else
            state_reg <= state_next;
        end
    always@(state_reg, irdy) begin
        state_next = state_reg;
        ld_b0 = 1'b0; ld_a1 = 1'b0;
```

```
        ld_rArB = 1'b0; ld_y = 1'b0;
        case(state_reg)
        S0: begin if(irdy) state_next=S1; else state_next=S0; ld_b0=1'b1; end
        S1: begin state_next = S2; ld_a1=1'b1; end
        S2: begin state_next = S3; ld_rArB = 1'b1; end
        S3: begin if(irdy) state_next = S2; else state_next = S0; ld_y=1'b1; end
        endcase
    end
  always@ (posedge clk, posedge reset)
      if(reset)
          ordy_reg <= 1'b0;
      else
          ordy_reg <= ordy_next;
    assign ordy_next = ld_y;
    assign ordy = ordy_reg;
endmodule
module figure10_21 (
    input wire clk, reset,
    input wire [7:0] din,
    input wire irdy,
    inout wire [7:0] y,
    output wire ordy
  );
  wire ld_b0, ld_a1, ld_rArB, ld_y;
  fsm u1(.clk(clk), .reset(reset), .irdy(irdy), .ordy(ordy),
      .ld_b0(ld_b0), .ld_a1(ld_a1), .ld_rArB(ld_rArB), .ld_y(ld_y)
    );
  datapath u2(.clk(clk), .reset(reset), .din(din),
        .ld_b0(ld_b0), .ld_a1(ld_a1), .ld_rArB(ld_rArB), .ld_y(ld_y),
        .y(y)
        );
endmodule
```

10.11　复杂数据通道的设计方法

以上介绍的数据通道设计实例包含较少的执行单元,相对来说对 DFG 图中的不同节点以及临时寄存器的 Schedule 都比较直接。然而,随着所要实现的计算过程复杂程度的不断提高,计算过程包含的操作数目不断提高,scheduling 将变得更加困难。本节介绍一种适合于较复杂的数据通道的设计方法。

本节以一个具有 4 个抽头的有限冲击响应(Finite impulse Response,FIR)滤波器的设计(方程(10.5))为例,介绍一种复杂数据通道的设计方法。有限冲击响应滤波器与无限冲击响应滤波器不同,FIR 滤波器是非递归的,不包含输出的历史值。为了获得相同的滤波效果,FIR 滤波器通常需要比 IIR 滤波器更多的滤波抽头。与 IIR 滤波器一样,FIR 滤波器中的 X@1 表示输入 X 的前 1 次历史值,并不是 X 延迟 1 个时钟周期的值。由于表示 FIR 滤波器的方程具有规则的结构,将其中的加法和乘法操作都映射成独立的执行单元,可以设计 Initiation Period 等于 1 的数据通道。本节考虑更复杂的情况:当设计约束不允许将数据流图中节点直接一对一映射到数据通道中的执行单元时,如何将数据流图中的多个执行相同操作的节点映射到数据通道中的同一个执行单元。

$$Y = X \times b0 + X@1 \times b1 + X@2 \times b2 + X@3 \times b3 \tag{10.5}$$

图 10.22 给出了方程(10.5)的数据流图。假设不允许执行单元之间的级联,也不允许流水线操作,那么该 DFG 中最短的路径包含 3 个时钟周期,因此实现该方程的数据通道的 Latency 的最小值等于 3 个时钟周期。

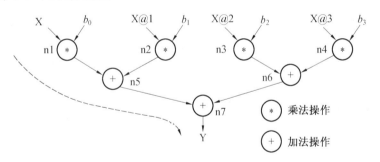

图 10.22　方程(10.5)对应的数据流图

本节介绍的设计方法的详细步骤如表 10.10 所示,其目标是在满足目标约束的前提下,如何采用最少的执行单元完成数据通道的设计。

设计的目标约束是 Initiation Period 和 Latency,两者的单位都是时钟周期,其中 Step 2 采用方程(10.6)计算在满足目标约束的前提下,实现数据通道所需每种逻辑资源的下限。注意:方程(10.6)的计算结果是实现该数据通道需要逻辑资源的下限,即使用比该值更少的逻辑资源实现数据通道是不可能的,在实际实现过程中可能需要比该下限值更多的逻辑资源。

$$\text{\# of resources} = \left\lceil \frac{\text{\#operations}}{\text{\#Initiation Period}} \right\rceil \tag{10.6}$$

表 10.10　数据通道设计的详细步骤

步骤 （step）	设 计 任 务
1	提出设计约束（initiation period，latency）
2	按照方程（10.6）计算数据通道所需的各类执行单元（乘法器、加法器等）的下限
3	按照 step 2 得到各类执行单元下限数，设计数据通道的执行单元 Schedule Table，如果不成功，进行 Step 4，否则 Step 5
4	增加执行单元数，返回 step 3；或者放松约束条件返回 Step 2
5	执行单元 Schedule 成功，执行寄存器 Schedule
6	数据通道实现

例如，对于图 10.22 所示的数据流图，假设目标约束为 Initiation Period 和 Latency 都等于 3 个时钟周期，逻辑资源的操作次数可以通过计算图 10.22 中的加法或者乘法节点数来确定。在目标约束下，数据通道实现时需要加法器、乘法器以及输入总线的下限分别由方程 （10.7）～（10.9）计算。

$$\text{\# of multipliers} = \left\lceil \frac{4}{3} \right\rceil = 2 \tag{10.7}$$

$$\text{\# of adders} = \left\lceil \frac{3}{3} \right\rceil = 1 \tag{10.8}$$

$$\text{\# of input busses} = \left\lceil \frac{1}{3} \right\rceil = 1 \tag{10.9}$$

由方程（10.9）计算的输入总线的下限似乎有些多余，因为如果滤波系数在初始化阶段都已经加载的数据通道，FIR 在每个时钟周期只需要将输入 X 加载到数据通道。之所以将输入总线也包含在逻辑资源的计算过程是为了强调输入总线也是资源。

按照上述约束条件，得到图 10.22 数据通道的 Schedule Table 如表 10.11 所示，该 Schedule Table 使用 2 个乘法器和 1 个加法器，目标约束为 Latency＝3，Initiation Period＝3。遗憾的是，该 Schedule 最终没有成功，因为在约束的 3 个时钟周期内 n7 节点的加法操作没能实现。为了在时钟周期#2 执行 n7 节点的操作，n5 和 n6 操作就必须在时钟周期#1 执行，这需要将加法器的数量从 1 个增加到 2 个。然而，如果需要在时钟周期#1 执行 n5 和 n6 操作，需要 n3 和 n4 在时钟周期 0 执行，这就需要将乘法器的数目从 2 个增加到 4 个。

表 10.11　图 10.22 的 Schedule Table(乘法器 2 个,加法器 1 个,Latency＝3,initiation period＝3)

CLOCK	RESOURCES				
	INPUT	MULT (U1)	MULT (U2)	SATADD (U3)	OUTPUT
0	x(0)	n3(0)	n4(0)	n6(0)	
1		n1(0)	n2(0)	n5(0)	
2					

　　表 10.12 给出图 10.22 一个新 Schedule Table,目标约束依然是 Latency＝3,Initiation Period＝3,加法器增加到 2 个,乘法器增加到 4 个。然而,这种实现方式需要将逻辑资源的数目加倍,这对于某些资源受限的设计是不能接收的。如果设计对资源限制比较多,设计数据通道时可能需要放松对目标约束的限制。

　　如果将目标约束 Initiation Period 和 Latency 放松为 4 个时钟周期,根据式(10.10)、(10.11)重新计算乘法器和加法器数目的下限。

$$\#of\ multipliers = \lceil \frac{4}{4} \rceil = 1 \tag{10.10}$$

$$\#of\ adders = \lceil \frac{3}{4} \rceil = 1 \tag{10.11}$$

表 10.12　图 10.22 的 Schedule Table(乘法器 4 个,加法器 2 个,Latency＝3)

CLOCK	RESOURCES							
	INPUT	MULT (U1)	MULT (U2)	MULT (U3)	MULT (U4)	SATADD (U6)	SATADD (U7)	OUTPUT
0	x(0)	n3(0)	n4(0)	n1(0)	n2(0)			
1						n5(0)	n5(0)	
2						n7(0)		
3(i+0)	x(i)	n3(i)	n4(i)	n1(i)	n2(i)			
3(i+1)						n(6)(i)	n5(i)	
3(i+2)						n7(i)		y(i−1)
% utilization	33%	33%	33%	33%	33%	67%	33%	33%

　　表 10.13 给出了在上述条件下,图 10.20 数据通道实现的一个 Schedule Table,遗憾的是,表 10.13 给出的 Schedule Table 并没有成功,该 Schedule Table 使用 1 个加法器和 1 个乘法器,在目标约束 Latency＝4 的情况下,n5 和 n7 节点需要执行的加法操作都无法实现。如果 Latency＝4,而且只使用 1 个加法器,因为一共需要执行 3 个加法操作,所以加法操作必须在时钟周期#1 开始。如果 n6 加法操作在时钟周期#1 执行,那么 n3 和 n4 节点的乘法操作必须在时钟

周期#0 执行,这需要有 2 个乘法器。

表 10.13 图 10.20 的 Schedule Table(1 个乘法器,1 个加法器,Latency=4,Initiation Period=4)

CLOCK	RESOURCES			
	INPUT	MULT (U1)	SATADD (U2)	OUTPUT
0	x(0)	n4(0)		
1		n3(0)		
2		n2(0)	n6(0)	
3		n1(0)		

表 10.14 重新给出了一个成功的 Schedule Table,Latency 和 Initiation Period 都等于 4 个时钟周期,乘法器从 1 个增加到 2 个,加法器仍然是 1 个。

表 10.14 图 10.20 的 Schedule Table(2 个乘法器,1 个加法器,Latency=4,Initiation Period=4)

CLOCK	RESOURCES				
	INPUT	MULT(U1)	MULT (U2)	SATADD (U3)	OUTPUT
0	x(0)	n3(0)	n4(0)		
1		n1(0)	n2(0)	n6(0)	
2				n5(0)	
3				n7(0)	
4(i+0)	x(i)	n3(i)	n4(i)		y(i−1)
4(i+1)		n1(i)	n2(i)	n6(i)	
4(i+2)				n5(i)	
4(i+3)				n7(i)	
% utilization	25%	50%	50%	75%	25%

10.12 寄存器的 Schedule

完成逻辑资源的 Schedule 后,数据通道设计的下一步骤是寄存器的 Schedule。寄存器 Schedule 方案决定了数据通道中的临时计算结果如何保存。如果设计中要求使用数量最少的寄存器,那么寄存器 Schedule 将是一个非常复杂的问题,因为逻辑资源的 Schedule 方案也会影响寄存器的 Schedule。所幸的是,在现代集成电路工艺中,寄存器的实现并不复杂,只需要很少的逻辑门,因此,数据通道设计中一般不要求使用的寄存器数量最少。原因有很多,例如,如果数据通道的输出被其他数据通道使用,那么往往需要一个寄存器保持其前一次计算结果,以保证数据通道在计算过程中保持其输出值的稳定。此外,如果要求使用最少数量的寄存器,可能会增加数据通道中数据选择器的深度,这往往会导致更长的 T_{R2R} 延迟。本节介绍的寄存器 Schedule 方法只针对执行单元的 Schedule 方案确定的情况。而不会尝试去修改执行单元的 Schedule 以减少寄存器的数量。

本节介绍的寄存器 Schedule 方法,首先需要确定在每个时钟周期中需要的寄存器数。表 10.15 的 Initial 列给出的是该时钟周期开始时已经存在的信号值。Produced 列则列出了在时钟周期内由计算过程产生的或者在时钟周期内输入到数据通道的信号值,这些数据应该被保持已备在后面的时钟周期内使用。例如,在时钟周期(i+0),Produced 列的信号 x 的值由外部输入到数据通道,x 的值必须使用寄存器进行保存,因为在接下来的时钟周期,数据通道对新的数据进行计算,x 的值会成为 x@1。Consumed 列给出的是 Initial 列中该时钟周期以后将不会再被使用的信号。Total Registers 列给出的是在该时钟周期内需要的总的寄存器数,可以通过 Initial+Produced−Consumed 计算,因为不再使用的寄存器可以用来存储新的变量。Total Registers列的最大值就是在该逻辑资源 Schedule 下所需的最大的寄存器数。本例中是 7,这里的 7 个寄存器并没有包含用于存储系数 b0、b1、b2 和 b3 的寄存器,因为系数是在初始化阶段被加载到数据通道的,在计算阶段这些系数值并不发生变化。如果包括系数寄存器,那么数据通道需要的寄存器的总数是 11(7+4)。注意表 10.14 中的逻辑资源的 Schedule 方案对于在每个周期中需要的寄存器数是有影响的,也就是说,逻辑资源的 schedule 方案会影响寄存器 schedule 结果。例如,如果在时钟周期4(i+0)执行节点 n1 和 n2 的乘法操作,而不是本例中的 n3 和 n4,那么在时钟周期4(i+0),x@3 值就不能丢弃,致使在该时钟周期内需要的寄存器总数不是 6,而是 7,虽然,这种改变对于本例并没有增加数据通道需要的最大的寄存器数,但是对其他的数据通道的设计情况可能并非总是如此。

表 10.15 只给出了每个时钟周期数据通道需要的寄存器的数目,并没有给出在每个时钟周期中每个寄存器具体保存哪些值,表 10.16 给出的是一种寄存器与需要保存的信号值的一种对应关系。将表 10.15 中需要的 7 个寄存器分别命名为 rA,rB,rC,rD,rE,rF 以及 rY,并将其值与表 10.15 中的 Initial 列和 Produced 列中的信号对应起来。如果在某个时钟周期内某个寄存器内容发生改变,使用寄存器传输级设计中的标准符号"n3→rD"(表示将 n3 操作的结果写入寄存器 rD)或者符号"rE→rA"(寄存器 rE 的内容写入寄存器 rA)表示寄存器的写操作。表 10.16 列出了每个时钟周期内对应的寄存器传输级操作,为了在合适的时钟周期将执行单元的计算结果写入寄存器,控制器必须在相应的时钟周期输出正确的控制信号,通常情况下,该控制信号连接于寄存器的使能端,或者称为 load 端。如果某个寄存器的内容在接下来的时钟周期中不再需要,那么表中对应的位置填写空白,尽管在实际的物理电路中该寄存器的内容

可能并没有改变(也就是说,存储在 rF 寄存器中的 n6 节点的计算结果在时钟周期 4(i+3)时已经不再需要,而且没有新的值需要写入寄存器 rF,所以表中在时钟周期 4(i+3),rF 寄存器对应的位置为空白,但实际的物理电路中寄存器 rF 的值仍然为 n6 的计算结果)。表 10.16 中的 Initial 行表示的是在时钟周期 4(i+0)时寄存器中的内容,这些内容是假设的。时钟周期 4(i+0)中将 x@1、x@2 以及 x@3 的值分别赋予了 rA、rB 和 rC,实际上这种赋值是任意的。时钟周期 4(i+3)中寄存器传输操作(比如"rE→rA")表示将当前的 x 值写入寄存器 rA,为下一次的计算做好准备,因为在该时钟周期 x 变成为 x@1,x@1 变成 x@2,x@2 变成 x@3。注意,表 10.16 中的寄存器 Schedule 方案影响数据通道中的数据选择器的实现方案,本节介绍的寄存器 schedule 方案并不尝试对寄存器的赋值方案进行优化以减少数据选择器的使用。

表 10.15　每个时钟周期需要的寄存器数

CLOCK	REGISTER REQUIREMENTS			
	(1)INTLAL	(2)PRODUCED	(3)CONSUMED	TOTAL REGISTERS COLUMNS(1+2−3)
4(i−0)	x@1,x@2,x@3,y(i−1)	x,n3,n4	x@3	6
4(i−1)	x,x@1,x@2,n3,n4,y(i−1)	n1,n2,n6	n3,n4	7(mar value)
4(i−2)	x,x@1,x@2,n1,n2,n6,y(i−1)	n5	n1,n2	6
4(i+3)	x,x@1,x@2,n5,n6,y(i−1)	y(i)	n5,n6,y(i−1)	4

表 10.16　每个时钟周期内数据通道中的寄存器保存的内容

CLOCK	REGISTER CONTENTS						
	RA	RB	RC	RD	RE	DF	RY
initial	x@1	x@2	x@3				y(i−1)
4(i+0)	x@1	x@2	n3(n3→rC)	n4(n4→rD)	x(x→rE)		y(i−1)
4(i+1)	x@1	x@2	n1(n1→rC)	n2(n2→rD)	x	n6(n6→rF)	y(i−1)
4(i+2)	x@1	x@2	n5(n5→rC)		x	n6	y(i−1)
4(i+3)	x(rE→rA)	x@1(rA−rB)	x@2(rB→rC)				y(nZ−rY)

表 10.14 逻辑资源 Schedule 方案和表 10.16 中的寄存器 Schedule 方案最终应该被合并成一个表格,以指定在每个时钟周期中数据通道执行的完整操作,如表 10.17 所示。表中采用标准的寄存器传输操作符号,比如时钟周期 4(i+0),节点 n4 的操作"rC * b3→rD"。此外,表格中还包括寄存器之间的传输,比如"rE→rA"。注意如何为计算结果选择未使用的寄存器将会影响数据通道中寄存器输入端数据选择器的使用。例如,n1 节点和 n3 节点的计算结果都被写入寄存器 rC,而 n2 和 n4 的节点的计算结果都被写入了寄存器 rD,如表 10.17 所示。也就是说寄存器 rD 只接收来自乘法器 u2 的计算结果,寄存器 rC 只接收来自乘法器 u1 的计算结

果,并不需要数据选择器。然而,如果时钟周期4(i+0)寄存器 rD 被选择保存 n3 结算结果,rC 用于保存节点 n4 的计算结果,那么寄存器 rD 就会既接收 u1 的计算结果又接收 u2 的计算结果,从而导致在 rD 的输入端需要一个数据选择器对寄存器 rC 也作类似的分析。完成逻辑资源的 Schedule、寄存器 Schedule,并将二者合并到一个表中后,数据通道需要的数据选择器就是确定的。注意:通过对寄存器赋值方案的修改以减少数据通道中的需要的数据选择器的数目。这里我们再次强调:虽然寄存器的 Schedule 过程一般由综合软件自动完成,一般不需要设计者的人为参与。但是本节介绍的方法对于设计者理解设计通道的设计过程至关重要,希望读者细心体会。

表 10.17　加入寄存器 Schedule 的数据通道 Schedule Table

CLOCK	DATARATH OPERATIONS					
	INPUT	MULT(U1)	MULT(U2)	SATADD(U3)	OUTPUT	REGISTER TRANSFERS
4(i+0)	x(i)	n3(i) rB * b2→rC	n4(i) rC * b3→rD		y(i−1)	x→rE
4(i+1)		n1(i) rE * b0→rC	n2(i) rA * br→rD	n6(i) rD+rC→rF		
4(i+2)			n5(i) rD+rC→rC			
4(i+3)			n7(i) rF+C→rY	rE→rA→rB rB→rC		

图 10.23 给出的是表 10.17 所示的 Schedule Table 的数据通道和 FSM 实现。FSM 的控制信号(比如寄存器的 load 信号、数据选择器的选择信号)在数据通道图中并没有直接给出,这些控制信号是默认的。随着数据通道复杂程度的提高,图 10.23(a)所示的数据通道结构图会变得非常难于处理,而且数据通道原理图也不是必须的,因为类似表 10.17 的 Schedule Table 已经完全说明了整个数据通道的所有操作。数据通道操作的最终实现方式是 Verilog HDL 代码,数据通道的结构图只是数据通道设计的一个辅助手段,目的是以图形的方式说明数据通道的组成元件以及各组成元件之间的互联关系。数据通道控制器有限状态机由 8 个状态组成,其中 4 个状态用于实现系数寄存器的初始化,其余 4 个用于控制计算过程。数据通道中的输入寄存器和系数寄存器输出连接到两组数据选择器 mx1、mx2 和 mx4、mx5,可以分别将两组数据选择器的选择信号连接在一起,以减少 FSM 的输出信号。因此,在 FSM 的 ASM 图中,通过将 mx1 和 mx2(mx4 和 mx5)的数据选择控制端连接在一起,使用 1 个选择信号控制 1 对数据选择器。数据选择器 mx3 和 mx6 的数据选择端可以任意选择。

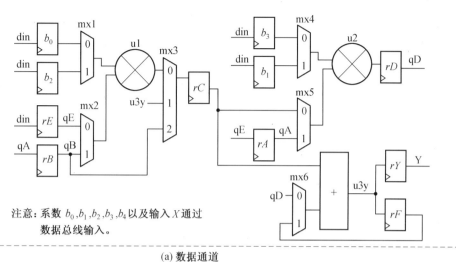

注意：系数 b_0, b_1, b_2, b_3, b_4 以及输入 X 通过
　　　数据总线输入。

(a) 数据通道

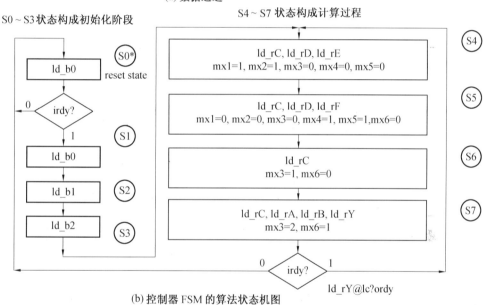

(b) 控制器 FSM 的算法状态机图

图 10.23　表 10.17 对应的数据通道和 FSM

【例 10.12】　表 10.17 对应的数据通道以及 FSM 的 Verilog HDL 实现。

```
module firdeg
#( parameter DATAWIDTH = 18 )
(
input [DATAWIDTH−1:0] din,
input clk,
input rst,
input irdy,
output reg ordy,
```

```verilog
output [DATAWIDTH-1:0] y
);
localparam S0=3'b000,S1=3'b001,S2=3'b010,S3=3'b011,
          S4=3'b100,S5=3'b101,S6=3'b110,S7=3'b111;
reg [DATAWIDTH-1:0] rA,rB,rC,rD,rE,rF,rY;
reg [DATAWIDTH-1:0] b0,b1,b2,b3;
reg [2:0] state,nstate;
wire [DATAWIDTH:0] u1o,u2o,u3y,mx1o,mx2o,mx4o,mx5o,mx6o;
reg [DATAWIDTH-1:0] mx3o;
reg mx1,mx2,mx4,mx5,mx6;
reg [1:0] mx3;
reg ld_b0,ld_b1,ld_b2,ld_b3,ld_rA,ld_rB,ld_rC,ld_rD,ld_rE,ld_rF,ld_rY;
assign u1o=mx1o*mx2o;
assign u2o=mx4o*mx5o;
assign u3y=rC+mx6o;
assign y=rY;
assign mx1o= mx1 ? b2:b0;
assign mx2o= mx2 ? rB:rE;
assign mx4o= mx4 ? b1:b3;
assign mx5o= mx5 ? rA:rC;
assign mx6o= mx6 ? rF:rD;
always@ ( * )
  case(mx3)
    2'b00: mx3o=u1o;
    2'b01: mx3o=u3y;
    2'b10: mx3o=rB;
    default: ;
    endcase
always @ (posedge clk, posedge rst) begin
  if(rst) begin
    b0<=0; b1<=0; b2<=0; b3<=0;
    rA<=0; rB<=0; rC<=0; rD<=0;
    rE<=0; rF<=0; rY<=0;
```

```
        end
    else begin
    if( ld_b0 ) b0⇐din;
    if( ld_b1 ) b1⇐din;
    if( ld_b2 ) b2⇐din;
    if( ld_b3 ) b3⇐din;
    if( ld_rA ) rA⇐rE;
    if( ld_rB ) rB⇐rA;
    if( ld_rC ) rC⇐mx3o;
    if( ld_rD ) rD⇐u2o;
    if( ld_rE ) rE⇐din;
    if( ld_rF ) rF⇐u3y;
    if( ld_rY ) rY⇐u3y;
        end
    end
    always @ ( posedge clk, posedge rst) begin
        if( rst) begin
            state⇐S0;
            ordy⇐0;
        end
        else begin
            state⇐nstate;
            ordy⇐ld_rY;
        end
    end
    always @ ( state or irdy) begin
        ld_b0 =0; ld_b1 =0; ld_b2 =0; ld_b3 =0;
        ld_rA =0; ld_rB =0; ld_rC =0; ld_rD =0;
        ld_rE =0; ld_rF =0; ld_rY =0; mx1 =0;
        mx2 =0; mx3 =0; mx4 =0; mx5 =0;
        mx6 =0; nstate =state; case( state)
        S0:
            ld_b0 =1; if( irdy) nstate =S1;
```

S1:

    ld_b1 = 1; nstate = S2;

S2:

    ld_b2 = 1; nstate = S3;

S3:

    ld_b3 = 1; nstate = S4;

S4: begin

    ld_rC = 1; ld_rD = 1; ld_rE = 1;

    mx1 = 1; mx2 = 1; mx3 = 0; mx4 = 0;

    mx5 = 0; nstate = S5;

  end

S5: begin

    ld_rC = 1; ld_rD = 1; ld_rF = 1;

  mx1 = 0; mx2 = 0; mx3 = 0;

  mx4 = 1; mx5 = 1; mx6 = 0; nstate = S6;

  end

S6: begin

    ld_rC = 1;

    mx3 = 1;

    mx6 = 0; nstate = S7;

  end

S7: begin

  ld_rC = 1; ld_rA = 1;

  ld_rB = 1; ld_rY = 1;

  mx3 = 2; mx6 = 1;

  if(irdy) nstate = S4;

  else nstate = S0;

  end

default: nstate = state;

endcase

end

endmodule

10.13 数据流图的等价变形

在第 10.12 节,以 Latency = 4, Initial Period = 4 为目标约束,为图 10.22 所示的数据流图设计了数据通道。表 10.18 给出了图 10.22 所示的数据流图数据通道的另一种 Schedule Table,该种实现方式将乘法器从 2 个减少为 1 个,目标约束 Latency 从 4 个增加为 5 个。然而,这种 Schedule 方式最终没能成功,因为在目标约束情况下,最后一个加法操作 n7 无法实现。

表 10.18 Schedule Table(1 个乘法器, 1 个加法器, Latency = 5, Initiation Period = 5)

CLOCK	RESOURCES			
	INPUT	MULT(U1)	SATADD(U2)	OUTPUT
5(i+0)	x(i)	n4(i)		
5(i+1)		n3(i)		
5(i+2)		n2(i)	n6(i)	
5(i+3)		n1(i)		
5(i+4)			n5(i)	

本设计的目标是使用 1 个乘法器,在目标约束 Latency 等于 5 个时钟周期条件下实现图 10.22 所示的数据流图。分析图 10.22 可知,一次计算过程需要执行 4 个乘法操作和 3 个加法操作,由于每个时钟周期只能执行 1 个乘法操作,所以第 3 个乘法操作必须在第 2 个时钟周期开始。如果按照图 10.22 所示的数据流图结构,在上述的目标约束下,数据通道无法实现。幸运的是,方程(10.5)的乘法和加法操作是相互关联的,对图 10.22 所示的数据流图进行变形,得到一个等价的数据流图,如图 10.24 所示。

图 10.24 给出的数据流图明确表示了逻辑资源 Schedule 时的依赖关系。注意:综合工具自动搜寻数据流图的结构以使设计满足目标约束(Latency 和 Initial Period)的要求。

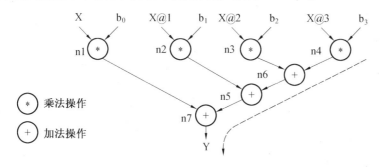

图 10.24 方程(10.5)改进的数据流图

本章小结

本章通过设计实例介绍了 FSMD 的设计方法。数据通道由执行单元、路由网络和寄存器组成,FSM 作为控制器使用。数据通道设计的起点一般是算法实现的数据流图,关键是满足目标约束的情况下,如何将数据流图中的节点映射到数据通道中的执行单元。映射过程应该从时间和空间两个方面考虑。本章在不同情况（数据总线、握手信号、逻辑资源共享）下,考虑了数据通道中逻辑资源的 Schedule 问题,其中介绍的方法很容易推广更为复杂的设计问题,希望读者能够细心体会。

习题与思考题 10

10.1 总结数据通道设计的步骤。

10.2 按照有限状态机+数据通道结构,设计流水线乘法器。

10.3 说明数据流图在数据通道设计中的作用。

10.4 试述流水线设计如何提高数字系统的吞吐率。

10.5 解释概念 initiation peroried、latency 以及数据吞吐率。

10.6 按照表 10.12 给出的 Schedule Table,设计图 10.20 所示的 IIR 滤波器的数据通道及其控制器。要求:使用输入和输出握手信号。

10.7 按照表 10.14 给出的 Schedule Table,设计图 10.20 所示的 IIR 滤波器的数据通道及其控制器。要求:使用输入和输出握手信号。

第 11 章

SPI 主机接口设计

11.1 引　言

本章考虑一个经过实际验证的,可以综合到各种 FPGA 的 SPI 主机的设计过程,并给出所有相关的 Verilog HDL 程序。本章介绍的设计实例需要综合运用前面介绍的设计方法,请读者细心体会。SPI 是一种全双工,同步的串行数据通信标准,主要用于微处理器(微控制器)与外设之间的通信,采用 SPI 接口可以实现处理器和外设之间以及处理器内部的通信。SPI 系统设计灵活,可以直接实现主机与许多具有 SPI 接口的外设之间的通信。本章设计的 SPI 主机可为不具有标准 SPI 接口的微处理器或者微控制器提供标准的 SPI 接口。图 11.1 给出 SPI 主机在系统中的连接框图。

注意:本章设计的 SPI 主机提供标准的 8051 微处理器的总线读写时序,简单修改设计代码,可以使 SPI 主机支持其他微处理器接口。

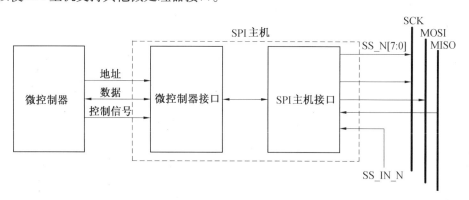

图 11.1　SPI 主机连接框图

11.2　SPI 总线标准

本节简要介绍 SPI 总线的通信协议,关于 SPI 总线更多细节请参考 Motorala 公司的 Reference Manual 68HC11。

SPI 总线包括 4 根信号线：Serial Clock（（SCK）、Master Out Slave In（MOSI）、Master In Slave Out（MISO）和 Slave Selected（SS_N），负责在不同器件之间传递信息。

SCK 信号由 SPI 主机驱动，管理数据传输过程。主机可以以不同的波特率传输数据，数据线每传输 1bit 的数据，SCK 切换 1 次状态（1->0 或者 0->1）。在面向字节的数据传输过程中，SPI Specification 提供两种不同的时钟以及时钟极性选择方案，主机可以从四种不同的 SCK 传输方案中选择一种。数据位在 SCK 的某个时钟沿（上升沿或者下降沿）被移出，在另一个时钟沿，数据信号稳定时被采样。

主机将输出数据发送到 MOSI，MOSI 信号作为输入数据移入被选择的从机。MISO 数据线包含从机的输出数据，这些数据会被移入主机。SPI 总线系统在同一时刻只能有一个从机传输数据。

在组成 SPI 系统时，所有 SCK、MOSI 和 MISO 引脚都会被连接在一起。系统中只能有 1 个器件被配置成主机，总线上挂接的其他器件都被配置成从机。主机从 SCK 和 MOSI 引脚上输出数据到从机的 SCK 和 MOSI 引脚。被选择的从机可以从其 MISO 引脚输出数据到主机的 MISO。

SS_N 控制信号通过系统硬件独立选择某个器件作为从机。没有被选择的从机会被从总线上断开。如果器件的从机选择引脚（SS_N）不处于低电平，那么该器件会忽略 SCK 信号，并将 MISO 输出引脚与总线保持三态。

SS_IN_N 控制信号是 SPI 主机的输入信号，用于指示多主机总线冲突（总线上有多个器件试图成为主机）。如果主机的 SS_IN_N 信号被置位，表示总线上的其他器件正在尝试成为主机，而寻址该器件作为从机。如果总线上有多于 1 个器件尝试成为主机，SS_IN_N 信号置位，自动禁止该 SPI 器件向外输出信号。

SPI 进行数据传输的时钟信号的极性和相位可以修改，也就是说，可以选择不同的时钟极性和相位控制数据传输过程。设计者可以选择不同的时钟极性（CPOL），即可以选择在高电平或者低电平进行数据传输，时钟极性的选择对于数据传输格式没有影响。如果选择 CPOL ="0"，表示空闲状态时 SCL 处于低电平；如果 CPOL ="1"，表示空闲状态时 SCK 处于高电平。通过选择时钟相位（CPHA）可以从两种基本的传输格式中选择 1 种，如果 CPHA ="0"，数据在 SS_N 置位后 SCK 的第 1 个跳变沿（上升沿或者下降沿）有效；如果 CPHA ="1"，数据在 SS_N 置位后 SCK 的第 2 个跳变沿（上升沿或者下降沿）有效。注意：在 SPI 系统中 SPI 主机与其通信的从机在时钟的相位和极性上应该保持一致。

图 11.2 给出的是 CPHA = 0 时，SPI 总线数据传输过程的时序图，图中给出了 SCK 选择正极性和负极性两种情况下信号 MOSI 和 MISO 的波形。第一个时钟周期的前半个周期，SCK 信号处于无效电平。这种传输格式下，SS_N 的下降沿表示数据传输的开始。因此，完成 1 个字节的数据传输后，SS_N 信号必须置位，在下一个字节开始传输时，SS_N 重新清零。如果在

SS_N 信号有效期间(低电平),有 SPI 从机请求写数据到 SPI 数据寄存器,将出现写错误。

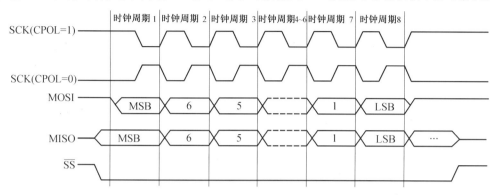

图 11.2　CPHA=0 时 SPI 总线数据传输时序

图 11.3 给出的是 CPHA=1 时,SPI 总线数据传输过程的时序图,图中给出了 SCK 选择正极性和负极性两种情况下信号 MOSI 和 MISO 的波形。这种情况下的数据传输以时钟的有效沿(无效电平到有效电平的跳变)作为开始标志。SCK 的第一时钟沿表示数据传输的开始,在连续两个字节的数据传输期间信号 SS_N 一直保持低电平,这种传输格式适合于只有单主机和单从机的情况。

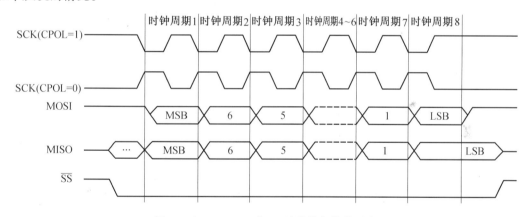

图 11.3　CPHA=1 时 SPI 总线数据传输时序

SPI 数据传输过程中,一个字节 8 bit 的数据从一个接口引脚移出(Shift out),同时不同的 8 bit 的数据从另一个接口引脚被移入。这可以理解为在 SPI 主机器件上有 1 个 8 位的移位寄存器,从机上器件上同时也有 1 个 8 位的移位寄存器,两者连接在一起组成一个环形的 16 位的移位寄存器。数据传输发生时,16 位的移位寄存器会连续移动 8 个位置(8 个时钟周期),实现在主机和从机器件之间交换 1 个字节 8 bit 的数据。

SPI Specification 详细地介绍了 SPI 总线上数据传输的时序,但是 SPI Specification 并没有规定基于这种传输方式的数据通信协议(data protocol),即 SPI Specification 并没有指定第 1 个字节包含的是地址还是数据。当通过 SPI 总线进行通信时,首先需要确定通信协议,以使通信过程中的主机和从机可以正确判断当前传输的是数据还是命令、地址以及数据传送方向等。

本设计实现的 SPI 主机并不依赖具体的通信协议,只要求微控制器按照正确的时序将需要传输的数据置于 SPI 总线。所有在 SPI 总线上接收的数据都会被存储到接收寄存器,被用户逻辑使用,所有写入到发送寄存器的数据都会被发送到 SPI 总线。

11.3　SPI 主机功能描述

本章采用层次化设计思想,设计 SPI 主机接口。整个设计包括两个模块:微控制器接口模块和 SPI 主机接口模块,分别负责与标准微控制器和 SPI 器件进行通信,其主要特征如下:

① 提供标准的 8051 微控制器接口;

② 多主机冲突检测和中断;

③ 最多支持 8 个外部从机;

④ 通过选择时钟极性和时钟相位,支持四种传输协议;

⑤ SPI 传输完成可以向微处理器产生中断信号;

⑥ 支持四种不同的传输速率。

11.3.1　接口信号描述

SPI 主机共有 36 个 I/O 信号,如表 11.1 所示。

表 11.1　SPI 主机 I/O 接口描述

信号明	方向①	功能说明
MOSI	O	SPI 串行数据输出。从 SPI 主机到 SPI 从机的串行数据输出
MISO	I	SPI 串行数据输入。从 SPI 从机到 SPI 主机的串行数据输入
SS_IN_N	I	SPI 从机选择输入。输入到 SPI 主机的低电平有效的从机选择输入。如果该信号置位,表示总线上有其它的器件(主机)正试图选择该 SPI 主机作为从机,因此会导致总线冲突。该信号置位会导致 SPI 主机复位所有的寄存器,并向微控制器请求中断
SS_N[7:0]	O	SPI 从机选择。低电平有效从机选择信号,用于选择系统的 SPI 从机
SCK	O	SPI 串行时钟输出。时钟输出,可以选择为系统时钟的 1/2,1/4,1/8 或者 1/16 分频
ADDR[15:8]	I	微控制器地址总线。地址总线的高 8 位
ADDR_DATA[7:0]	B	微控制器地址/数据复用总线,地址总线的低 8 位
ALE_N	I	地址锁存使能。低电平有效的微控制器控制信号,该信号置位表示 AD-DR_DATA[7:0]总线上的数据为有效的地址
PSEN_N	I	程序存储器使能。低电平有效的微控制器信号,该信号有效表示当前的总线周期访问外部程序存储器
RD_N	I	读选通。低电平有效的微控制器控制信号,表示当前的总线周期为读周期

① O 表示输出,I 表示输入,B 表示双向。

续表 11.1

信号明	方向①	功能说明
WR_N	I	写选通。低电平有效的微控制器信号,该信号置位表示当前的总线周期为写周期
INT_N	O	中断请求信号。低电平有效,用于向微控制器产生中断请求。如果中断被使能,同时出现 SPI 总线冲突(SS_IN_N 置位),或者发送寄存器空(SPITR),或者接收寄存器满,或者一次数据传输完成,那么该信号就会被置位,向微控制器请求中断
XMIT_EMPTY	O	发送寄存器空标志。高电平有效,该信号置位表示发送寄存器(SPITR)空。该信号用于通知从 SPITR 寄存器装载数据到 SPI 发送移位寄存器,表示微控制器可以装载另一个字节的数据到 SPITR。该信号可以连接到微控制器的外部中断引脚或者 I/O 端口。数据传输过程中该信号置位会引起 INT_N 置位,但是数据传输完成后,该信号置位并不能引起中断(即 START=0)。如果系统不希望使用中断,那么该信号可以作为独立的 I/O 引脚使用
RCV_FULL	O	接收寄存器满标志。高电平有效。该信号置位表示接收寄存器(SPIRR)满,该信号表示接收移位寄存器已经装载数据到 SPIRR。该信号可以连接到微控制器的外部中断或者 I/O 口。数据传输过程中,当最后一个字节接收完成后(即 START=0),该信号置位会导致 INT_N 置位
CLK	I	时钟信号。系统的时钟信号,用于产生 SCK 信号

11.3.2　系统框图

本章设计的 SPI 主机的结构如图 11.4 所示,该设计被分为两个模块:微控制器接口模块和 SPI 主机接口模块。微控制器接口模块负责与微控制器通信,SPI 接口模块负责与 SPI 器件通信。系统采用模块化设计,设计中的微控制器接口采用独立的 Verilog HDL 模块,该模块通过一组寄存器与 SPI 接口连接模块连接。因此,可以非常容易地采用其他微处理器接口替代该模块,这也体现了采用模块化进行系统设计的好处。

微控制器接口模块是微控制器与 SPI 主机接口模块通信的中介,主要包括地址译码子模块和 5 个寄存器(分别是状态寄存器 SPISR、控制寄存器 SPICR、从机选择寄存器 SPISSR、接收寄存器 SPIRR、发送寄存器 SPITR)。微控制器通过读、写寄存器向 SPI 器件发送、接收数据和命令、了解系统状态。关于寄存器的具体作用会在 11.5 节详细介绍。

SPI 主机接口模块主要包括时钟管理模块、SPI 移位寄存器、SPI 输入寄存器以及控制器子模块。SPI 主机接口模块在控制器的控制下:①装载来自发送寄存器 SPITR 数据,通过移位寄存器,从 SPI 主机的 MOSI 接口送出;②接收来自 MISO 接口的数据,通过移位寄存器送到接收寄存器。③接收来自控制寄存器 SPICR 的命令;④向状态寄存器发送 SPI 主机的状态,比如中断信息等。

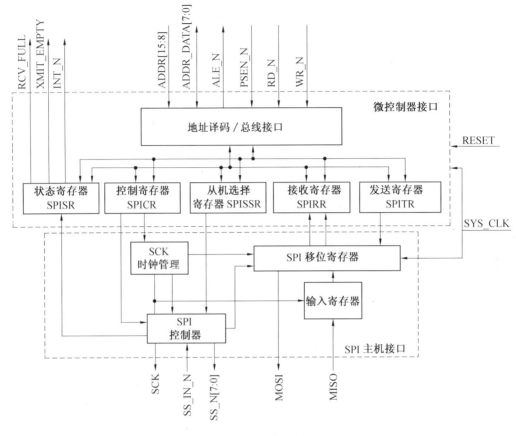

图 11.4　SPI 主机框图

11.4　微控制器接口模块

本章设计的 SPI 主机的微控制器接口兼容标准的 8051 微控制器接口总线读写时序,可以直接与 8051 微控制器连接,整个设计采用模块化设计,方便设计的升级与维护。

11.4.1　微控制器通信协议

SPI 主机的微控制器接口支持标准的 8051 微控制器接口通信协议,该协议采用 8 位宽的数据总线,同时地址与数据使用相同的信号线。这里所说的协议就是指微控制器读写 SPI 主机寄存器的方法,协议具体内容如图 11.5 所示。

11.4.2　地址译码/总线接口逻辑

微控制器接口模块完成与微控制器之间的通信,通信协议如图 11.5 所示,本设计采用有限状态机实现,其状态转换过程如图 11.6 所示。

微控制器与 SPI 主机通信的第一个时钟周期,微控制器将地址置于地址总线,之后置位地

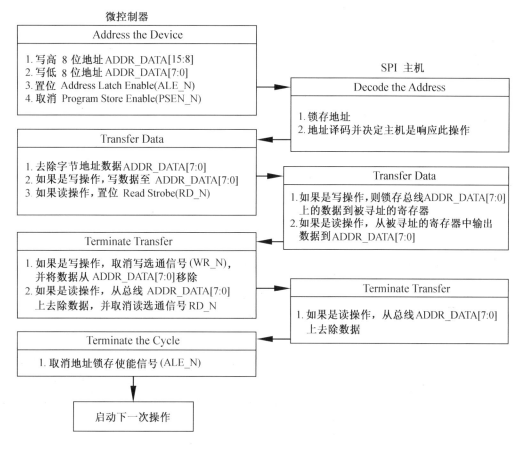

图 11.5　微控制器读写协议

址锁存使能(ALE_N)信号,ALE_N 信号表示地址/数据总线上的数据为有效的地址,同时 ADDR[15:8]总线上的数据也为有效地址。

一旦 ALE_N 信号被微控制器置位,SPI 主机将从 IDLE(空闲状态)切换到 ADDR_DECODE 状态,在该状态会对地址进行译码,并确定当前器件是否被寻址。在该状态内部寄存器的使能信号会被置位。ALE_N 信号还用于从 ADDR_DATA 总线锁存低 8 位地址。

图 11.6　微控制器总线接口状态转换图

如果执行写操作,微控制器会从地址/数据总线上将地址数据去除,将需要写入 SPI 主机的数据置于地址/数据总线;之后,写选通信号(WR_N)被置位。如果是读操作,微控制器置位读选通(RD_N)信号,表示 SPI 主机可以将被寻址寄存器中的数据置于数据总线。

如果 SPI 主机被寻址,同时 RD_N 或者 WR_N 被置位,SPI 主机进入 DATA_TRS 状态。如果是读周期,被寻址寄存器中的数据会被置于总线;如果是写周期,总线上的数据会被锁存到被寻址寄存器。

如果是读操作,微控制器将总线上的数据读入微控制器,之后清除读选通(RD_N)信号。如果是写操作,微控制器去除总线上的数据,之后清除写选通信号(WR_N)。RD_N 或者 WR_N 信号被清除会导致 SPI 主机进入 END_CYCLE 状态。SPI 主机与数据/地址总线呈现高阻态,如果是读周期还会将总线上的数据去除。

至此,微控制器将地址锁存使能(ALE_N)信号清除,以结束整个操作,清除地址锁存使能信号将导致 SPI 主机进入 IDLE 状态。

11.4.3 微控制器接口模块的实现

【例 11.1】 微控制器接口模块的 Verilog HDL 描述。

```verilog
module uc_interface (
    //8051 bus interface
    input wire clk,
    input wire reset,
    inout wire [7:0] addr_data,
    input wire [7:0] addr,
    input wire ale_n,
    input wire psen_n,
    //directional pins
    input wire rd_n,
    input wire wr_n,
    inout wire int_n,
    //internal spi signals
    //interface to spi_control_sm
    inout wire spien,
    inout wire start,
    input wire done,
    input wire rcv_load,
    inout wire[7:0] spissr,
    input wire ss_n,
    input wire ss_in_int,
    input wire xmit_empty,
```

```
        inout wire xmit_empty_reset,
        input wire rcv_full,
        inout wire rcv_full_reset,
        //interface to sck logic
        inout wire[1:0] clkdiv,
        inout wire cpha,
        inout wire cpol,
        //interface to receive and transmit shift register
        inout wire[7:0] spitr,
        inout wire rcv_cpol,
        input wire[7:0] receive_data;
     );
     `define BASE_ADDR UC_ADDRESS;
     localparam UC_ADDRESS=8'b0000_0000;
     localparam  SPISR_ADDR   = 8'b1000_0000;
     localparam  SPICR_ADDR   = 8'b1000_0100;
     localparam  SPISSR_ADDR=8'b1000_1000;
     localparam  SPITR_ADDR   = 8'b1000_1010;
     localparam  SPIRR_ADDR   = 8'b1000_1110;
//-------------Signal Definitions-------------
     //Internal handshaking lines for microprocessor
     reg [7:0]data_out;
     wire [7:0]data_in;
     reg data_oe;
//state signals for target state machine
     localparam IDLE=4'b0000;
     localparam ADDR_DECODE=4'b0001;
     localparam DATA_TRS=4'b0010;
     localparam END_CYCLE=4'b0100;
     reg [3:0]state_reg,state_next;
     reg spien_temp;
     reg start_temp;
     reg [1:0]clkdiv_temp;
```

```
reg cpha_temp;
reg cpol_temp;
reg rcv_cpol_temp;
reg [7:0]spissr_temp;
reg [7:0]spitr_temp;
reg xmit_empty_reset_temp;
reg rcv_full_reset_temp;
reg int_n_temp;
//address match
reg address_match;
//regsiter enable signal
reg cntrl_en;
reg stat_en;
reg xmit_en;
reg rcv_en;
reg ssel_en;
//register reset signals
reg spierr_reset;
reg int_reset;
//low byte address lines
reg [7:0]address_low;
//receive data register
reg [7:0]spirr;
//control register signals
reg inten;
//status register signals
reg dt;
reg spierr;
reg bb;
//---------------------------------
assign spien=spien_temp;
assign start=start_temp;
assign clkdiv=clkdiv_temp;
```

```verilog
assign cpha = cpha_temp;
assign cpol = cpol_temp;
assign rcv_cpol = rcv_cpol_temp;
assign spissr = spissr_temp;
assign spitr = spitr_temp;
assign xmit_empty_reset = xmit_empty_reset_temp;
assign rcv_full_reset = rcv_full_reset_temp;
assign int_n = int_n_temp;
//-----------双向数据总线--------------
assign addr_data = (data_oe == 1'b1)?(data_out):(8'hzz);
assign data_in = (wr_n == 1'b0)?(addr_data):(8'h00);
//-----------微控制器接口有限状态机--------------
always@(posedge clk, negedge reset)
    if(reset == 1'b0)
        state_reg <= IDLE;
    else
        state_reg <= state_next;
//次态逻辑
always@(state_reg, ale_n, rd_n, wr_n, address_match, psen_n)    begin
    state_next = state_reg;
    data_oe       = 1'b0;
    case(state_reg)
    IDLE:begin
        if((ale_n == 1'b0)&(psen_n == 1'b1))
            state_next = ADDR_DECODE;
        end
     ADDR_DECODE:begin
        if(address_match == 1'b1) begin
            if((rd_n == 1'b0)|(wr_n == 1'b0))
                state_next = DATA_TRS;
        end
        else
            state_next = IDLE;
```

```
            end
        DATA_TRS:begin
        if( rd_n＝1′b0)
            data_oe＝1′b1;
        //wait until rd_n and wr_n negates before ending cycle
        if( ( rd_n＝1′b1)&( wr_n＝1′b1) )
            state_next＝END_CYCLE;
        end
        END_CYCLE:begin
            if( ale_n＝1′b1)
                state_next＝IDLE;
        end
        endcase
    end
// * * * * * * * * * * * * 地址寄存器 * * * * * * * * * * * * * * * *
    always@ ( negedge ale_n, negedge reset)
        if( reset＝1′b0)
            address_low ⇐ 8′b0000_0000;
        else
            address_low ⇐ addr_data;
// * * * * * * * * * * * 地址译码 * * * * * * * * * * * * * * * * * *
    always@ ( posedge clk, negedge reset)      begin
        if( reset＝1′b0)      begin
            address_match ⇐ 1′b0;
            xmit_en         ⇐ 1′b0; cntrl_en         ⇐ 1′b0;
            stat_en         ⇐ 1′b0; ssel_en          ⇐ 1′b0;
        end
        else begin
            if( ( ale_n＝1′b0)&( addr＝ 8′b0000_0000)&( psen_n＝1′b1) )      begin
                address_match ⇐ 1′b1;
                case( address_low[7:0] )
                SPISR_ADDR:begin
                    stat_en     ⇐ 1′b1;
```

```
           cntrl_en    ⇐ 1'b0;
           xmit_en     ⇐ 1'b0;
           rcv_en      ⇐ 1'b0;
           ssel_en     ⇐ 1'b0;
       end
   SPICR_ADDR:begin
           stat_en     ⇐ 1'b0;
           cntrl_en    ⇐ 1'b1;
           xmit_en     ⇐ 1'b0;
           rcv_en      ⇐ 1'b0;
           ssel_en     ⇐ 1'b0;
       end
   SPITR_ADDR:begin
           stat_en     ⇐ 1'b0;
           cntrl_en    ⇐ 1'b0;
           xmit_en     ⇐ 1'b1;
           rcv_en      ⇐ 1'b0;
           ssel_en     ⇐ 1'b0;
       end
   SPIRR_ADDR:begin
           stat_en     ⇐ 1'b0;
           cntrl_en    ⇐ 1'b0;
           xmit_en     ⇐ 1'b0;
           rcv_en      ⇐ 1'b1;
           ssel_en     ⇐ 1'b0;
       end
   SPISSR_ADDR:begin
           stat_en     ⇐ 1'b0;
           cntrl_en    ⇐ 1'b0;
           xmit_en     ⇐ 1'b0;
           rcv_en      ⇐ 1'b0;
           ssel_en     ⇐ 1'b1;
       end
```

```
            default:begin
                stat_en          <= 1'b0;
                cntrl_en         <= 1'b0;
                xmit_en          <= 1'b0;
                rcv_en           <= 1'b0;
                ssel_en          <= 1'b0;
            end
            endcase
        end
        else begin
            address_match<= 1'b0;
            stat_en          <= 1'b0;
            cntrl_en         <= 1'b0;
            xmit_en          <= 1'b0;
            rcv_en           <= 1'b0;
            ssel_en          <= 1'b0;
        end
    end
end
//***********寄存器的读写操作 *************
always@(posedge clk, negedge reset) begin
    if(reset==1'b0) begin
        spierr_reset         <= 1'b0;
        int_reset            <= 1'b0;
        spien_temp           <= 1'b0;
        inten                <= 1'b0;
        start_temp           <= 1'b0;
        clkdiv_temp          <= 2'b00;
        cpha_temp            <= 1'b0;
        cpol_temp            <= 1'b0;
        rcv_cpol_temp <= 1'b0;
        spissr_temp              <= 8'b0000_0000;
        spitr_temp               <= 8'b0000_0000;
```

```verilog
          xmit_empty_reset_temp ⇐ 1′b0;
          rcv_full_reset_temp   ⇐ 1′b0;
          data_out              ⇐ 8′b0000_0000;
        end
else    begin
    if( state_reg = DATA_TRS)    begin
      if( cntrl_en = 1′b1) begin
        if( wr_n = 1′b0) begin
            spien_temp      ⇐ data_in[7];
            inten           ⇐ data_in[6];
            start_temp      ⇐ data_in[5];
            clkdiv_temp     ⇐ data_in[4:3];
            cpha_temp       ⇐ data_in[2];
            cpol_temp       ⇐ data_in[1];
            rcv_cpol_temp   ⇐ data_in[0];
        end
        if( rd_n = 1′b0) begin
            data_out ⇐ {spien,inten,start,clkdiv,cpha,cpol,rcv_cpol};
        end
      end //if( cntrl_en = 1′b1)
    if( stat_en = 1′b1)    begin
      if( wr_n = 1′b0)    begin
        if( data_in[6] = 1′b0)
            spierr_reset ⇐ 1′b0;
          else
            spierr_reset ⇐ 1′b1;
      end //if( wr_n = 1′b0)
      if( rd_n = 1′b0)    begin
        data_out ⇐ {dt,spierr,bb,int_n,xmit_empty,rcv_full,2′b00};
      end //if( rd_n = 1′b0)
    end //if( stat_en = 1′b1)
    //------------发送寄存器------------
    if( xmit_en = 1′b1) begin
```

```
        if( wr_n＝1′b0 ) begin
            spitr_temp ⇐ data_in;
            xmit_empty_reset_temp ⇐ 1′b0;
        end//if( wr_n＝1′b0 )
        if( rd_n＝1′b0 )
            data_out ⇐ spitr;
    end//if( xmit_en＝1′b1 )
    //------------接收寄存器----------
    if( rcv_en＝1′b1 )    begin
        if( rd_n＝1′b0 )
        begin
            data_out ⇐ spirr;
            rcv_full_reset_temp ⇐ 1′b0;
        end//if( rd_n＝1′b0 )
    end//if( rcv_en＝1′b1 )
    //-------------从机选择寄存器----------
    if( ssel_en＝1′b1 )    begin
        if( wr_n＝1′b0 )    begin
            spissr_temp ⇐ data_in;
        end//if( wr_n＝1′b0 )
        if( rd_n＝1′b0 )    begin
            data_out ⇐ spissr;
        end
    end//ssel_en＝1′b1 )
    end//if( state_reg＝DATA_TRS )
    else    begin
        xmit_empty_reset_temp ⇐ 1′b1;
        rcv_full_reset_temp    ⇐ 1′b1;
        spierr_reset        ⇐ 1′b1;
    end
    end
end
// * * * * * * * * * * 状态寄存器 * * * * * * * * * * * * *
```

```verilog
// This process implements the bits in the status register
    always@ ( posedge clk , negedge reset)
    begin
        if( reset == 1′b0)
        begin
            bb        <= 1′b0;
            spierr    <= 1′b0;
            int_n_temp  <= 1′b1;
            dt        <= 1′b0;
        end//if( reset == 1′b0)
        else   begin
            if( ss_n == 1′b0)
                bb <= 1′b1;
            else
                bb <= 1′b0;
            if( spierr_reset == 1′b0)
                spierr <= 1′b0;
            else if( ss_in_int == 1′b0)
                spierr <= 1′b1;
            if( ( spierr_reset == 1′b0) | ( xmit_empty_reset == 1′b0) | ( rcv_full_reset == 1′b0))
                int_n_temp <= 1′b1;
            else if( inten == 1′b1)    begin
                if( ( spierr == 1′b1) | ( ( start == 1′b1) & ( xmit_empty == 1′b1)) | ( ( start == 1′b0) &
                            ( rcv_full == 1′b1)))
                    int_n_temp <= 1′b0;
            end//if( inten == 1′b1)
            //data transfer bit asserts when done is asserted
            if( done == 1′b1)
                dt <= 1′b1;
            else
                dt <= 1′b0;
        end//else
    end//always@
// * * * * * * * * * * * * * 接收寄存器 * * * * * * * * * * * * *
```

```
// This process implements the bits in the receive register
always@ ( posedge clk , negedge reset) begin
    if( reset = 1'b0)
        spirr ⇐ 8'b0000_0000;
    else begin
        if( spien = 1'b0)
            spirr ⇐ 8'b0000_0000;
        else if( rcv_load = 1'b1)
            spirr ⇐ receive_data;
        else
            spirr ⇐ spirr;
    end
end
endmodule
```

11.5 SPI 主机接口模块

11.5.1 SPI 主机寄存器

用于地址译码的基地址在 Verilog HDL 代码中通过常量 BASE_ADDRESS 定义。BASE_ADDRESS的低 4 位用于确定 SPI 主机内部被寻址的寄存器。在微控制器接口的 Verilog HDL 代码中使用符号常量表示每个寄存器地址,该地址可以非常容易的修改以满足系统设计时对寻址空间的要求。

SPI 主机支持的寄存器如表 11.2 所示。SPI 主机的微控制器接口逻辑处理微控制器对这些寄存器的读写操作。

表 11.2 SPI 主机寄存器

地址	寄存器	符号常量	描述
BASE+ $80h	SPISR	SPISR_ADDR	SPI 状态寄存器
BASE+ $84h	SPICR	SPICR_ADDR	SPI 控制寄存器
BASE+ $88h	SPISSR	SPISSR_ADDR	SPI 从机选择寄存器
BASE+ $8Ah	SPITR	SPITR_ADDR	SPI 发送数据寄存器
BASE+ $8Eh	SPIRR	SPIRR_ADDR	SPI 接收数据寄存器

(1)SPI 状态寄存器(SPISR)。

该寄存器定义 SPI 主机的状态,除了某些可以通过软件清除的位之外,状态寄存器是只读寄存器,具体定义如表 11.3 所示。

表 11.3 状态寄存器 SPISR

Bit	Name	微控制器访问	描 述
7	Done	Read	Done Bit。如果数据正在被处理,该位被清 0,字节数据传输的第 8 个 SCK 周期,该位被置 1
6	SPIERR	Read/Software Clearable	SPI 错误标志位。如果 SS_IN_N 有效(低电平),该位将会被置 1,表示出现 SPI 错误。如果该位被置位,SPI 接口将会被复位,同时 SPI 总线将处于高阻态。如果中断使能,SPIERR 置位将会导致 SPI 主机向微控制器发出中断请求,该位只能在中断服务程序中通过软件写 0 的方式清除
5	BB	Read	总线忙标志位。该位用于表示 SPI 总线的状态。如果从机选择 SS_N 位有效,该位会被置位,如果从机选择信号被清除,则该位会被清 0 ① "1"表示总线忙 ② "0"表示总线空闲 开始一次 SPI 通信或配制 SPI 主机之前,微控制器应该首先检测该位是否置位
4	INT_N	Read/Software Clearable	中断标志位。如果中断条件满,该位会被置位,该位置位将导致 SPI 主机向微处理器发出中断请求。下列条件中的任何一个发生将会导致 INT_N 有效 ① 发送寄存器(SPITR)空,同时还有更多数据待发送(START=1) ② 接收寄存器(SPIRR)满,同时没有需要数据需要发送(START=0) ③ 出现 SPI 错误 写数据到 SPITR,从 SPIRR 读取数据,或者复位 SPIERR,导致 INT_N 被清除
3	XMIT_EMTY	Read	发送寄存器空标志。如果发送寄存器空,则该位置位;如果微控制器写数据到发送寄存器 SPITR,该位被清零。在中断使能情况下,如果该位置位,同时还有更多的数据需要发送(START=1),中断标志会被置位,向微处理器发送中断请求。注意该位同时还可以作为一个输出引脚使用
2	RCV_FULL	Read	接收寄存器满标志。无论何时只要接收寄存器(SPIRR)满,则该位就会被置位。如果微控制器读取接收器寄存器,则该位会被清零。在中断使能的情况下,如果该位置位,同时没有更多的数据需要发送(START=0),会导致 INT_N 有效。注意该位同时也可以作为一个输出引脚使用
1-0	Unused		未用。读状态寄存器时,该位值为"0"

(2)SPI 控制寄存器。

该寄存器包含对 SPI 主机进行配置的寄存器位,具体如表 11.4 所示。

表 11.4　SPI 控制寄存器

Bit	Name	微控制器访问	描　　述
7	SPIEN	Read/Write	SPI 主机使能位。该位置 1 时 SPI 控制寄存器 SPICR 的其他各位才能起作用 ① "1" 使能 SPI 主机 ② "0" 复位并禁止 SPI 主机
6	INTEN	Read/Write	中断使能位 ① "1" 使能中断,如果状态寄存器中的 INT_N 位有效,则 SPI 主机会发生中断 ② "0" 禁止中断,但是不会清除当前 pending 的中断
5	START	Read/Write	SPI 传输开始位。如果微控制器将该位从 "0" 变成 "1" (对该位写入 1),如果 XMIT_EMPTY 位无效,SPI 主机开始将 SPI 发送寄存器 SPITR 的数据传输到 SPI 总线。所有从 SPI 总线上接收的数据都会被锁存到 SPI 的接收寄存器。只要该位保持有效状态,SPI 数据传输经发生。如果微控制器已经将最后需要发送的数据写入 SPITR,同时 XMIT_EMPTY 有效,微控制器必须清除该位,以示该字节是需要 SPI 传输的最后一个字节数据
4–3	CLKDIV	Read/Write	时钟分频选择位。这些位决定了 SCK 的频率,可以选择为系统时钟的 4、8、16、32 分频 ① "00" SCK 的频率是系统时钟的 1/4 ② "01" SCK 的频率是系统时钟的 1/8 ③ "10" SCK 的频率是系统时钟的 1/16 ④ "11" SCK 的频率是系统时钟的 1/32
2	CPHA	Read/Write	时钟相位选择位。该位决定的时钟相位与数据之间的关系 ① "0" 从机选择位有效后第 1 个 SCK 跳变沿(上升或者下降)数据有效 ② "1" 从机选择位有效后第 2 个 SCK 跳变沿(上升或者下降)数据有效
1	CPOL	Read/Write	时钟极性选择位。该位决定 SCK 的极性 ① "0" 总线空闲时,SCK 低电平 ② "1" 总线空闲时,SCK 高电平
0	RCV_CPOL	Read/Write	接收时钟极性选择位。该位决定 MISO 数据在 SCK 的上升沿还是下降沿被采样 ① "0" MISO 数据在 SCK 的下降沿被采样 ② "1" MISO 数据在 SCK 的下降沿被采样 注意:如果 CPHA = "1",绝大多数情况下,RCV_CPOL = "1",否则,如果 CPHA = "0",RCV_CPOL = "0"。然而,该位的值应该根据所选从机确定

（3）SPI 从机选择寄存器（SPISSR）。

该寄存器用于指示那一个从机选择线被置位。该寄存器的某一位为 1，根据 SPI 时序，从机选择输出的相应位被置位；该寄存器的某一位"0"表示从机选择输出的相应位保持无效状态。因此，通过该寄存器微控制器可以在数据传输时访问从机选择输出。注意：SPI 数据传输时并不一定要求只有一个从机选择输出线置位。微控制器要求同时只能访问一个从机；本设计并不强制要求同时只有一个从机被选中，也就是说，如果微控制器将该寄存器的多位置位，那么 SPI 主机将会同时访问多个从机，如表 11.5 所示。

表 11.5　SPI 从机选择寄存器

Bit Location	Name	微控制器接口	描述
7-0	SS_N7–SS_N0	Read/Write	SPI 从机选择

（4）SPI 发送数据寄存器。

该寄存器的数据是 SPI 总线上 MOSI 引脚上即将被传输的数据，如表 11.6 所示。一旦控制寄存器的 START 位置位，被写入该寄存器的数据就会被输出。只有控制器寄存器 SPICR 的 START 位保持置位，该寄存器的数据就会一直被传输到 SPI 总线。

当该寄存器内的数据被加载到 SPI 发送移位寄存器，XMIT_EMPTY 置位，微控制器可以将需要发送的下一个字节数据写入该寄存器。将数据写入该寄存器会清除 XMIT_EMPTY 标志。注意：SPI 状态机开始发送数据到 SPI 总线之前，XMIT_EMPTY 必须被清除，同时 START 信号必须置位。

表 11.6　SPI 发送数据寄存器

Bit Location	Name	微控制器接口	描述
7-0	D7–D0	Read/Write	SPI 发送数据

（5）SPI 接收数据寄存器 SPIRR。

该寄存器包含从 SPI 总线的 MISO 引脚接收到的数据。如果从 SPI 总线上接收到一个字节的数据，并将传送到 SPIRR 寄存器，RCV_FULL 标志置位；之后，微控制器可以读 SPIRR，读 SPIRR 可以清除 RCV_FULL 标志。因为数据是从 SPI 的接收移位寄存器装载到 SPIRR，微控制器从 SPI 主机读取的是一个字节的数据 SPIRR，如表 11.7 所示。

表 11.7　SPI 接收数据寄存器

Bit Location	Name	微控制器接口	描述
7-0	D7–D0	Read/Write	SPI 接收数据

11.5.2　SPI 接口逻辑

SPI 总线接口逻辑包含 4 个模块，如图 11.4 所示。微控制器接口模块的输出决定 SPI 接口逻辑各个模块的行为。

11.5.3 SPI 控制状态机

本模块产生从机选择信号,同时控制 SPI 发送移位寄存器的装载和发送。SPI 控制器模块同时监测 SPI 总线,以确定 1 个字节的数据传输是否完成。本模块还产生时钟屏蔽信号,时钟屏蔽信号用于控制 SPI 模块何时向 SPI 总线输出时钟信号。如果 1 个字节的数据传输完成后,START 信号仍然处于置位状态,SPI 模块继续输出下一个字节的数据和 SCK 信号。注意:如果 CPHA=0,那么在完成一个字节数据传输后,从机选择信号必须先被清除,之后再置位,以开始下一个字节的数据传输。如果完成 1 个字节数据传输时,START 信号已经被清除,状态机首先要确保完成当前字节的传输,之后 SCK 输出信号保持其无效状态(无效状态的具体值由 CPOL 决定)。在系统需要的保持时间后,从机选择信号被清除。SPI 控制器的状态转换过程如图 11.7 所示。

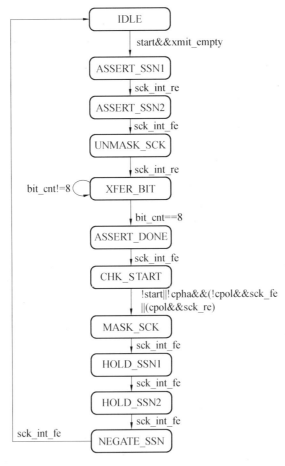

图 11.7　SPI 状态机的状态转换图

SPI 控制状态机保持 IDLE 状态,只要 SPI 控制器寄存器的 START 位置位,同时 XMIT_EMPTY 信号无效。只要该条件保持,状态机会进入 ASSERT_SSN1 状态,该状态会置位内部信号 SS_N 信号。该信号随后会被 SPI 从机选择寄存器(SPISSR)屏蔽,并将 SPISSR 寄存器内容作为从机选择信号输出到系统。内部 SCK 信号的上升沿(SCK_INT_RE=1)后,状态机切换到 ASSERT_SSN2 信号,并一直保持 SS_N 信号有效,直到内部 SCK 信号的下降沿。这种设计方式可以确保在第一个 SCK 沿之前 SS_N 信号保持 1 个 SCK 周期有效,这可以满足绝大多数 SPI 从机器件 SS_N 信号的建立时间要求。该时间参数需要设计者自行验证,因为不同的目标系统 SS_N 的建立时间可能有很大差别。

在 ASSERT_SSN1 和 ASSERT_SSN2 状态,信号 SS_N 都会被置位,在 ASSERT_SSN2 状态后,状态机进入 UNMASK_SCK 状态。如果 CPHA=1,在时钟信号 SCK 的第 1 个时钟沿出现在第 1 个数据被输出之前。在该状态下,寄存器 SPITR 中的数据会被装载到发送移位寄存器(Transmig shift register)。SPI 发送移位寄存器使用内部 SCK 信号的上升沿作为时钟信号。状态机在内部 SCK 信号(SCK_INT_RE)的上升沿转移到下一状态,以确保 SPI 主机的发送移位寄存器已经被正确载入。之后状态机切换到 XFER_BIT 状态。如果 CPHA=0,SPI 主机输出数据之后时钟出现第 1 个有效沿,因此,该状态屏蔽了时钟的第 1 个有效沿。在状态下,SPI 的发送移位寄存器向外发送数据,而且状态机将一直保持在该状态,直到一个字节的数据发送完毕。一旦完成整个字节数据的发送,状态机切换到 ASSERT_DONE 状态。在 ASSERT_DONE 状态,SPI 主机状态寄存器 SPISR 中的 DONE 位置位,直到内部时钟信号 SCK 的下一个上升沿,状态机切换到 CHK_START 状态,以确保状态机与内部时钟信号 SCK 同步。

如果 CPHA=0,SPI 通信协议要求完成一个字节的数据发送后,必须首先取消 SS_N 信号,在开始下一字节发送时,再置位 SS_N 信号。如果 CPHA=1,若需要连续发送多个字节的数据,可以一直保持数据 SS_N 信号有效。因此,在 CHK_START(CPHA=1 且 XMIT_EMPTY 无效)状态,如果 START 信号还保持有效,状态机切换到 UNMAK_SCK 状态,SPI 主机继续发送数据。如果 START 信号取消或者 CPHA=0,状态机切换到 MASK_SCK 状态。

注意:直到外部时钟信号 SCK 的上升沿(CPOL=1)或者下降沿(CPOL=0),状态机才会切换到 MASK_SCK 信号,以确保在屏蔽外部信号之前,数据传输已经完成。

在内部时钟信号 SCK(SCK_INT_FE)下降沿,状态机切换到 HOLD_SSN1 状态,在上一个 SCK 信号上升沿之后的若干时钟周期信号 SS_N 必须保持置位。为了使 SS_N 信号至少保持置位两个时钟周期,状态机在内部时钟信号 SCK(SCK_INT_FE)的下一个上升沿切换到 HOLD_SSN2 状态,并一直保持在该状态,直到内部时钟信号的下一个下降沿。

至此,状态机切换到 NEGATE_SSN 状态,并一直保持在该状态,直到内部 SCK 信号的下一个下降沿。这可以确保两次 SPI 数据之间,SS_N 信号的脉冲宽度至少 1 个时钟周期。这可以满足绝大多数 SPI 器件对于 SS_N 信号的脉冲宽度要求。因为不同的 SPI 器件对于 SS_N 信号的脉冲宽度要求不同,因此当采用具体工艺实现该设计时,设计者必须对该参数进行验证。

状态机接下来切换到 IDLE 状态,如果 START 信号置位,且 XMIT_EMPTY 无效,SPI 将启动下一次的数据传输过程。

例 11.2 给出 SPI 主机控制状态机完整的 Verilog HDL 代码。

【例 11.2】 SPI 主机接口模块控制器。

```verilog
module spi_control_sm (
    // internal uc interface signals
    input wire start,                  //start transfer
    output reg done,                   //byte transfer is complete
    input wire rcv_load,               //load control signal to spi receive register
    input wire[7:0]ss_mask_reg,        //uc slave select register
    inout wire ss_in_int,              //interal sampled version of ss_in needed by
                                       //uc to generate an interrupt
                                       //uc to generate an interrupt
    inout wire xmit_empty,             //flag indicating that spitr is empty
    input wire xmit_empty_reset,       //xmit empty flag reset when spitr is written
    output reg rcv_full,               //flag indicating that spirr has new data
    input wire rcv_full_reset,
    input wire cpha,
    input wire cpol,
    //spi interface signals
    output wire [7:0]ss_n,
    input wire ss_in_n,
    inout wire ss_n_int
    input wire sck_int,                //internal version of sck with cpha=1;
    input wire sck_int_re,             //indicate rising edge on internal sck
    input wire sck_int_fe,             //indicate falling edge on internal sck
    input wire sck_re,
    input wire sck_fe,
    output reg xmit_shift,
    inout wire xmit_load,              //load control signal to the spi xmit shift register
```

```
        output reg clk1_mask,          //

        output reg clk0_mask,          //masks cpha=0 version of sck

                                       // clock and reset

    input wire reset,                  //active low reset

    input wire clk                     //clock

);

localparam EIGHT=4'b1000;

localparam IDLE          = 11'b0000_0000_001,

          ASSERT_SSN1   =11'b0000_0000_010,

          ASSERT_SSN2   =11'b0000_0000_100,

          UNMASK_SCK    = 11'b0000_0001_000,

          XFER_BIT      = 11'b0000_0010_000,

          ASSERT_DONE   =11'b0000_0100_000,

          CHK_START     = 11'b0000_1000_000,

          MASK_SCK      = 11'b0001_0000_000,

          HOLD_SSN1     =11'b0010_0000_000,

          HOLD_SSN2     =11'b0100_0000_000,

          NEGATE_SSN    = 11'b1000_0000_000;

reg [10:0]spi_state_reg,spi_state_next;

reg ss_in_int_temp;

reg xmit_empty_temp;

reg xmit_load_temp;

wire [3:0]bit_cnt;

reg bit_cnt_en;

reg bit_cnt_rst;

//control state machine

wire bit_cnt_reset;

reg ss_in_neg;

reg ss_in_pos;

reg [7:0]ss_n_out;

//-----------Bit Counter Instantiation-------------

upcnt4 bit_cntr
```

```
                        (
                        .cnt_en(bit_cnt_en), .clr(bit_cnt_reset), .clk(sck_int), .qout(bit_cnt)
                        );
//-----------SS_IN_N Input synchronization------------
    always@(posedge clk, negedge reset)
        if(reset==1'b0)
            ss_in_pos <= 1'b1;
        else
            ss_in_pos <= ss_in_n;
    always@(posedge clk, negedge reset)
        if(reset==1'b0)
            ss_in_neg <= 1'b1;
        else
            ss_in_neg <= ss_in_n;
    always@(posedge clk, negedge reset)
        if(reset==1'b0)
            ss_in_int_temp <= 1'b1;
        else if((ss_in_pos==1'b0)&(ss_in_neg==1'b0))
            ss_in_int_temp <= 1'b0;
        else
            ss_in_int_temp <= 1'b1;
    assign ss_in_int=ss_in_int_temp;
//------------Bit Counter reset---------------
    assign bit_cnt_reset=((bit_cnt_rst==1'b0)|(ss_in_int==1'b0))? (1'b0):(1'b1);
//------------SPI Control State Machine--------
    always@(posedge clk, negedge reset, negedge ss_in_int)
        if((reset==1'b0)|(ss_in_int==1'b0))
            spi_state_reg <= IDLE;
        else
            spi_state_reg <= spi_state_next;
//次态逻辑
    always@(spi_state_reg, start, bit_cnt, sck_re, sck_fe, sck_int_re, sck_int_fe,
```

```
              xmit_empty_temp, cpha, cpol)
  begin
  //set defaults
      clk0_mask = 1'b0; clk1_mask = 1'b0;
      bit_cnt_en = 1'b0; bit_cnt_rst = 1'b0;
      spi_state_next = spi_state_reg;
      done = 1'b0;
      xmit_shift = 1'b0;
      xmit_load_temp = 1'b0;
      case(spi_state_reg)
      IDLE: begin
        if((start == 1'b1)&(xmit_empty_temp == 1'b0))
          spi_state_next = ASSERT_SSN1;
      end
      ASSERT_SSN1: begin
        if(sck_int_re == 1'b1)
          spi_state_next = ASSERT_SSN2;
      end
      ASSERT_SSN2: begin
        if(sck_int_fe == 1'b1)
          spi_state_next = UNMASK_SCK;
      end
    UNMASK_SCK:   begin
      bit_cnt_rst = 1'b1; bit_cnt_en = 1'b1;
clk1_mask = 1'b1;xmit_load_temp = 1'b1;
      if(sck_int_re == 1'b1)
        spi_state_next = XFER_BIT;
    end
    XFER_BIT: begin
      clk0_mask = 1'b1; clk1_mask = 1'b1;
      bit_cnt_en = 1'b1; bit_cnt_rst = 1'b1;
      xmit_shift = 1'b1;
```

```
            if( bit_cnt = EIGHT)
                spi_state_next = ASSERT_DONE;
        end
        ASSERT_DONE: begin
        done        = 1'b1;
        clk0_mask   = 1'b1;
        clk1_mask   = 1'b1;
        xmit_shift = 1'b1;
        if( sck_int_fe = 1'b1)
            spi_state_next = CHK_START;
        end
        CHK_START: begin
            clk0_mask    = 1'b1;
            clk1_mask    = 1'b1;
            done         = 1'b1;
            bit_cnt_en   = 1'b1;
            bit_cnt_rst = 1'b1;
            if( cpha = 1'b0)    begin
                if( ( ( ( sck_re = 1'b1 ) & ( cpol = 1'b1 ) ) | ( ( sck_fe = 1'b1 ) & ( cpol = 1'b0 ) ) ) )begin
                    clk0_mask        = 1'b0;
                    clk1_mask        = 1'b0;
                    spi_state_next = MASK_SCK;
                    end
                end
            else if( ( start = 1'b1 ) & ( xmit_empty_temp = 1'b0 ) )    begin
                clk1_mask = 1'b1;
                xmit_load_temp = 1'b1;
                spi_state_next = UNMASK_SCK;
            end
            else begin
                if( ( ( ( sck_re = 1'b1 ) & ( cpol = 1'b1 ) ) | ( ( sck_fe = 1'b1 ) & ( cpol = 1'b0 ) ) ) )begin
                    clk0_mask = 1'b0;
```

```
          clk1_mask = 1'b0;
          spi_state_next = MASK_SCK;
        end
        clk0_mask = 1'b0;
        clk1_mask = 1'b1;
      end
    end
    MASK_SCK:
    begin
      done    = 1'b1;
      if( sck_int_fe == 1'b1 ) begin
        spi_state_next   = HOLD_SSN1;
      end
    end
    HOLD_SSN1:begin
      if( sck_int_fe == 1'b1 )
        spi_state_next = HOLD_SSN2;
    end
    HOLD_SSN2:begin
      if( sck_int_fe == 1'b1 )
        spi_state_next = NEGATE_SSN;
    end
    NEGATE_SSN:
      if( sck_int_fe == 1'b1 )
        spi_state_next = IDLE;
    default:
      spi_state_next = IDLE;
    endcase
end
  assign xmit_load = xmit_load_temp;
  assign ss_n_int = ((spi_state_reg==IDLE)|(spi_state_reg==NEGATE_SSN))? (1'b1):(1'b0);
```

```
//-----------Register Full/Empty flags----------
always@ (posedge sck_int, negedge reset, negedge xmit_empty_reset) begin
    if( (xmit_empty_reset == 1'b0) | (reset == 1'b0) )
        xmit_empty_temp = 1'b0;
    else begin
        if( xmit_empty_reset == 1'b0) begin
            xmit_empty_temp = 1'b0;
        end
        else if( xmit_load_temp == 1'b1 ) begin
            xmit_empty_temp = 1'b1;
        end
    end
end
    assign xmit_empty = xmit_empty_temp;
    always@ (posedge clk, negedge reset) begin
        if( reset == 1'b0)
        begin
            rcv_full   = 1'b0;
        end
        else begin
            if( rcv_full_reset == 1'b0)
            begin
                rcv_full = 1'b0;
            end
            else if( rcv_load == 1'b1 ) begin
                rcv_full = 1'b1;
            end
        end
    end
//-----------Slave Selects-------------
always@ (posedge clk, negedge reset) begin:ss_n_process
    integer i;
```

```
if(reset＝1′b0) begin
   ss_n_out＝8′b1111_1111;
end
else begin
   for(i=0;i≤7;i=i+1) begin
      if((ss_n_int＝1′b0)&(ss_mask_reg[i]＝1′b1))
         ss_n_out[i]＝1′b0;
       else
         ss_n_out[i]＝1′b1;
   end
end
end
// Slave selects are 3-stated if SS_IN_INT is asserted
   assign ss_n=(ss_in_int＝1′b1)? (ss_n_out):(8′bzzzz_zzzz);
endmodule
```

11.5.4　发送空和接收满标志

如果寄存器 SPITR 数据被正确地装载到 SPI 发送移位寄存器,发送空寄存器的发送空标志位(XMIT_EMPTY)会被置位。XMIT_EMPTY 信号使用内部时钟信号 SCK 作为同步信号,直到微处理器写数据到 SPITR 寄存器或者复位信号 reset 置位,XMIT_EMPTY 信号才会被取消。

如果接收移位寄存器(receive shift register)的数据被装载到接收寄存器 SPIRR,接收满标志位(RCV_FULL)置位;如果微控制器从接收寄存器 SPIRR 正确读取了数据或者系统复位,该信号会被清除。

11.5.5　时钟产生模块

时钟产生模块根据 SPI 主机控制寄存器中的 CLKDIV、CPHA 和 CPOL 信号产生合适的 SCK 信号。根据控制器寄存器的设定,对系统的输入信号进行分频产生合适的 SCK 频率。信号 SCK_INT 是内部时钟信号,该信号持续产生,SPI 控制状态机使用该信号作为时钟信号。当 CPHA＝1 时,SCK_1 信号输出作为系统 SCK 信号,当 CPHA＝0 时,SCK_0 信号输出作为系统 SCK 信号。SPI 的控制状态机产生时钟的屏蔽信号 CLK0_MASK、CLK1_MASK,以使 SCK 信号与数据具有正确的相位关系。时钟产生模块的框图如图 11.8 所示。

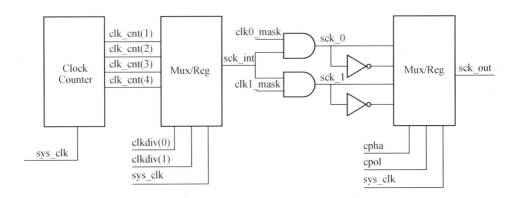

图 11.8　时钟产生模块的框图

时钟产生模块的 Verilog HDL 代码如例 11.3 所示。

【例 11.3】　时钟产生模块。

```
module sck_logic (
    //internal uc interface signals
    input wire[1:0] clkdiv,        //sets the clock divisor for sck clock
    input wire cpha,               //sets the clock phase for output sck clock
    input wire cpol,               //sets the clock polarity for output sck clock
    // internal spi interface signals
    input wire clk0_mask,          //clock mask for sck when cpha=0
    input wire clk1_mask,          //clock mask for sck when cpha=1
    inout wire sck_1,              //internal sck created from dividing system clcok
    output wire sck_int_re,        //rising edge of internal sck
    output wire sck_int_fe,        //falling edge of internal sck
    output wire sck_re,            //rising edge of external sck
    output wire sck_fe,            //falling edge of external sck
    input wire ss_in_int,          //another master is on the bus
    //external spi interface signals
    inout wire sck,                //sck as determined by cpha, cpol, and clkdiv
    //clock and reset
    input wire reset,
    input wire clk                 //clock
    );
    wire [4:0]clk_cnt;
    wire clk_cnt_en;
```

```
    wire clk_cnt_rst;
    reg sck_int_d1;              //sck_int delayed one sck for edge detection
    reg sck_int_reg;             //version of sck when CPHA=1
    reg sck_int_next;
    reg sck_0_reg;               //version of sck when CPHA=0
    reg sck_0_next;
    reg sck_out_reg;
    reg sck_out_next;
    reg sck_d1;
    upcnt5 clk_divdr(
        .cnt_en(clk_cnt_en),     //count enable
        .clr(clk_cnt_rst),       //active low clear
        .clk(clk),               //clock
        .qout(clk_cnt)
        );
    //This counter is always enabled, can't instantiate the counter with a literal
    assign clk_cnt_en=1'b1;
    // Clock counter is reset whenever reset is active and ss_in_int is asserted
    assign clk_cnt_rst=((reset==1'b0)|(ss_in_int==1'b0))? 1'b0:1'b1;
//------------Internal SCK Generation--------------
    always@(posedge clk or negedge reset)
        if(reset==1'b0)
            sck_int_reg <= 1'b0;
        else
            sck_int_reg <= sck_int_next;
    //次态逻辑
    always@(sck_int_reg,clkdiv,clk_cnt) begin
        case(clkdiv)
            2'b00: sck_int_next=clk_cnt[1];
            2'b01: sck_int_next=clk_cnt[2];
            2'b10: sck_int_next=clk_cnt[3];
            2'b11: sck_int_next=clk_cnt[4];
```

```
        default:sck_int_next=1'b0;
      endcase
    end
  assign sck_l=sck_int_reg&clk1_mask;
  always@(posedge clk, negedge reset) begin
    if(reset==1'b0)
      sck_int_d1 <= 1'b0;
    else
      sck_int_d1 <= sck_int_reg;
  end
  assign sck_int_re=((sck_int_reg==1'b1)&(sck_int_d1==1'b0))? (1'b1):(1'b0);
  assign sck_int_fe=((sck_int_reg==1'b0)&(sck_int_d1==1'b1))? (1'b1):(1'b0);
  always@(posedge clk, negedge reset) begin
    if(reset==1'b0)
      sck_0_reg <= 1'b0;
    else if(clk0_mask==1'b0)
      sck_0_reg <= 1'b0;
    else
      sck_0_reg <= sck_0_next;
  end
//次态逻辑
  always@(sck_0_reg, clkdiv, clk_cnt) begin
    case(clkdiv)
      2'b00: sck_0_next = ~(clk_cnt[1]);
      2'b01: sck_0_next = ~(clk_cnt[2]);
      2'b10: sck_0_next = ~(clk_cnt[3]);
      2'b11: sck_0_next = ~(clk_cnt[4]);
      default:sck_0_next=1'b0;
    endcase
  end
//-------------External SCK Generation--------------
//This process outputs SCK based on the CPHA and CPOL parameters set in the control register
```

```verilog
always@(posedge clk, negedge reset) begin
    if(reset == 1'b0)
        sck_out_reg <= 1'b0;
    else
        sck_out_reg <= sck_out_next;
end
//次态逻辑
always@(sck_out_reg, cpol, cpha, sck_0_reg, sck_1) begin
    case({cpol,cpha})
        2'b00: sck_out_next = sck_0_reg;
        2'b01: sck_out_next = sck_1;
        2'b10: sck_out_next = ~(sck_0_reg);
        2'b11: sck_out_next = ~(sck_1);
        default: sck_out_next = sck_0_reg;
    endcase
end
always@(posedge clk, negedge reset) begin
    if(reset == 1'b0)
        sck_d1 <= 1'b0;
    else
        sck_d1 <= sck_out_reg;
end
assign sck_re = ((sck_out_reg == 1'b1)&(sck_d1 == 1'b0)) ? (1'b1):(1'b0);
assign sck_fe = ((sck_out_reg == 1'b0)&(sck_d1 == 1'b1)) ? (1'b1):(1'b0);
assign sck = (ss_in_int == 1'b1) ? (sck_out_reg):(1'bz);
endmodule
```

该模块实例了一个 upcnt4 模块,该模块定义如下:

【例 11.4】　upcnt4 模块的 Verilog HDL 代码。

```verilog
module upcnt4 (
    input wire cnt_en,    //count enable
    input wire clr,       //active low clear
    input wire clk,       //clock
```

```
    output wire [3:0]qout
);
reg [3:0]q_int_reg;
wire [3:0]q_int_next;
//状态寄存器
always@(posedge clk or negedge clr) begin
    if(clr==1'b0)
        q_int_reg <= 5'b00000;
    else if(cnt_en)
        q_int_reg <= q_int_next;
end
assign q_int_next = q_int_reg+1'b1;
assign qout = q_int_reg;
endmodule
```

11.5.6 SPI 发送移位寄存器

SPI 发送移位寄存器是一个 8 位的移位寄存器,支持并行数据装载。在使能信号的控制下发送移位寄存器从发送寄存器 SPITR 中装载数据。使能信号由控制状态机产生。数据从 MOSI 信号输出,该模块的实现框图如图 11.9 所示。

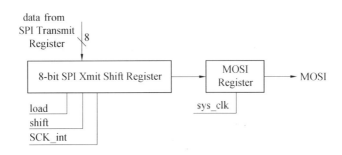

图 11.9 SPI 发送移位寄存器

【例 11.5】 发送移位寄存器模块。

```
module spi_xmit_shift_reg (
    input wire data_ld,             //data load enable
    input wire [7:0]data_in,        //data to load in
    input wire shift_in,            //serial data in
    input wire shift_en,            //shift enable
```

```verilog
    output wire mosi,           //shift serial data out
    input wire ss_in_int,       //another master is on bus
    input wire reset,           //reset
    input wire sclk,            //clock
    input wire sys_clk          //system clock
);
reg [7:0]data_int_reg;
wire [7:0]data_int_next;
reg mosi_int_reg;
wire mosi_int_next;
always@(posedge sclk, negedge reset, negedge ss_in_int) begin
    if(((reset == 1'b0)|(ss_in_int == 1'b0))
        data_int_reg <= 8'b0000_0000;
    else if(data_ld == 1'b1)
        data_int_reg <= data_in;
    else if(shift_en == 1'b1)
        data_int_reg <= data_int_next;
end
//next state logic
assign data_int_next = {data_int_reg[6:0], shift_in};
// * * * * * * * * * * * * * MOSI Output Register * * * * * * * * * * * * *
always@(posedge sys_clk, negedge reset)
    if(reset == 1'b0)
        mosi_int_reg <= 1'b0;
    else
        mosi_int_reg <= mosi_int_next;
//次态逻辑
assign  mosi_int_next = data_int_reg[7];
//输出逻辑
assign mosi = (ss_in_int == 1'b1)? mosi_int_reg:1'bz;
endmodule
```

11.5.7 接收移位寄存器

本设计采用一个独立的接收移位寄存器从 MISO 接收来自 SPI 器件的数据。SPI 接收移位寄存器采用外部时钟信号 SCK 作为时钟信号。控制寄存器 RCV_CPOL 为决定外部时钟信号的有效沿,决定微控制器在时钟的上升沿或者下降沿对 MISO 进行采样。这种设计方式为 SPI 主机提供了极大的灵活性,因为不同的 SPI 器件可能在不同的时钟沿发送数据,即有些 SPI 器件在时钟上升沿发送数据,有些 SPI 器件在时钟下降沿发送数据。如果 SPI 从机在时钟下降沿发送数据,那么 RCV_CPOL 应该被设置为"1",以使 SPI 主机在 SCK 的上升沿对数据进行采样,这可以避免信号的建立时间和保持时间问题。如果从机的工作方式由主机通过 CPHA 和 CPOL 设定,那么只有 CPHA 和 CPOL 相等,RCV_CPOL 等于 1,否则 RCV_CPOL 等于 0。

实际实现时,使用两个输入寄存器采样 MISO,一个在时钟上升沿采样输入数据,另一个在时钟下降沿采样输入数据。这两个寄存器的输出连接到一个 2 选 1 数据选择器,该 2 选 1 数据选择器采用 RCV_CPOL 做控制信号。数据选择器的输出作为接收移位寄存器的输入,移位寄存器采用外部时钟信号作为时钟信号。

另外,还需要一个计数器,记录移入接收移位寄存器的数据位数。

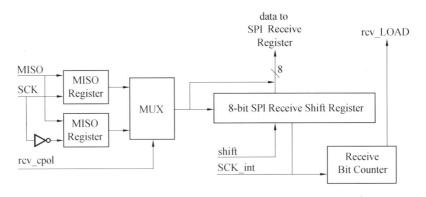

图 11.10　SPI 接收移位寄存器以及 MISO 输入寄存器

【例 11.6】　接收移位寄存器。

```
module spi_rcv_shift_reg (
    //shift control and data
    input wire miso,                    //serial data in
    input wire shift_en,                //active low shift enable
    // parallel data out
    output wire[7:0]data_out,           //shifted data
    output wire rcv_load,               //load signal to uC register
```

//rising edge and falling SCK edges

input wire sck_re,   //rising edge of sck

input wire sck_fe,   //falling edge of sck

//uc configuration for receive clock polarity

input wire rcv_cpol,   // receive clock polarity

input wire cpol,   // spi clock polarity

input wire ss_in_int,   //signal indicating another master is on the buse

input wire reset,   // reset

input wire sclk,   //clock

);

reg [7:0] data_int_reg;

wire [7:0] data_int_next;

reg shift_in;

reg miso_neg;

reg miso_pos;

reg [2:0] rcv_bitcnt_int;

wire [2:0] rcv_bitcnt;

always@(posedge sclk, negedge reset, negedge ss_in_int) begin

 if((reset == 1'b0) | (ss_in_int == 1'b0))

  data_int_reg <= 8'b0000_0000;

 else if(shift_en == 1'b0)

  data_int_reg <= data_int_next;

end

assign data_int_next = {data_int_reg[6:0], shift_in};

// * * * * * * * * * * * * MISO Input Registers * * * * * * * * * * * * *

*

always@(posedge sclk, negedge reset, negedge ss_in_int) begin

 if((reset == 1'b0) | (ss_in_int == 1'b0))

  miso_pos <= 1'b0;

 else

  miso_pos <= miso;

end

```
//sck falling edge register
    always@ (negedge sclk, negedge reset, negedge ss_in_int) begin
      if((reset = 1'b0) | (ss_in_int = 1'b0))
        miso_neg ⇐ 1'b0;
      else
        miso_neg ⇐ miso;
    end
    always@ (miso_neg, miso_pos, rcv_cpol)
      if(rcv_cpol = 1'b1)
        shift_in = miso_pos;
      else
        shift_in = miso_neg;
// parallel data out
    assign data_out = {data_int_reg[6:0], shift_in};
// * * * * * * * * * * * * * Receive Bit Counter * * * * * * * * * * * * * *
    always@ (posedge sclk, negedge reset, posedge shift_en) begin
      if((reset = 1'b0) | (shift_en = 1'b1))
        rcv_bitcnt_int ⇐ 3'b000;
      else
        rcv_bitcnt_int ⇐ rcv_bitcnt_int+1'b1;
    end
    assign rcv_bitcnt = rcv_bitcnt_int;
// * * * * * * * * * * * * * * Receive Load * * * * * * * * * * * * * * * * *
// If RCV_CPOL = '0', want to assert RCV_LOAD with falling edge of SCK
// If RCV_CPOL = '1', want to assert RCV_LOAD with rising edge of SCK
// only want RCV_LOAD to be 1 system clock pulse in width
    assign rcv_load = ((shift_en = 1'b0) &
((( rcv_bitcnt = 3'b000) & (cpol = 1'b0) & (rcv_cpol = 1'b1) & (sck_re = 1'b1))
| (( rcv_bitcnt = 3'b000) & (cpol = 1'b1) & (rcv_cpol = 1'b1) & (sck_re = 1'b1))
| (( rcv_bitcnt = 3'b000) & (cpol = 1'b0) & (rcv_cpol = 1'b0) & (sck_fe = 1'b1))
| (( rcv_bitcnt = 3'b111) & (cpol = 1'b1) & (rcv_cpol = 1'b0) & (sck_fe = 1'b1))))? 1'b1:1'b0;
endmodule
```

本章小结

SPI 通信协议是 Motorala 公司提出的一种串行通信协议,广泛应用于板内 IC 之间的信号传输。本章详细介绍一个 SPI 主机模块的设计,整个设计采用模块化设计思想,稍加改动就可以应用实际工程问题。

习题与思考题 11

11.1　试述 SPI 通信协议的主要特点。

11.2　试述模块化设计的优势。

11.3　重新设计的 SPI 主机接口模块,使其支持其他类型的主机。

11.4　按照本节介绍的设计方法,设计 UART 接口模块。

11.5　按照本节介绍的设计方法,设计 PS2 键盘接口。

参考文献

［1］ PALNITKAR S. Verilog HDL 数字设计与综合［M］.2 版. 夏宇闻,胡燕祥,刁岚松,等译. 北京:电子工业出版社,2004.

［2］ MADHAVAN R. Verilog HDL Reference Guide［M］. Automata Publishing Company, CA, 1993.

［3］ 夏宇闻.Verilog HDL 数字系统教程［M］.北京:北京航空航天大学出版社,2008.

［4］ PONG P. CHU. FPGA Prototping By Verilog Examples［M］. A JOHN WILEY & SONS, INC. , Publication, 2008.

［5］ DAVIS J, REESE R. Finite State Machine Datapath Design, Optimization, and Implementation ［M］. Morgan & Claypool Publishers, 2008.

［6］ 康华光,邹寿彬.电子技术基础数字部分［M］.5 版.北京:高等教育出版社,2005.

［7］ JOHN WAKERLY. Digital Design Principles and practice［M］.(Fourth Edition,影印版). 北京:高等教育出版社,2007.

［8］ PONG P. CHU. RTL Hardware Design using VHDL［M］. A JOHN WILEY & SONS, INC. PUBLICATION, 2006.

［9］ MICHAEL D. Ciletti, Advanced Digital Design With the Verilog HDL［M］. Prentice Hall, 2002.

［10］ ROBERT B. Reese and Mitchell A. Thornton, Introduction to Logic Synthesis using Verilog HDL［M］. Morgan & Claypool Publishers, 2008.